黄土地区土方工程施工扬尘产尘规律及控制方法

王雪艳　狄育慧　杜孟飞　梅源　著

中国建筑工业出版社

图书在版编目（CIP）数据

黄土地区土方工程施工扬尘产尘规律及控制方法 /
王雪艳等著. -- 北京：中国建筑工业出版社，2024.

12. -- ISBN 978-7-112-30506-3

Ⅰ. TU751；X513

中国国家版本馆 CIP 数据核字第 202462UJ56 号

本书依托黄土地区土方工程施工的实际工程案例，综合运用理论分析、实地勘测、试验研究、数学模型构建、数值模拟等多种技术手段，针对土方工程施工扬尘问题的产生机理、基本组成特征及其分布规律等方面开展系统性研究，提出了基于粉尘浓度分布规律的除尘措施，研究成果对类似工程具有借鉴意义，为黄土地区土方工程施工提供科学指导及参考性建议。

本书可作为土木工程、岩土工程、环境工程、水利工程等专业师生的阅读材料，同时还可供土木工程施工与智能建造、建筑环境与节能方向的研究学者与相关企业技术人员参考使用。

责任编辑：赵云波

责任校对：张惠雯

黄土地区土方工程施工扬尘产尘规律及控制方法

王雪艳　狄育慧　杜孟飞　梅源　著

*

中国建筑工业出版社出版、发行（北京海淀三里河路 9 号）

各地新华书店、建筑书店经销

北京红光制版公司制版

北京中科印刷有限公司印刷

*

开本：787 毫米×1092 毫米　1/16　印张：11½　字数：259 千字

2025 年 5 月第一版　2025 年 5 月第一次印刷

定价：**56.00** 元

ISBN 978-7-112-30506-3

（43858）

前　　言

本书深入研究了黄土地区土方工程施工扬尘产尘规律及控制方法，采用理论分析、实地勘测、试验研究，数学模型构建以及数值模拟等多种技术手段，分别对明挖工程、暗挖工程的产尘规律、影响因素以及控制方法等内容进行了系统性研究。

第一章为绪论，介绍黄土地区土方工程施工扬尘产尘规律及控制方法的研究背景，阐述课题研究的重要意义，对工程土方施工扬尘的排放特性、扩散规律、数值模拟、降尘控制方法四方面的研究现状进行评述。

第二章为明挖工程土方施工扬尘产尘规律研究，主要包含典型明挖工程土方施工扬尘浓度测试方案设计、扬尘浓度与粒径分布规律、气象因子对明挖工程土方施工扬尘浓度的影响、明挖工程扬尘产尘产生机理、明挖工程土方施工扬尘排放量预测模型搭建与解析等内容，在此基础上对明挖工程土方扬尘产生规律进行总结。

第三章为暗挖工程土方施工扬尘产尘规律研究（以隧道工程为例），从隧道施工粉尘的形成及危害、粉尘浓度分布规律、粉尘浓度影响因素及相关性等方面对暗挖工程土方施工扬尘产尘规律进行研究。

第四章为工程土方施工扬尘对城市环境的影响及控制研究，依托实际工程扬尘现场监测数据，对工程土方施工各阶段的扬尘排放特征、扬尘与气象因子间相关性、扬尘排放浓度预测模型、扬尘对城市环境的影响与控制等方面展开研究，研究成果有助于工程土方施工过程中的扬尘控制及城市环境保护工作。

第五章为工程土方施工扬尘控制方法研究，对明挖工程、暗挖工程土方施工过程中常用的扬尘防治措施进行归纳整理，结合工程土方施工扬尘产尘规律及防治效果评价方法，提出适合于不同工程土方施工扬尘控制的防治措施，为类似工程土方施工扬尘控制提供技术支持和实践参考。

第六章为本书的结论及展望部分。

本书由王雪艳、狄育慧、杜孟飞、梅源担任主编，田新宇、周东波、李若溶、刘嘉明、李志浩、陈澈、常将等共同参与编写，编写人员均为从事土木工程智能建造、建筑环境与节能研究领域的教师和硕士、博士研究生。具体编写分工为：第一章由王雪艳、狄育慧编写，第二章由田新宇、刘嘉明编写，第三章由周东波、李若溶编写，第四章由杜孟飞、李志浩编写，第五章由梅源、常将、陈澈编写，第六章由王雪艳编写，全书由王雪艳、狄育慧、杜孟飞、梅源统稿。由于时间仓促，加上编者水平有限，书中难免存在错误和不足之处，恳请各位领导和专家给予指正。

目 录

第一章　绪　　论

1.1　课题研究背景和意义

近年来我国城市化进程迅猛推进，城区大规模扩建使得大型用地开发项目的建设体量呈上升趋势，西安亦如此，但西安市 2016～2018 年的城市环境空气质量状况却令人担忧。此外，西安市属于典型湿陷性黄土地区，此类土质在工程建设项目的土方施工阶段所挖出的土方填料极易产生扬尘。土方填料及附着在裸露土质表面的土方颗粒易在外界扰动下因黏聚力的减弱而脱离原束缚表面，借助风场形成二相流，对施工区域周围环境乃至整个西安城区大气造成严重的环境污染。此外，当作用力的合力大于临界起锚荷载时，土方颗粒还会在外力作用（如碾压作用）下，亦会扬起形成土方扬尘。工程土方施工现场的扬尘产尘情况如图 1-1 所示。为响应治霾减排政策，西安市在污染天气来临时采取全市施工单位停产停工的措施，但"一刀切"的关停模式不仅给施工企业带来了较大的经济损失，还缺乏科学的参考依据和指导性的标准条例。因此，土方工程施工扬尘的排放以及扬尘造成的环境污染问题，已经引起工程人员与环境保护人员的重视。明确西安市土方工程施工的产尘机理及其扩散规律，已成为亟待研究与解决的关键问题。

(a) 土方施工现场　　　　(b) 车辆带起扬尘　　　　(c) 镜头下曝光的扬尘颗粒

图 1-1　工程土方施工现场扬尘产尘情况

1.2　工程土方施工扬尘排放特性研究进展

扬尘排放特性是构建扬尘估算排放模型与模拟预测扬尘扩散模式的基础。在深入解

1

析扬尘源的基础上，明确扬尘排放特性显得极为重要。就北京市而言，Mao Hu[1]等借助 EMD 模型（Empirical Mode Decomposition）与聚类法组合使用，分别从季节性和城市横纵跨度上对城市上空 PM_{10} 浓度分布特征进行了探究。从季节上看，冬夏两季城市 PM_{10} 浓度有所下降，而春季 PM_{10} 浓度显著升高；从城市横纵跨度上看，北部城区 PM_{10} 浓度值远高于南部城区。田刚[2]等人则将研究重点放在尘源附近扬尘在垂直地面方向和水平方向上的扩散规律，结果表明，在垂直地面方向 $1.5\sim4.1m$ 不同高度处，扬尘浓度与高度的二次方成反比；在相同高度（3m）的水平面上，所测扬尘浓度与监测点距尘源距离的二次方成反比。季节性和城市横纵跨度上的研究仅能宏观地指出扬尘污染现状；而探究尘源及其附近扬尘浓度在空间上的分布特征，不仅能评估尘源的污染影响范围，也能为制定降尘方案起指导作用。

除宏观探究环境扬尘浓度分布特征外，也有学者从微观上针对扬尘产尘机理、粒径分布及特定粒径扬尘颗粒的排放贡献率进行了探究。Farhad A[3]在研究中指出，建筑施工现场内切割、钻井及混凝土搅拌过程中，$PM_{2.5}$ 与 PM_{10} 的排放量占建筑扬尘颗粒物总排放量的 $52\%\sim64\%$，且切割工序产生的超细颗粒物排放量占比最多。Ketchman K[4]等在探讨城市高层建筑基坑开挖阶段定量评估不同粒径颗粒物的排放量时，通过实测指出开挖阶段排放的 PM_{10} 占挖掘阶段总排放量的 23%，$PM_{2.5}$ 占总排放量的 13%；其中，土料搬运过程中 PM_{10} 排放量占总排放量的 89%，$PM_{2.5}$ 占总排放量的 90%。在德国，某建筑施工现场向环境排放的颗粒物占总排放量的 17%，其中土方工程施工扬尘排放量占 7%，其余施工活动占 10%[5]。在国内，Xiao-Dong Li[6]等人发现，相比于建筑主体施工，土方工程施工活动的扬尘排放浓度高且强度波动较大；土方施工作业中，场区内道路及其两侧、钢筋加工区是产尘集中区域，扬尘污染较为严重。黄天健[7]等进行了相关验证，土方施工阶段施工区域内及道路两侧扬尘浓度较其他区域扬尘浓度明显偏高，扬尘的污染情况因区域不同而差异显著，土方施工阶段 PM_{10} 的排放强度相比于地基建设阶段和建筑主体施工阶段是最高的[8]。蒋楠[9]在其研究中指出，西安市建筑施工活动排放的 PM_{10} 占城市 PM_{10} 总排放量的 35.8%，明确指出了土方工程施工扬尘和建筑施工扬尘应作为重点监测对象，也是今后扬尘防治的重点方向。

除分析土方工程施工扬尘和建筑施工扬尘的排放贡献率外，对该类扬尘产尘机理的探究同样不应被忽视。风蚀作用能将土方填料或土壤表面的细颗粒卷扬进入大气环境，这些颗粒的粒径通常不大于 $10\mu m$，这一点在 Van Pelt R S[10]等的研究中得到了证实，他们认为风蚀作用实际上是一个筛选过程。这表明在没有外力作用的情况下，粒径较大的颗粒通过风蚀作用进入大气环境的能力是有限的。同年，曾庆存[11]等提出，正是由于阵风的三维相干结构，使得边界层内部的扬尘颗粒能够克服大气下沉气流而上升，直至被大气对流层输送至远方。另外，风力对扬尘浓度的影响确实存在一个风力阈值[12]。就呼和浩特某典型施工场地而言，施工现场扬尘粒径分布呈双峰型，扬尘粒径峰值范围分别出现在 $3.2\sim5.6\mu m$ 和 $10\sim18\mu m$，且比例关系为 $PM_{2.5}：PM_{10}：TSP=0.21：0.53：1$[13]。赵普生[14,15]同样指出，在土方施工阶段，开挖与回填、土料堆积与运输过程中，扬尘污染较为严重。土方施工阶段产生的扬尘中大粒径颗粒含量较高，因此卷扬后沉降速度较快，扬尘污染影响范围相对有限。然而，在大风天气下扬尘排放强度和污染影响范围明显增加。

从土方施工产生的扬尘颗粒的粒径分布来看，这部分扬尘颗粒的粒径普遍较大，因此扬尘颗粒最终能够沉降到地表。降尘指标监测能够反映土方工程施工中扬尘的排放强度，并能评估不同施工阶段扬尘污染的严重程度，降尘指标的可行性在田刚[13]的研究中已基本得到证实。在此基础上，樊守彬[16]等进行了深化研究，将 PM_{10} 的空间浓度分布与空间降尘分布进行对照后认为，PM_{10} 空间浓度分布规律与空间降尘分布规律总体趋于一致，这也证实了降尘法能描述 PM_{10} 的空间浓度分布情况。以成都市一处典型土方工程为例，降尘量（ΔDF）平均为 8.33t/（$km^2 \cdot 30d$），其中土方开挖和土方回填阶段的降尘量占降尘总量的 32%[17]。通过降尘占比可合理推测，整个土方工程施工阶段的扬尘产尘量占总扬尘量的比例将会高于 32%。此外，黄玉虎[18,19]等通过研究指出，降尘量（ΔDF）与排放强度（EI）之间存在明显的正相关性，同时降尘量（ΔDF）及背景降尘量（DFb）与风速之间也存在正相关性。然而，上述排放强度（EI）只能反映激发扬尘量，而降尘量（ΔDF）既能反映激发扬尘量，又能度量风蚀扬尘强度，因此降尘量（ΔDF）指标具有明显优势。

从气象因子角度分析，土方施工扬尘的排放强度与风速间存在明显相关性[20]，扬尘排放强度随着风速的增大先是缓慢上升，当超过某一风速阈值时，扬尘的排放强度迅速增大；而相对湿度增大到某一定值后，再继续增加将不再影响扬尘的产生[21]。樊守彬[22]等在其研究中指出土方扬尘 PM_{10} 的浓度与温度、湿度、风速呈正相关，与风向呈负相关。这与郭翔翔[23]和夏菲[24]的研究结论相矛盾，郭翔翔指出 PM_{10} 浓度与相对湿度呈负相关，而夏菲则指出 PM_{10} 浓度与温度和风速呈负相关。与此同时，马小铎[12]和周莉薇[25]均在其研究中发现土方扬尘中 $PM_{2.5}$ 的浓度变化趋势与相对湿度呈正相关，与温度呈负相关。综合上述研究，可以发现气象因子对扬尘浓度的影响程度不尽相同，不能以偏概全，需因地制宜地探讨气象因子与扬尘排放强度之间的关联性。

由上述粒径分布和扬尘贡献率分析可知，建筑施工活动中，土方施工阶段扬尘排放量占主导地位，土方施工扬尘颗粒粒径较大，使用降尘法作为参照指标可以较好地衡量扬尘浓度的大小。此外，由于我国黄土区域面积之大，黄土土质易于产生扬尘，且针对黄土而言没有具体可查的研究资料，故可尝试探究降尘法在黄土地区的适用性。除此之外，土方施工扬尘的产尘机理理论分析，以及粒径分布及扬尘颗粒贡献率的测试等或多或少地存在研究留白，这也为今后的相关研究留下空间。针对气象因子与扬尘浓度相关性中的互异结论，需要结合特定研究区域及该区域内的气象要素作具体分析，也正是由于差异性的存在，气象因子与扬尘浓度间相关性的探究才显得极有必要。

1.3 工程土方施工粉尘扩散规律研究进展

土方工程施工过程中产生的扬尘是大气污染物的主要来源之一，对环境和人体健康构成威胁。近年来，国内外专家学者对土方工程施工粉尘扩散规律的研究主要集中在扬尘的形成机制、空间扩散特性及其控制措施的数值模拟方面。

1971 年，美国开始对大气颗粒物进行研究，并制定了总悬浮颗粒物（TSP）的环境质量标准。日本、英国、法国、德国也在粉尘的形成及扩散规律方面开展了大量的研究工作。

国外最早对粉尘粒子运动展开研究的学者是 Fuchs，他将空气中的粉尘测量假设为气溶胶，在此基础上研究了其运动扩散的相关规律[5]。

音志权等学者研究了粒子在流体中的受力情况，并且建立了相应的阻力公式[26]。

Bhaskar 等学者不仅研究了气流中颗粒物的运动规律，并且建立了颗粒物在大气中的扩散方程，给出了相应的求解方法[27]。

Walton A 等学者将粉尘排放假定成固定放射源，研究了尘粒在大气中的扩散规律，为日后粉尘运动规律的研究提供了新思路[28]。

Karin Edvardsson 等人研究了粉尘排放的强度，得出了粉尘排放强度取决于颗粒材料的成分、道路湿度、相对湿度、当地气候（降水、风速等）和车辆特性等因素的结论，并且观察到 PM_{10} 的浓度随着道路距离的增加而衰减[29]。

Z. Xu 等人为了验证粒子模型，在一维、二维和三维空间中模拟了一系列粒子扩散问题，还考虑了关于粒子源的不同空间和时间特征，例如，瞬时或连续源、线或体积源等，根据具体情况比较了关于颗粒浓度的 GASFLOW 模拟结果和相应的格林函数解析解[30]。

Courtney 研究了不同条件下粉尘的沉降规律，并且得到了随时间的变化粉尘的浓度解析式[31]。

Hodkinson 利用放射性示踪技术，研究了可吸入粉尘与九种通风方式的耦合情况，最终提出了气流和粉尘分离的途径[32]。

G. Dirk 等通过风洞试验和现场测量验证了六个粉尘采样器的效率，为粉尘测量提供了依据[33]。

Owen 通过气固两相流原理，总结了单一颗粒物的数学模型，得到了颗粒物运动的基本特征[34]。

Wang J 等人通过试验研究了空气颗粒在垂直平板上的流动特性，测量了湍流边界层内颗粒的运动和分布情况[35]。

我国对粉尘扩散规律的研究大多基于实地测试与建立数学模型相结合的方法，借助计算机技术对粉尘的运动轨迹进行描述，并将结果应用于实际粉尘扩散研究中。邓济通等人通过选取不同高度的施工围挡，研究了其对粉尘扩散的影响程度，得出了在迎风面粉尘更易扩散的结论，且高度为 2.2m 的施工围挡比 1.8m 的阻止扬尘扩散效果更好，两者之间的差距可以达到 7.4%[36]。

曹正卯等人对高海拔地区公路隧道施工期产生粉尘的扩散规律进行研究，研究结果表明粉尘由隧道内向洞口扩散的过程中，其浓度是逐渐降低的，且隧道底部粉尘的浓度高于顶部[37]。

董芹对公路建设项目在施工过程中产生的粉尘进行研究，得到了公路施工过程中粉尘污染的特点，并论述了公路施工期粉尘监测点选择方法，同时提出了相应的粉尘防治措施[38]。

高慧针对道路路基在施工过程中的粉尘排放进行研究，结合道路路基各施工阶段的特点，得出了路基施工各阶段粉尘的扩散规律，并且针对性地提出了相应的控制措施[39]。

兰州大学郭默通过监测不同高度、不同气候条件下 3.9～18.9m 范围内扬尘的浓度变化情况，得到了影响施工扬尘产生的主要因素，并利用 BP 神经网络构建了粉尘量化模型，结果表明此模型能够较好地对施工扬尘进行模拟[40]。

田刚等人通过对施工过程中粉尘的垂直扩散规律进行研究，并基于数据回归分析，得出了施工扬尘在水平和垂直两个方向的扩散模型，以及影响施工扬尘水平、垂直扩散常数的关键因素[41]。

王来福等人通过研究天津市建筑工地的粉尘污染，针对其施工的四个阶段分别进行了扬尘监测，得到了施工区域内的空气质量等级以及影响工地排放 PM_{10} 的主要因素[42]。

段振亚对大型露天场的粉尘扩散问题进行研究，通过实地测试、数值模拟与风洞试验相结合的方法，对预测颗粒物在大型露天场的扩散规律进行了分析，并提出了扬尘污染治理相关的建议[43]。

丁翠在分析现有粉尘运移规律的基础上，总结了不同通风状态下粉尘排放的最佳参数，并对掘进隧道粉尘运移规律的研究提出了展望[44]。

工程土方施工粉尘扩散规律研究在近年来取得了显著进展，研究者们通过理论建模、数值模拟和现场实测相结合的手段，逐渐揭示了扬尘颗粒在不同风速和施工条件下的扩散特征，这些研究成果为扬尘控制提供了理论基础和技术指导，推动了施工现场扬尘管理措施的优化。然而，在工程土方施工粉尘扩散规律分析与工程应用方面仍存在挑战，如现有模型的通用性有待提高，多变量综合影响分析不够充分，长期监测数据的缺乏，以及智能化监测技术的实际应用尚处于起步阶段。因此，后续研究需在这些方面进一步深化探索，以期实现更为精准高效的扬尘防控策略。

1.4 工程土方施工粉尘浓度数值模拟研究进展

数值模拟可以较为准确地描述粉尘的分布规律。近年来，利用数值模拟软件对粉尘的分布规律进行研究已成为一种常用方法，很多专家学者已经取得了一定的研究成果。

Alam 运用 ANSYS 软件对粉尘在采煤巷道中的运移规律进行研究，得出了其扩散规律[45]。

Westphal 等学者提出了二维动力学的沙尘传输模式，这种模式结合了有限区域动力模型与气溶胶远距离传输模式，并模拟了撒哈拉沙漠周围的大气特征[46]。

Patankar N A 运用 LES 对粉尘颗粒在空间中的分布特性进行了模拟研究[47]。

S. L. Soo 通过对颗粒群的研究，在将其视为连续介质的基础上，建立了两相流模型[48]。

谢卓霖采用数值模拟软件 CFD，模拟了不同基坑深度以及不同风速条件下基坑内风场的分布情况，得到了施工中扬尘的扩散规律，并且结合此规律，提出了更加优化的施工污染控制措施[49]。

刘振江运用 FLUENT 软件对巷道掘进过程中粉尘的运移规律进行模拟，得到了粉尘在不同风速下的分布情况[50]。

郭帅伟运用数值模拟的方法，对尘粒运动规律进行了模拟研究，得到了粉尘扩散规律随着来流基准风速的变化规律，最后对防护林抑制扬尘的效果进行研究，发现防护林在抑制粉尘方面的效果十分显著[51]。

王波等人通过数值模拟的方法，建立了地下洞室群的粉尘浓度分布模型，模拟了不同通风状态下的粉尘分布情况[52]。

晏云飞通过数值模拟的方法，得到了冷却带内粉尘浓度场的分布情况，研究了不同参数条件下粉尘浓度的变化情况[53]。

孙忠强对公路隧道钻爆法施工中粉尘的分布规律进行研究，结合气固两相流方程模拟了钻爆法施工中不同阶段粉尘浓度的分布规律[54]。

工程土方施工粉尘浓度数值模拟研究已取得显著进展，研究者们通过计算流体动力学（CFD）技术，成功模拟了不同施工场景下扬尘颗粒的扩散路径和浓度分布，不仅增强了对扬尘扩散机制的理解，还为施工现场的环境管理和污染控制提供了科学依据。然而，目前的数值模型的精确度和适应性仍受限于输入参数的准确性，对于复杂地形和气象条件的综合效应模拟仍有待完善；同时，现场实测数据的稀缺限制了对模拟结果的有效验证，而智能化监测技术的整合与应用也尚未达到理想水平。因此，后续研究中仍需加强现场数据采集与模型验证，从而实现更为精准和高效的扬尘浓度预测与管理。

1.5 工程土方施工降尘控制方法研究进展

量化扬尘排放量和评估扬尘扩散污染程度，是制定降尘和抑尘措施的基础。以现有技术手段和方式方法可以主要归纳为四个方面：物理抑尘、化学抑尘、植被降尘。

基于风场特性与模拟结果[55]，围栏高度的增加有助于抑制扬尘的扩散与迁移。此外，通过对稻草编织而成的地表遮盖物的抑尘性能测试[56]后发现，无法依靠单一抑尘手段消除裸露地表 $PM_{2.5}$ 与 PM_{10} 的排放，这也为后继研究人员利用多种抑尘方式相结合的方法提高抑尘效率提供了明确思路。化学抑尘方面，抑尘剂与地面间形成的抗脆硬化膜未被破坏前能长期减少 PM_{10} 的排放[57]，在此基础上，田森林[58]和谭卓英[59]等进行延伸，其借助正交试验找到最优抑尘剂配比方案，提出一种具有固结路面、黏结、凝并、吸湿、保水特性的抑尘剂。但使用化工类抑尘剂会存在难降解和环境隐患，故有专家学者认为可利用植被降尘，如 Chang Y M[60]等通过系列试验证实，利用常见草种覆盖裸露地表是一种廉价而有效的抑尘与降尘方式，且最大降尘率可达 45%。而林地的抑尘能力明显强于自然草地，且林地的抑尘能力与林地种植密度呈正相关性[61]。此外，植被叶片的大小、平滑或是褶皱、表面是否有蜡或是否存在毛滴都会影响植被的抑尘能力[62]，这也为城市绿化与扬尘减排净化相结合提供了良好思路。通过实际调研发现，目前以抑尘网遮盖、地表洒水湿润和定期清洁[63]为主要降尘手段。

杨杨[64]对珠三角地区建筑施工扬尘防治措施进行了调查，并且对洒水和材料覆盖的防治效率进行了评价。郑云海、田森林等人[58]研究了适用于建筑施工扬尘的抑尘剂配方，并且在吸湿放湿性和抗风蚀性试验中都取得了很好的效果。除此之外，马静、卢滨、程浩、罗丽[65~68]等人从政策方面提出了控制和管理的方案，蔺浩然、朱迪等人[69,70]结合施工阶段和施工工艺提出了几种具体的防治措施。

综上所述，土方工程施工降尘控制方法的研究仍在不断发展中，需要在提高降尘效率的同时，考虑经济性、环境友好性和可持续性，聚焦于开发高效、低成本、环境友好的抑尘材料和技术，以及探索智能化监控和管理系统，以实现更加精准的降尘控制。

1.6　主要研究内容及研究思路

本书依托黄土地区土方工程施工实例，针对土方工程施工扬尘的产生机理、基本组成特征、分布规律等方面开展系统性研究，结合理论分析、实地探测、试验研究、数学模型、数值模拟等技术手段，提出基于粉尘浓度分布规律的明挖、暗挖及一般土方工程的除尘措施及控制方法，研究成果为黄土地区土方工程施工提供科学指导及参考性建议。基于上述研究内容，本书各章节具体安排如下：

第一章为绪论，介绍黄土地区土方工程施工扬尘产生规律及控制方法的研究背景，阐述课题研究的重要意义，对工程土方施工扬尘排放特性、扩散规律、浓度数值模拟、降尘控制方法四方面的研究现状进行评述。

第二章为明挖工程土方施工扬尘产尘规律研究，对典型明挖工程土方施工扬尘的测试试验、扬尘浓度与粒径分布规律、气象因子对明挖工程扬尘浓度的影响、明挖工程扬尘产生机理、明挖工程扬尘排放量模型搭建与解析进行研究，并对明挖工程土方扬尘产生规律进行总结。

第三章为暗挖工程土方施工扬尘产生规律研究，以隧道工程为例，从隧道施工粉尘的形成及危害、隧道施工粉尘浓度分布规律、隧道施工粉尘浓度影响因素及相关性三方面对暗挖工程扬尘产生规律进行研究。

第四章为工程土方施工扬尘对城市环境的影响及控制研究，以实际工程扬尘监测为依托，对工程土方施工各阶段扬尘排放特征、工程土方施工扬尘气象因子相关性、工程土方施工扬尘排放浓度预测模型、工程土方施工扬尘对城市环境影响与控制等方面内容开展研究，研究成果有助于工程土方施工过程中的扬尘控制及城市环境保护。

第五章为工程土方施工扬尘控制方法研究，对明挖工程、暗挖工程土方施工过程中常用的扬尘降尘措施归纳整理，结合本书得到的工程土方施工扬尘产尘规律及防治措施效果评价方法，提出适合于不同工程土方施工扬尘控制的防治措施，为类似工程土方施工扬尘控制提供技术支持和实践参考。

第六章为结论及展望。

本书的主要研究技术路线如图 1-2 所示。

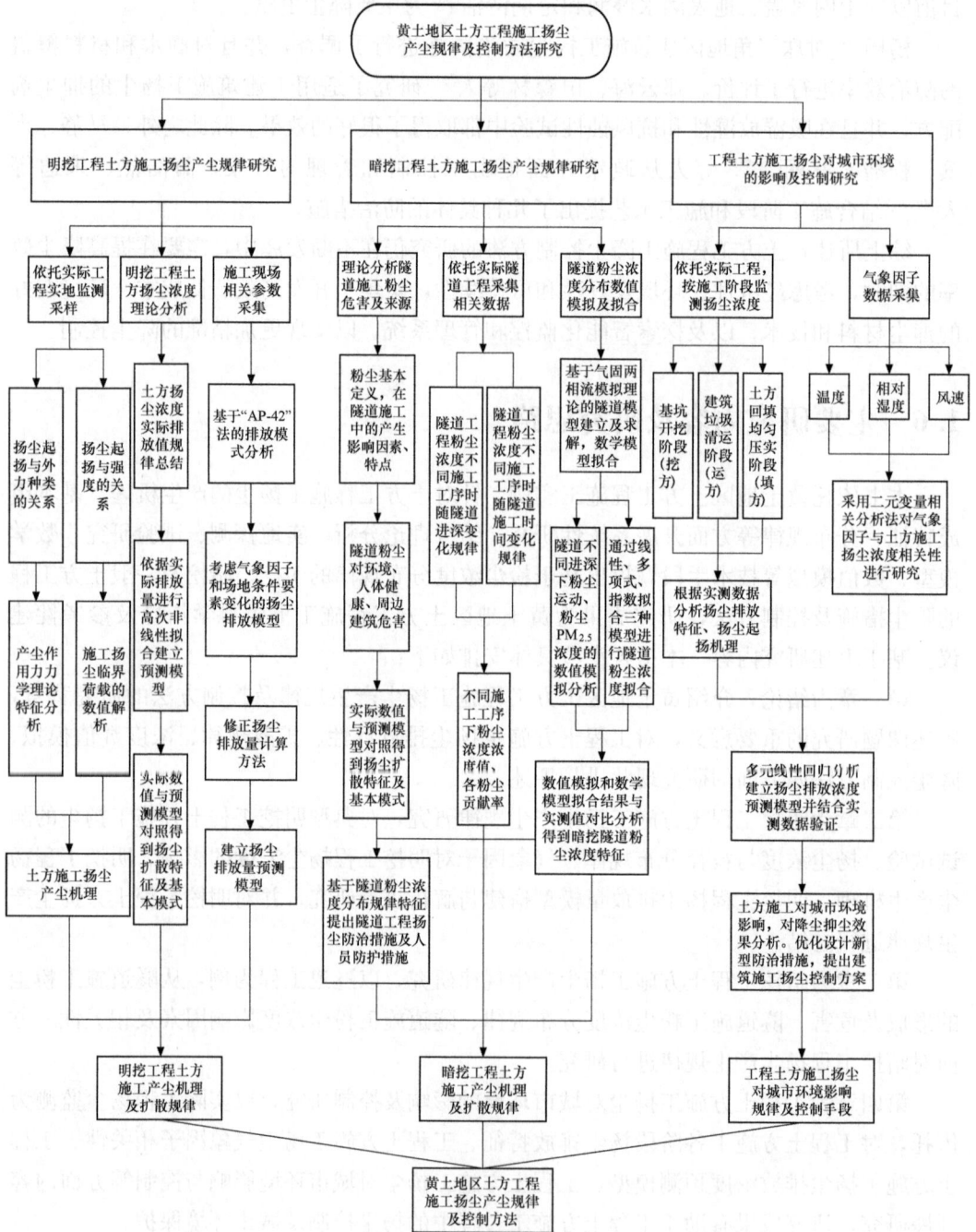

图 1-2 技术路线图

第二章 明挖工程土方施工扬尘产尘规律研究

2.1 典型明挖工程土方施工扬尘浓度测试方案设计

2.1.1 测试工程概况

该项目地处西安市南三环，隶属于某民营房地产企业，项目正值土方工程施工阶段，以此为契机，对项目施工现场内的土方施工扬尘浓度数值进行监测。土方施工现场情况及施工区域平面布置示意图如图 2-1 所示。

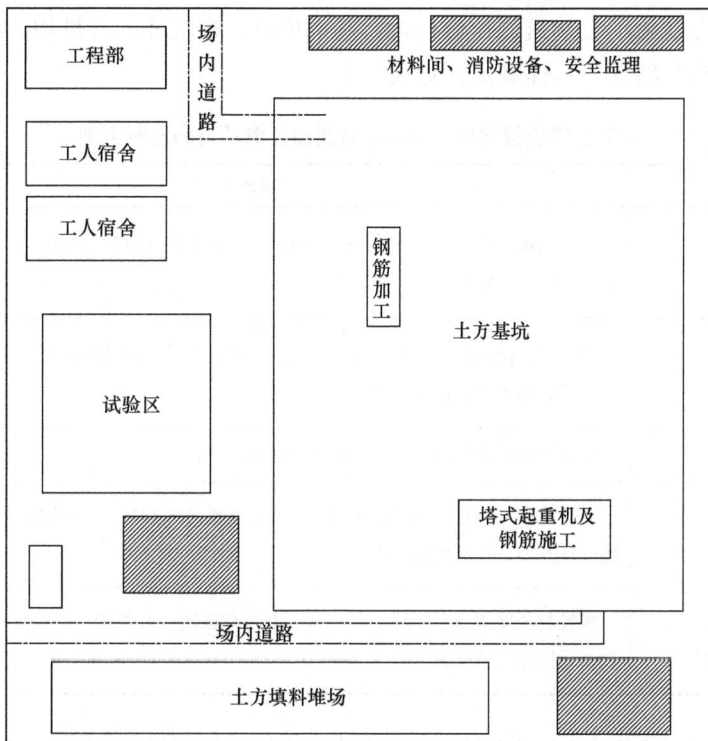

图 2-1 施工场地平面结构示意图

经初步测量，土方施工区域南北向长度约 150m，东西向长度约 300m；昼间不进行土方施工，夜间进行土方的开挖和土方填料的运输工作。基坑为标准基坑，深度约为

5m，厂区内有专门堆放土方填料的位置，堆砌高度 5～8m。工地北面为车辆入口，工地西面设有车辆出口，进口位置至基坑位置间的道路为硬化路面，基坑内为未硬化路面，出口段道路为钢板硬化路面，施工现场内硬化路面总体占有率较低，多数为未硬化道路，车辆行驶过程中肉眼可见扬尘起扬排放较多，由此造成的环境污染不可忽视。由于昼间不进行土方施工，故每日 18 点开始装车，19 点开始向外出车运输土料，至次日早 7 点结束。每日土方施工视工程进度及气象条件决定。

我国经济迅速发展的同时还伴随着快速的城市化建设。以西安市为例，随着西安城区向外扩建的大规模开发趋势，所带动的大型房地产开发项目建设的弊端已逐渐显现。由于坑内施工、土料的装卸以及在运输车辆的碾压作用下，施加的外力大于土料颗粒的临界起锚荷载时，受扰动的颗粒起扬进入大气环境易于形成污染，受力起扬的悬浮扬尘颗粒物也是雾霾的重要组成成分之一。

由生态环境部发布的中华人民共和国国家环境保护标准《环境影响评价技术导则-大气环境》（HJ 2.2—2008）已于 2009 年 4 月 1 日正式实施，替代了原有 HJ 2.2—1993。针对常规颗粒污染物，上述标准中仅涉及 TSP 和 PM_{10}。2013 年 10 月 1 日实施的《环境空气质量监测点位布设技术规范》（HJ 664—2013）中提及环境空气质量评价区域点、背景点监测项目和监测类型包含：基本项目、显沉降、有机物、温室气体、颗粒物主要物理化学特性，具体规定详见表 2-1。

环境空气质量评价区域点、背景点监测项目和监测类型　　　　　　　表 2-1

监测类型	监测项目
基本项目	二氧化硫（SO_2）、二氧化氮（NO_2）、一氧化碳（CO）、臭氧（O_3）、可吸入颗粒物（PM_{10}）、细颗粒物（$PM_{2.5}$）
显沉降	降雨量、pH 值、电导率、氯离子、硝酸根离子、硫酸根离子、钙离子、镁离子、钾离子、钠离子、铵根离子
有机物	挥发性有机物 VOCs、持久性有机物 POPs 等
温室气体	二氧化碳（CO_2）、甲烷（CH_4）、氧化亚氮（N_2O）、六氟化硫（SF_6）、氢氟碳化物（HFCs）、全氟化碳（PFCs）
颗粒物主要物理化学特性	颗粒物浓度谱分布、$PM_{2.5}$ 或 PM_{10} 中的有机碳、元素碳、硫酸盐、硝酸盐、氯盐、钙盐、镁盐、铵盐等

此外，我国于 2016 年 1 月 1 日开始实施的《环境空气质量标准》（GB 3095—2012）中已对环境空气中主要污染物提出明确的浓度限值要求，此处仅详述颗粒污染物部分，具体规定详见表 2-2。

环境空气污染物基本项目浓度限值 表 2-2

序号	污染物项目	平均时间	浓度限值		单位
			一级	二级	
1	颗粒物 （粒径小于等于 2.5μm）	年平均	15	35	μg/m³
		24 小时平均	35	75	
2	颗粒物 （粒径小于等于 10μm）	年平均	40	70	μg/m³
		24 小时平均	50	150	
3	总悬浮颗粒物（TSP）	年平均	80	200	μg/m³
		24 小时平均	120	300	

2.1.2 测试仪器性能参数

本章节所采用的测试仪器主要包括：Testo 410-1 型手持式风速仪、Testo 精密风速仪、TSI 7525 手持式空气品质检测仪、美国 MetOne 831 四通道 PM 颗粒物浓度值检测仪、德国 Welas-2000 气溶胶粒径谱仪以及手持式激光测距仪。

美国 MetOne 831 四通道 PM 颗粒物浓度值检测仪可同时测量和记录四种环境空气中可吸入颗粒物的浓度值，亦可测量记录环境空气中总悬浮颗粒物 TSP 的浓度值。Testo 410-1 型手持式风速仪、Testo 精密风速仪、TSI 7525 手持式空气品质检测仪用于监测描述被控区域内温度、相对湿度、风速及风向等参数。而德国 Welas-2000 气溶胶粒径谱仪，采用白光光源投射土方施工扬尘颗粒，检测单元在 90°散射角处接收扬尘颗粒的散射信号，再由信号处理单元统计汇总得出土方施工扬尘颗粒粒径大小及颗粒数值信息。其特有的 T 型感应技术能够消除边缘区域测量误差，能够实现重叠计数的检测及校正，且满足高浓度测量要求，属于高精度光学粒径谱仪。本章节实测场地内土方施工扬尘颗粒粒径范围在 0.5～100μm，土方扬尘颗粒粒径测试范围包含在 Welas-2000 量程范围内。上述测试仪器如图 2-2 所示，测试仪器的主要技术性能指标参数详见表 2-3。

仪器技术参数表 表 2-3

仪器名称	数据采集类型	量程范围	设备精度
Testo 410-1 型手持式风速仪	风速	0.4～20m/s	最小分辨率为 0.1m/s
Testo 精密风速仪	风速	0.1～20m/s	最小分辨率为 0.1m/s
TSI 7525 手持式 空气品质检测仪	温度	0～60℃	最小分辨率为 0.1℃
	相对湿度	5%～95%RH	最小分辨率为 0.1%RH
MetOne 831 颗粒物采样仪	PM₁浓度	0～1000μg/m³	最小分辨率为 0.1μg/m³
	PM₂.₅浓度		
	PM₄浓度		
	PM₁₀浓度		
	TSP 浓度		

仪器名称	数据采集类型	量程范围	设备精度
Welas-2000 气溶胶粒径谱仪	颗粒粒径	0.2～105μm	最小分辨率为 0.1μm/m³
手持式激光测距仪	长度距离	0～120m	最小分辨率为 1.0cm

(a) Testo 410-1型手持式风速仪　　　　　(b) Testo精密风速仪　　　　　(c) TSI 7525手持式空气品质检测仪

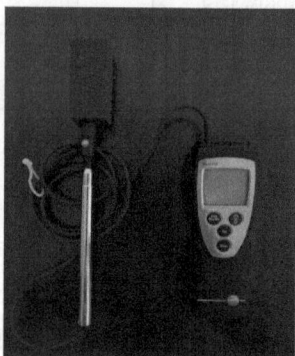

(d) MetOne831颗粒物采样仪　　　　　(e) Welas-2000气溶胶粒径谱仪　　　　　(f) 手持式激光测距仪

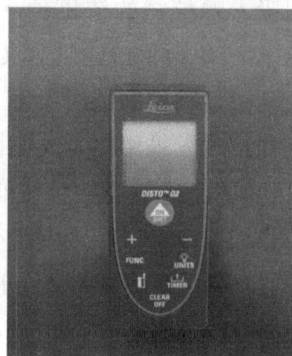

图 2-2　所用测试仪器

2.1.3　土方施工扬尘监测点的布置及测试方法

土方施工扬尘监测点的数量和布设的位置应根据工程现场的规模和施工工艺性质决定，待评估地形复杂程度、拟存在的污染源种类以及环境空气品质要求后，综合确定点位的数量和测试位置。

根据上述监测点布置依据，结合土方工程施工区域的场地特性，决定在施工场地出入口、下基坑坡道处、土方基坑内、厂区施工道路及土方填料堆积处进行布点监测，测点布置情况如图 2-3 所示。

测试主要以采样期间该地区的主导风向作为轴向，以土方填料所在位置向周围布置测点，以主导风向为主、纵向测点为辅的方式展开。通常以上风向为 0°，在其余方向

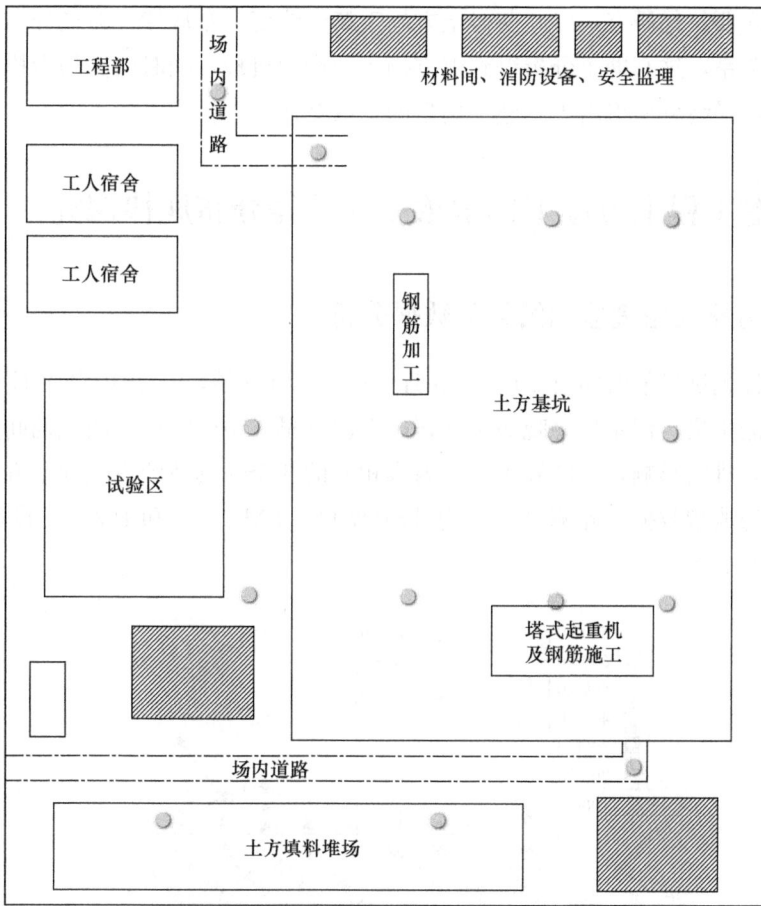

图 2-3 测点布置示意图

以 45°、90°、135°、180°、225°、270°、315°各布置 1 个或若干个扬尘监测点。在主要扬尘源附近则加密布置监测点，横纵向和主导风向方向上增设 1～3 个扬尘监测点。

扬尘浓度监测采样过程中，测试采样仪器距离地面高度宜在 1.5m 处附近，此高度刚好处于人员的正常呼吸高度范围内。土方扬尘浓度值采样时，采取逐一测试、单点监测的方法，即四通道 PM 颗粒物浓度值检测仪采样一轮后，能够得到扬尘浓度，而温度、相对湿度、风速和风向值则在数值基本稳定后予以记录。

本章节依托实际典型土方工程，扬尘浓度数据采集时间安排如下：依据项目实际土方工程进度安排，工程测试时间总体为 6～9 月，日测试时间从每日 18 点开始至次日清晨 6 点结束，中间无间断。根据《西安市建筑垃圾管理条例》及相关实施通告规定，昼间不允许进行土方清运工作，故与土方施工相关的工作内容均在夜间开始。

根据天气状况制定土方施工工作计划，如遇降雨天气，则取消当日与后一个自然日的土方相关工作计划，每月选取晴或阴的天气条件进行土方施工扬尘的浓度监测，月平均监测天数保证至少 10 天。每日 18 点至次日清晨 6 点期间，主要对土方扬尘颗粒 $PM_{2.5}$、PM_{10} 和 TSP 进行浓度值采样；对温度、相对湿度、风速和风向进行记录；对扬尘颗粒作简要粒径研究，以此获得土方施工扬尘浓度分布规律、粒径分布规律与气象因子之间的关系，这有助于分析得到土方扬尘的产尘机理，同时建立扬尘排放估算模型和扩散模型，最终分析得出土方施工扬尘的扩散规律。

2.2 明挖工程土方施工扬尘浓度与粒径分布规律探究

2.2.1 土方扬尘浓度监测结果与数据分析

监测采样测试峰值时间自 2017 年 8 月 1 日 20:00 开始，至 2017 年 8 月 20 日 06:00 终止，数据的采集与记录自每晚 20:00 开始至次日早 06:00 结束。测试期间受降雨和施工单位施工安排的影响，选取施工工作内容相同的 3 个连续晴朗夜晚的土方工程施工扬尘浓度数值为典型数据，此测试区间内 TSP 浓度、PM_{10} 浓度和 $PM_{2.5}$ 浓度随时间序列的变化如图 2-4 所示。

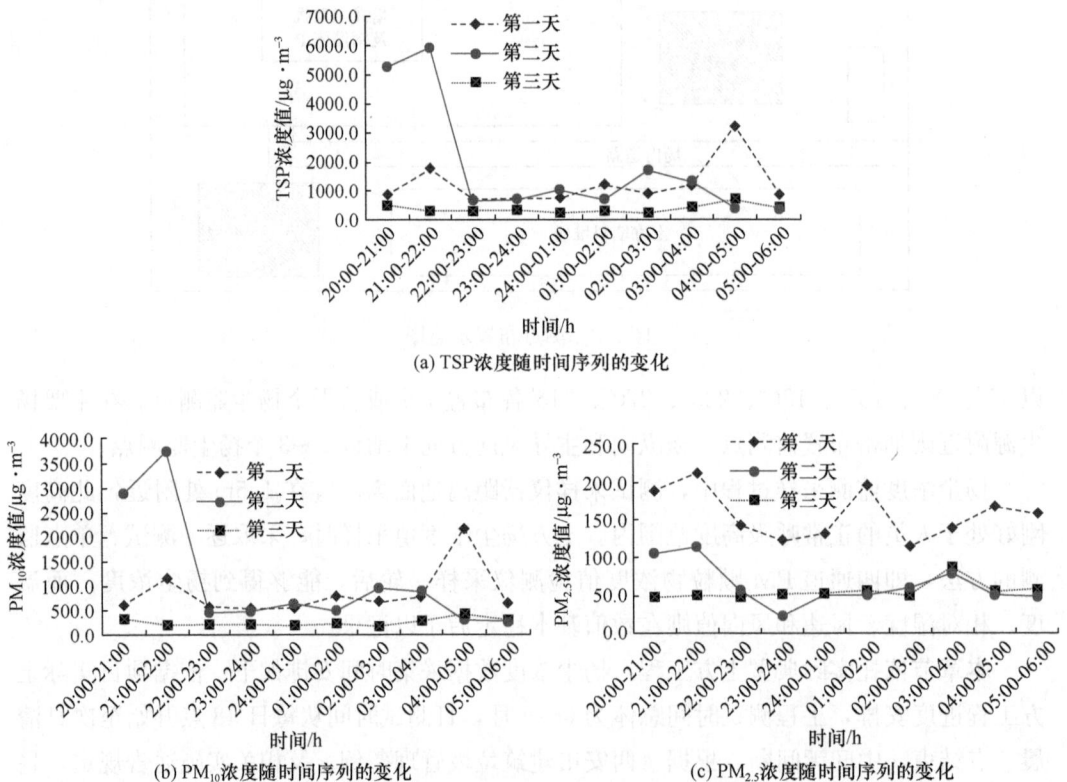

(a) TSP 浓度随时间序列的变化

(b) PM_{10} 浓度随时间序列的变化

(c) $PM_{2.5}$ 浓度随时间序列的变化

图 2-4　连续三天 TSP、PM_{10} 和 $PM_{2.5}$ 浓度随时间序列的变化

由图 2-4 可知，此测试期间内第二天的 TSP 浓度和 PM_{10} 浓度变化较大，且出现短时间浓度峰值，浓度峰值与现场施工活动及其剧烈程度有关，TSP 和 PM_{10} 浓度值及浓度波动幅度远高于 $PM_{2.5}$ 的浓度值和浓度波动幅度值；第三天所测 TSP 浓度、PM_{10} 浓

度和 PM$_{2.5}$ 浓度变化均趋于平稳，数值上的变化量相较于第一天和第二天也有明显减少；第二天 PM$_{10}$ 平均浓度高于第一天，但第二天 PM$_{2.5}$ 平均浓度则低于第一天。出现这一现象的原因在于，施工现场土方施工扬尘浓度较为复杂，既受施工现场具体施工活动的影响，又与气象因子有关。

2.2.2　土方施工扬尘浓度分布规律

针对监测采样结果，决定采用测试期间的土方扬尘浓度平均值作为刻画浓度分布规律的标尺。在已有每小时土方扬尘浓度均值的基础上，借助非线性回归法模拟预测现场土方施工中 TSP、PM$_{10}$ 及 PM$_{2.5}$ 的土方扬尘浓度回归曲线。结合实际测试结果，合理预判上述三种土方扬尘浓度趋势走向。测试结果与回归预测结果如图 2-5 所示。

由图 2-5 可知，非线性回归拟合能较好地与 TSP、PM$_{10}$ 及 PM$_{2.5}$ 土方扬尘浓度平均值相契合，预测拟合曲线能较为准确地把握和预判土方扬尘浓度的趋势，预测回归曲线的高次指数也说明现场土方扬尘的排放具有很强的波动性和不确定性。

图 2-5（a）TSP 均值浓度与非线性回归分析中，回归预测曲线出现两处峰值，这与现场实际测试浓度规律相吻合，均是在每日土方施工开始阶段和天亮禁止土方施工前这一阶段内的 TSP 浓度会有显著升高。其原因在于开始施工阶段土方清运车辆聚集于场地内，行驶车辆数量多且挖掘设备工作强度大，使得土方扬尘 TSP 浓度骤升；临近结束时，为加快施工进度或赶当日的土方工程量进度也会使得 TSP 的浓度出现峰值。整体而言，土方施工阶段 TSP 扬尘浓度偏高，需要引起足够重视，回归曲线及预测模型可信度高。

图 2-5（b）PM$_{10}$ 均值浓度与非线性回归分析的结果显示，回归预测曲线出现两处峰值，现场测试所得的浓度规律与预测曲线基本吻合，均是在每日土方施工开始阶段和天亮禁止土方施工前这一阶段内的 PM$_{10}$ 浓度会有显著升高，第二次峰值浓度前后的浓度值与第一次峰值浓度值近似。其原因首先在于 TSP 与 PM$_{10}$ 之间存在紧密的相关性；其次，场地内车辆数量多、挖掘设备工作强度大，使得土方扬尘 PM$_{10}$ 浓度骤升；临近结束时，为加快施工进度或是为了完成当日的土方工程量，也会使得 PM$_{10}$ 的浓度出现峰值。

从整体角度分析，整个测试周期内，土方扬尘 PM$_{10}$ 的浓度整体走势平稳，维持在较高水平，拟合预测曲线和 PM$_{10}$ 均值契合度较好，这也证明此条回归曲线及预测方程的可信度高。

土方施工阶段（即测试阶段）内 PM$_{2.5}$ 扬尘浓度均值的变化波动和变化趋势较为平稳，各时段内的土方扬尘 PM$_{2.5}$ 浓度变化不大，预测模型和测试数值契合度高。PM$_{2.5}$ 浓度值变化趋势平稳的原因在于土方施工阶段所扬起的扬尘颗粒多为大颗粒，粒径普遍大于等于 $10\mu m$（后予以证明）。就 PM$_{2.5}$ 浓度而言，其平均浓度值已远超国家标准中的年平均一级浓度限值 $15\mu g/m^3$ 和二级浓度限值 $35\mu g/m^3$，土方扬尘 PM$_{2.5}$ 的平均浓度是一级浓度限值的 3.5～4 倍、是二级浓度限值的 1.5～1.8 倍。总体来看，三者均是西安市城市环境空气中悬浮颗粒物的重要来源。

$$y=-1.8963x^5+42.171x^4-314.46x^3+915.88x^2-949.46x+1357.6$$
$$R^2=0.5668$$

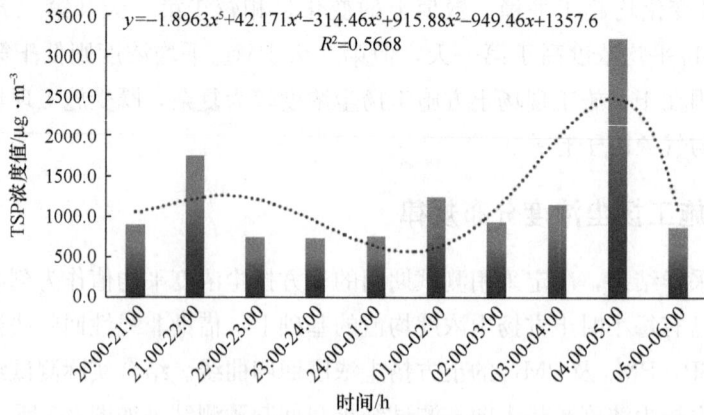

(a) TSP浓度随时间序列的变化及预测

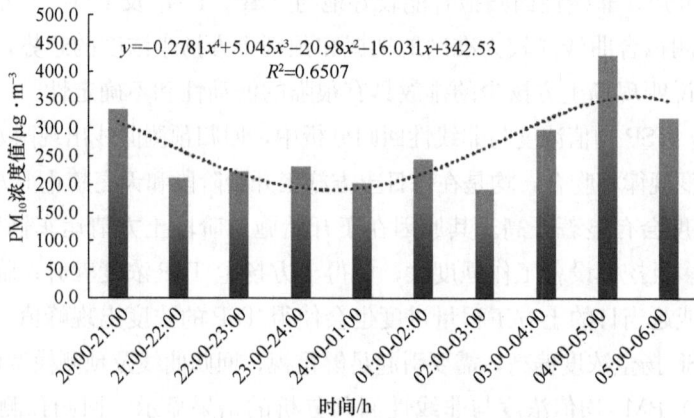

$$y=-0.2781x^4+5.045x^3-20.98x^2-16.031x+342.53$$
$$R^2=0.6507$$

(b) PM_{10}浓度随时间序列的变化及预测

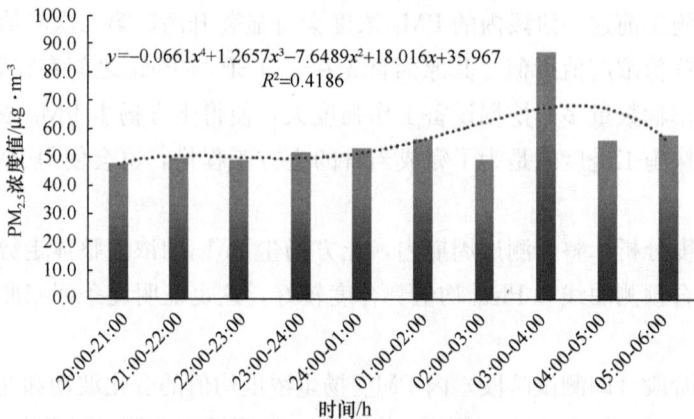

$$y=-0.0661x^4+1.2657x^3-7.6489x^2+18.016x+35.967$$
$$R^2=0.4186$$

(c) $PM_{2.5}$浓度随时间序列的变化及预测

图 2-5　TSP、PM_{10} 和 $PM_{2.5}$ 浓度随时间序列的变化及预测

2.2.3　土方施工扬尘颗粒粒径分布规律

土方施工扬尘颗粒粒径分析一般需借助德国 Welas-2000 气溶胶粒径谱仪完成。关

于 Welas-2000 气溶胶粒径谱仪的工作原理，仪器设备采用白光光源将白光投射至土方施工扬尘颗粒表面，设备中的检测单元在 90°散射角处接收到土方扬尘颗粒反馈的散射信号后，再由信号处理单元统计汇总，得出样本中土方施工扬尘颗粒粒径大小及所对应的颗粒数数值信息。其特有的 T 型感应技术能够消除边缘区域测量误差，对测量中的重叠计数具有检测及校正功能，且满足高浓度测量要求，属于高精度光学粒径谱仪。

根据上述土方施工扬尘浓度数据，本次试验所测土方施工扬尘颗粒粒径范围在 $0.5\sim100\mu m$，粒径测试范围涵盖于 Welas-2000 量程范围内。同时，考虑到土方工程施工现场环境中扬尘颗粒的粒径分布同时受大气环境颗粒物和土方工程施工扬尘的共同影响，根据土方工程施工时现场测试所得扬尘颗粒粒径值，与同一时段内环境背景参考测点及工地未进行土方工程施工作业时的大气颗粒物粒径分布进行对比。因此，主要采集了施工现场正在进行土方施工、现场未进行土方施工以及背景参考点处的扬尘颗粒粒径值，并将土方施工时的测试结果与未进行土方工程施工时和环境背景点的测试结果进行对比。由此得到不同粒径段的扬尘颗粒物数量所占比率见表 2-4。

不同粒径段扬尘颗粒物数量所占比率　　　　　　　　　表 2-4

粒径/μm 区域	1	2.5	4	10	100
未进行土方施工	7.28%	10.55%	14.71%	30.64%	36.81%
背景参考点	10.67%	13.27%	16.75%	27.99%	31.33%
土方施工进行中	0.44%	0.65%	4.15%	33.52%	61.24%

根据表 2-4 所示数据，对不同粒径段的扬尘颗粒物数量所占比率作图，得出施工现场夜间土方施工扬尘粒径分布如图 2-6 所示。

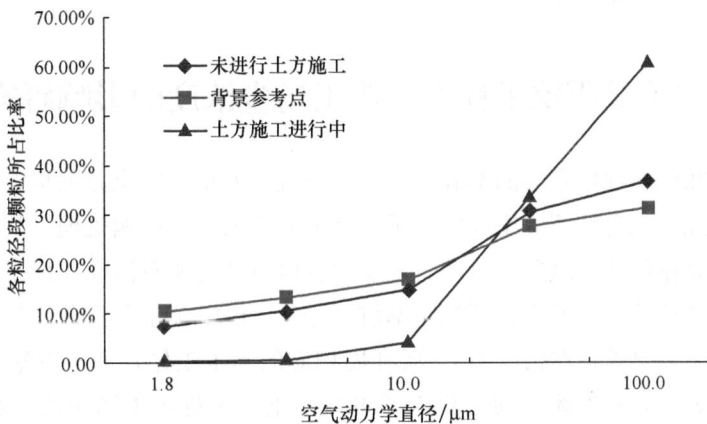

图 2-6　施工现场夜间土方施工扬尘粒径分布图

由图 2-6 可以看出，未进行土方施工时的现场大气与背景参考点测试的颗粒物粒径分布基本一致。从表 2-4 和图 2-6 中可以发现，未进行土方施工的现场大气中粒径大于

$10\mu m$ 的颗粒物占比明显要高于背景参考点的占比，原因在于受人为活动和其他施工工序扰动的影响。如水泥罐车的行驶扰动、钻井或打桩扰动，致使原有相对静止的土方颗粒受力起扬，借助风力作用在施工区域内造成局部污染。这种扬尘颗粒粒径占比浮动现象也侧面证明了大粒径的土方扬尘颗粒从"相对静止状态"到"挣脱束缚起扬状态"，再到"借助风力扩散状态"，其扩散污染的范围有限，一定距离范围内便会沉降回落至地表，且未跟随城市近地表气流进行远距离输送。

从研究结果来看，颗粒物粒径在施工现场土方工程施工过程中粒径较大的颗粒物占比较高，粒径介于 $10\sim100\mu m$ 的土方扬尘颗粒物占比高达 61.24%，可吸入颗粒物占比达 33.52%。这是因为挖掘机械在行进、挖掘和倾倒过程中，由于机械外力排放至大气环境中；土方清运车辆行驶在基坑内部和未铺装硬化道路上，在车轮的带动作用下卷扬至环境空气中以及在土方施工过程中，土方填料堆场和基坑的土质表面没有抑尘网的遮盖，这些因素共同导致土方工程施工扬尘总量增加。由图 2-5 和图 2-6 可清晰地看出，土方工程施工扬尘是城市 PM_{10} 和 TSP 的来源之一，对施工场区内及周围环境空气质量和现场施工人员的身体健康产生不利影响。

未进行土方施工的现场大气颗粒物 $PM_{2.5}/PM_{10}=0.34$，$PM_{10}/TSP=0.83$；土方工程施工过程中 $PM_{2.5}/PM_{10}=0.02$，$PM_{10}/TSP=0.55$。两者的 $PM_{2.5}/PM_{10}$ 均低于北京市大气环境 $0.4\sim0.6$ 的比例[71]，这也说明土方工程施工排放的扬尘中大粒径颗粒占多数，符合土方工程扬尘源的排放特性。土方工程施工过程中的 $PM_{2.5}/PM_{10}$ 数值明显低于美国 CARB 建议值 0.21[72]，数值同样也低于我国香港的 $0.11\sim0.3$[73]，由此亦可证明西安市夜间土方工程施工扬尘对西安市城市环境大气中 PM_{10} 和 TSP 的贡献能力占绝对优势。由上述研究可知，土方工程施工扬尘的起扬颗粒中大颗粒扬尘占多数，其造成的扬尘环境污染范围有限，在一定距离范围内会逐步沉降回归地表，土方施工扬尘随城市大气环境进行远距离输送的能力有限。

2.3　气象因子对明挖工程土方施工扬尘浓度的影响研究

本章节拟在前期数据采集的基础上展开，围绕西安市夜间土方工程施工扬尘浓度的影响因素，研究客观自然环境中气象因子对其浓度值的作用影响机理。其中，本章节中所指气象因子具体包括：风速、风向、环境温度以及环境相对湿度。根据西安市现行土方施工管理相关条例，涉及土方开挖（基坑开挖）、土方填料的运输、土方填料的场内堆砌等均应按条例要求，在每日 18 点后开展相应的施工工作，即土方施工均在夜间展开。本章节致力于研究上述四项气象因子参数与土方工程施工扬尘浓度数值间的相关性；明确扬尘浓度值与气象因子参数间的线性关系或非线性关系。本章节与其他研究人员有所不同的地方在于，本次探究是以夜间土方工程的施工扬尘和对应的夜间气象因子间的相关性为核心，与前人所做工作并不冲突亦不重复，换句话说，它亦是对土方施工扬尘与气象因子间相关性研究工作的补充。首先，对上述气象因子中的温度、相对湿度、风速及风向做简要补充性说明：

（1）环境温度

太阳辐射无法直接加热环境气流，而是通过加热地表和建筑物表面，间接加热及影响环境气流的流动，气流受热后上升进入大气对流层。通常情况下，较高的环境温度有助于土方扬尘的扩散，能够在一定程度上缓解局部地区的污染强度。全年日干球温度统计如图 2-7 所示，全年各月平均干球温度如图 2-8 所示。

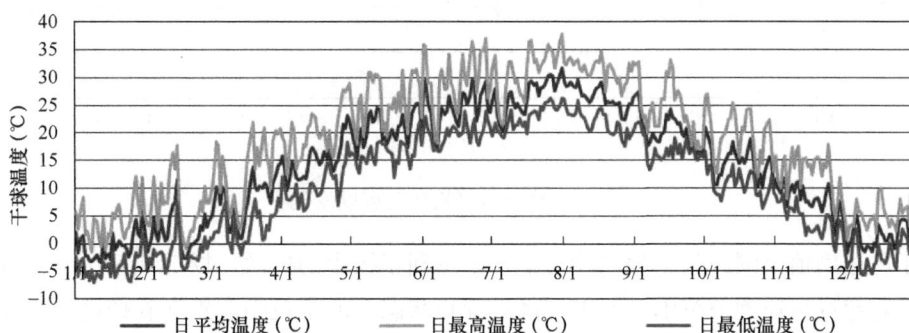

图 2-7　全年日干球温度统计

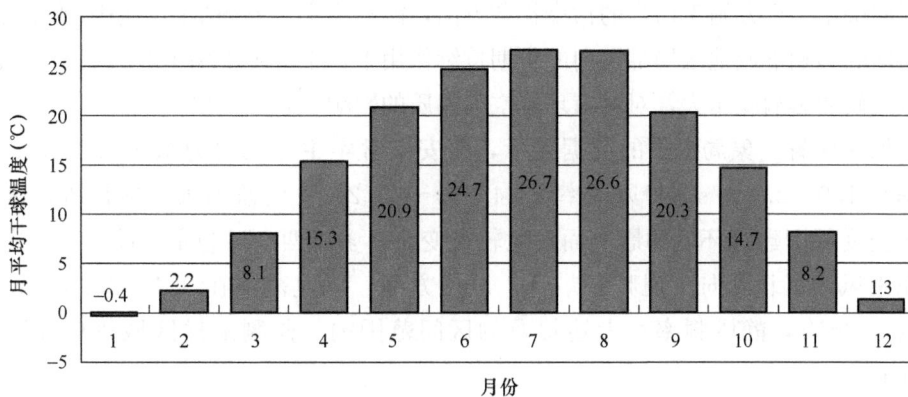

图 2-8　全年各月平均干球温度

（2）相对湿度

根据布朗运动原理，土方扬尘颗粒和空气中的水分子在环境中做无规则运动，故存在土方扬尘颗粒与水分子碰撞后相结合的情况。随着环境湿度增加，土方扬尘颗粒与水分子碰撞结合的概率增加，这使得土方扬尘颗粒的质量和体积有明显的增加，在形成大颗粒后有助于沉降。故环境相对湿度越大，越有助于扬尘的沉降，所对应的土方扬尘排放量则会降低。全年日平均相对湿度变化如图 2-9 所示。

（3）风速

直接影响土方施工扬尘扩散方式及规律的因素就是风速，风速的大小同样对于土方扬尘的沉降和卷扬有重要影响。扬尘起扬后，风速的大小表征着扬尘的水平传输速度，

19

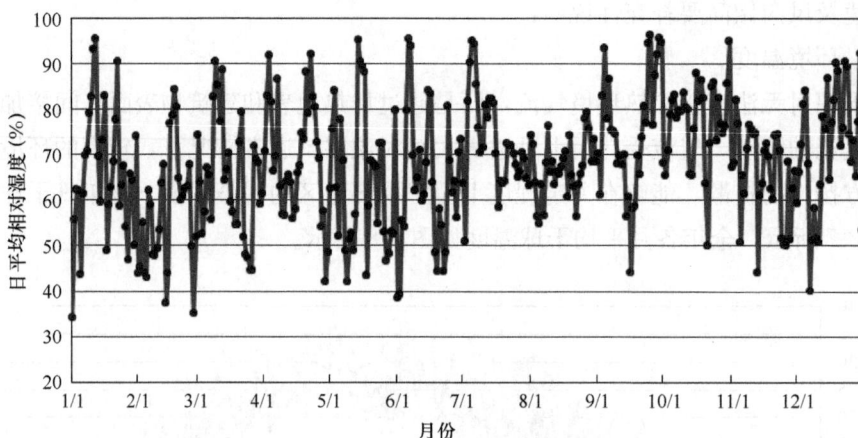

图 2-9　全年日平均相对湿度变化

若低于风速阈值范围或处于静风状态下，则不利于扬尘的扩散，局部地区污染暂时无法缓解；若超过风速阈值范围，原本沉降或静止状态下的尘粒则会重新卷扬进入环境，造成新的污染。

（4）风向

风向决定了土方施工扬尘的污染扩散方向，能够决定土方扬尘的污染区域。在城市主导风向的影响下或地区局部风向的长期持续作用下，土方施工扬尘对其下风向的城市环境微气候的影响就越大，对城市环境空气品质的影响也越加突出。

根据陕西省气象局提供的数据显示，西安市常年主导风向为东北风，6～9 月平均风速在 1.0～2.1m/s，静风频率在 24.5%～35.2%；而监测采样项目所在区域的主导风向受周围建筑环境的影响而发生较大变化，多以西南风为主导风向，其次是西北和东南风，东北风向出现频率最低；风速方面，风速范围在 0.4～2.2m/s，平均风速为 1.2m/s，静风频率在上述提及的区间范围内。监测采样区域风玫瑰图如图 2-10 所示。

为了研究上述四种气象因子是如何影响土方施工扬尘的扩散规律及扩散模式的，理清气象因子与土方扬尘间的相关性，采用线性回归分析理论分析，借助 Pearson 相关性系数来衡量气象因子参数与土方扬尘浓度间的相关性及密切程度。通常将 Pearson 相关性系数记作 R_P[74]，其理论计算式如式（2-1）所示：

$$R_P = \frac{\sum\limits_{j=1}^{n}(x_j - \overline{x})(y_j - \overline{y})}{\sqrt{\sum\limits_{j=1}^{n}(x_j - \overline{x})^2 \sum\limits_{j=1}^{n}(y_j - \overline{y})^2}} \tag{2-1}$$

式中：R_P 为 Pearson 相关性系数，无量纲；x_j 为土方施工扬尘浓度记录样本值、y_j 为各气象因子记录值；平均值 x 和平均值 y 均是上述样本平均值；n 表示样本个数。

Pearson 相关性系数 R_P 具有以下几点特性：

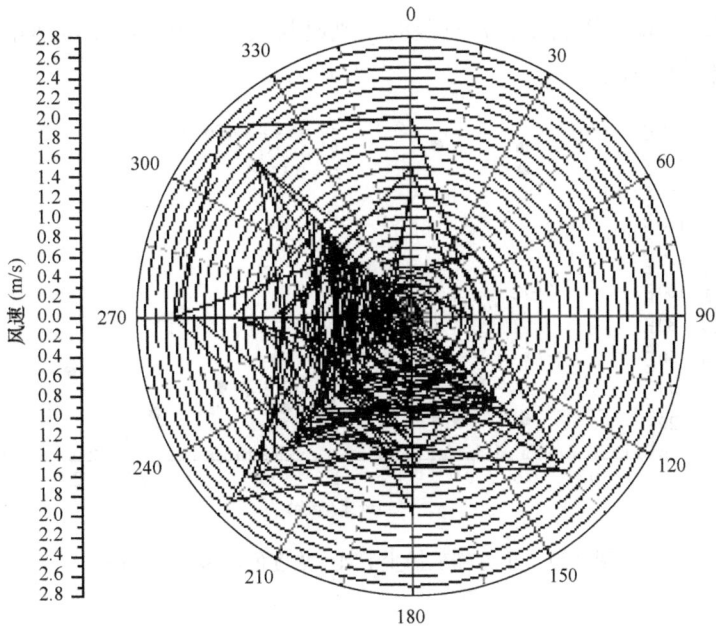

图 2-10 监测采样区域风玫瑰图

$|R_P| \leqslant 1$；

$0 < |R_P| < 1$ 时，则认为 x 与 y 之间存在一定的线性关系；

若 $R_P > 0$，则认为 x 与 y 之间存在线性正相关关系，随着 x 的增加 y 也随之增大；随着 x 的减小 y 也随之减小；

若 $R_P < 0$，则认为 x 与 y 之间存在线性负相关关系，随着 x 的增加 y 却随之减小；随着 x 的减小 y 却随之增加；

若 $R_P = 0$，则认为 x 与 y 之间不存在任何相关特性；

若 $R_P = 1$，则认为 x 与 y 之间严格遵守线性相关，两者完全符合线性函数关系。

如果 x 与 y 之间存在相关性，随着相关程度的增加，R_P 的数值也将随之增大；但会存在一个局限性，在计算得到 R_P 的数值后，还需对 R_P 进行显著性检验。显著性检验的目的就是说明当 R_P 的数值达到多大时计算所得的线性关系才合理。当具体问题具体分析时，监测采样所得样本数据和实时参数可能在一定程度上不具有总体特性或不能如实反映整体情况。出现这种情况时，不仅需要考虑样本数据是否具有总体特性，还需考虑样本容量。换句话说，如不进行显著性检验，则在计算 Pearson 相关性系数 R_P 时，可能会出现不相关的两个变量，但计算所得 R_P 的数值却反常地偏大，即会出现虚假相关性。因此，对 R_P 进行显著性检验则显得十分必要。

2.3.1 土方扬尘 $PM_{2.5}$ 浓度与气象因子相关性研究

结合上述相关性分析理论，针对研究监测的项目进行土方施工时，致力于探究西安市夜间土方施工扬尘 PM$_{2.5}$ 浓度值与环境气象因子间的相关性。依据测试所得 PM$_{2.5}$ 浓度值与现场记录所得环境温度、相对湿度、风速及风向参数，绘制得到相应的关系曲线如图 2-11～图 2-14 所示。

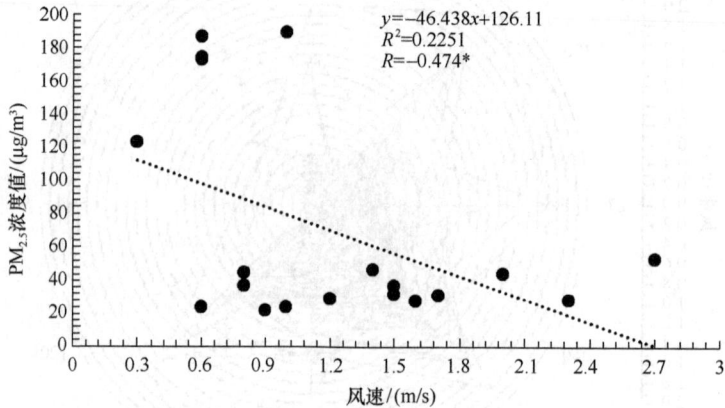

$y=-46.438x+126.11$
$R^2=0.2251$
$R=-0.474*$

图 2-11　土方施工扬尘 PM$_{2.5}$ 浓度值与风速关系图

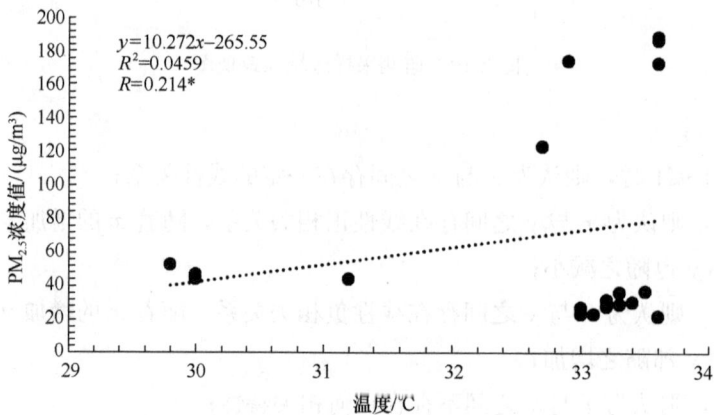

$y=10.272x-265.55$
$R^2=0.0459$
$R=0.214*$

图 2-12　土方施工扬尘 PM$_{2.5}$ 浓度值与温度关系图

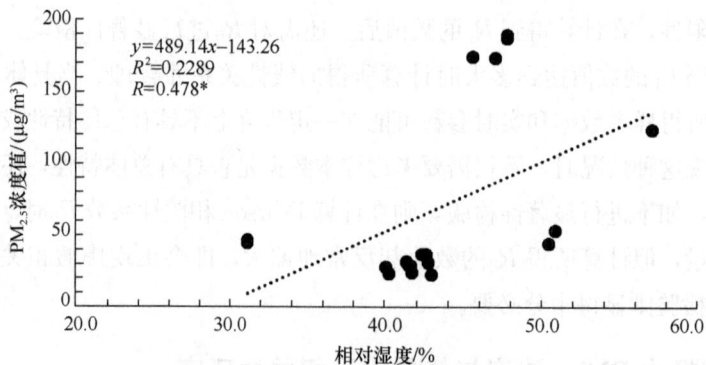

$y=489.14x-143.26$
$R^2=0.2289$
$R=0.478*$

图 2-13　土方施工扬尘 PM$_{2.5}$ 浓度值与相对湿度关系图

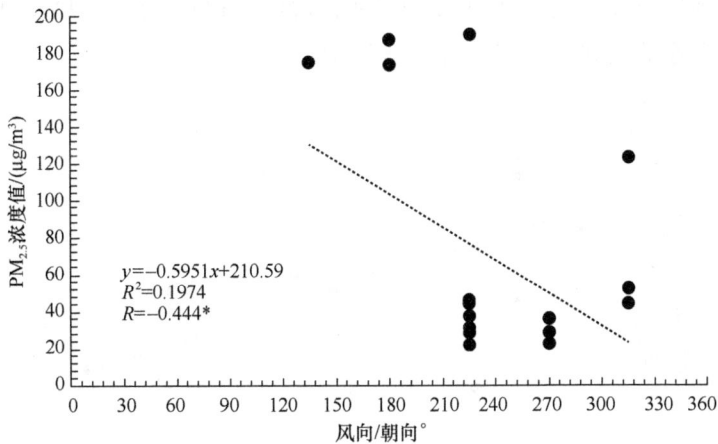

图 2-14　土方施工扬尘 $PM_{2.5}$ 浓度值与风向关系图

由图 2-11～图 2-14 中的计算结果可以得知，土方施工扬尘 $PM_{2.5}$ 浓度值与气象因子中的风速和相对湿度在 0.05 水平双侧显著相关，而与温度和风向之间的相关显著性不及前两者，相关性结果汇总于表 2-5。

土方施工扬尘 $PM_{2.5}$ 浓度值与气象因子相关性　　　　表 2-5

参数名称	土方施工扬尘 $PM_{2.5}$ 浓度值			
	风速	相对湿度	风向	温度
R^2	0.2251	0.2289	0.1974	0.0459
R	−0.474	0.478	−0.444	0.214
显著性	0.05 水平双侧显著	0.05 水平双侧显著	负相关	正相关

由表 2-5 可以清晰发现，风速和相对湿度对土方施工扬尘 $PM_{2.5}$ 浓度影响显著。结合施工现场及采样环境，究其原因是 $PM_{2.5}$ 扬尘颗粒自重较轻，易悬浮于空气中且不易沉降，易与气流形成较为稳定的两相流，故而自然受环境风速影响程度大，在一定风速范围内，风速的增加有利于 $PM_{2.5}$ 的扩散，利于减轻局部地区污染强度，亦有利于环境大气的循环净化，故呈现为显著负相关。

而风向受到周围建筑环境的影响更多，风向不断地发生改变，这在一定程度上影响了其与土方施工扬尘 $PM_{2.5}$ 浓度的相关显著性。对于温度而言，测试月夜间温度变化幅度小，夜间逐时温度温差小，温度相接近，故由计算所得温度对于土方 $PM_{2.5}$ 的影响确实存在相关性，表现为非显著性相关。与昼间温度对土方 $PM_{2.5}$ 浓度的影响相比，确实存在不同表现，针对夜间和昼间，需要依据不同环境及测试情况进行具体分析。

2.3.2　土方扬尘 PM_{10} 浓度与气象因子相关性研究

依据前述相关性分析理论，针对研究监测项目在土方施工过程中所测量的土方扬尘浓度数值，致力于研究西安市夜间土方施工扬尘 PM_{10} 浓度值与环境气象因子间的相关性。根据测试所得 PM_{10} 浓度值与现场记录所得温度、相对湿度、风速及风向参数，绘制得到相应的关系曲线如图 2-15～图 2-18 所示。

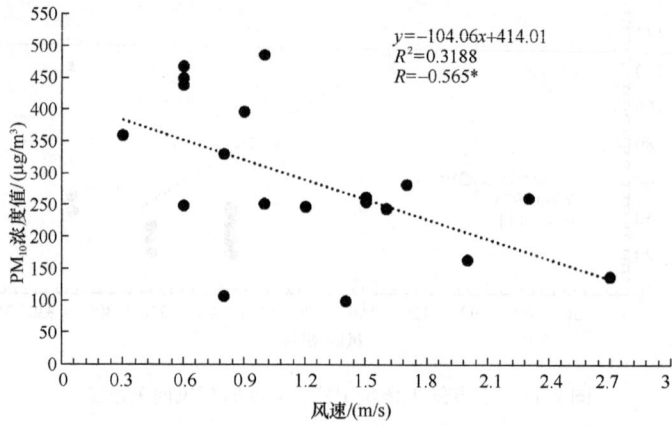

图 2-15　土方施工扬尘 PM_{10} 浓度值与风速关系图

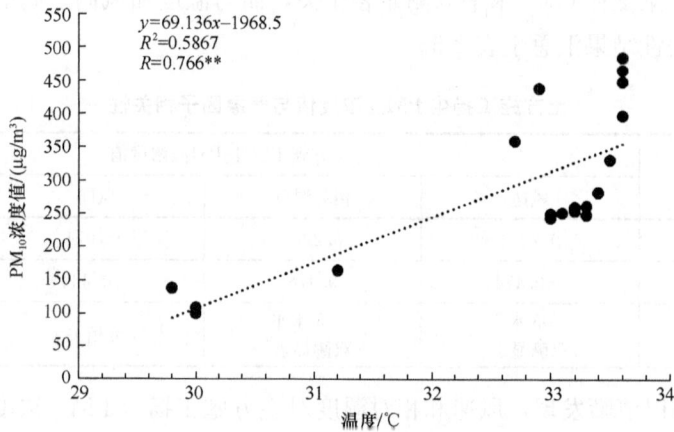

图 2-16　土方施工扬尘 PM_{10} 浓度值与温度关系图

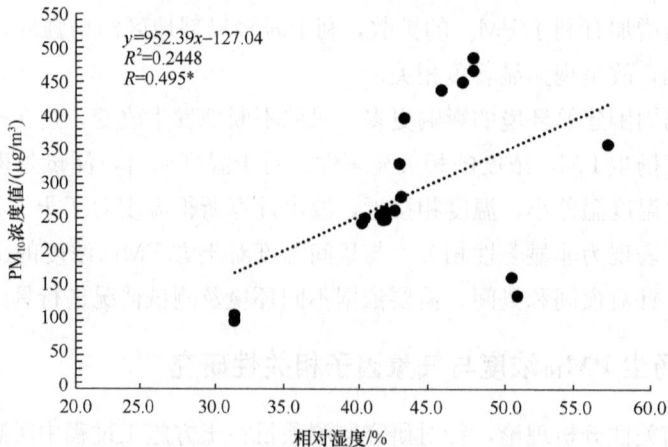

图 2-17　土方施工扬尘 PM_{10} 浓度值与相对湿度关系图

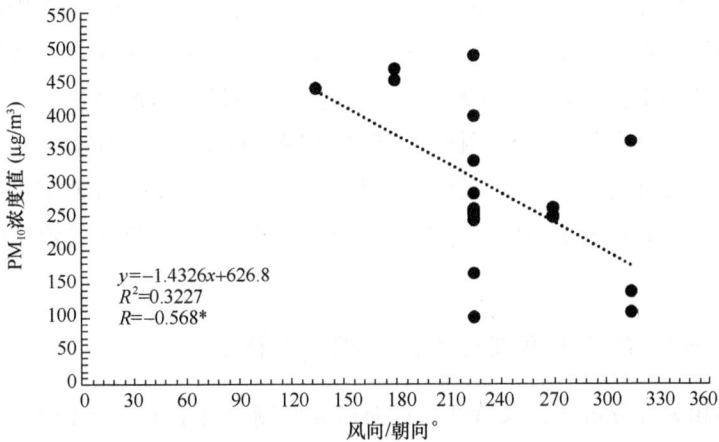

图 2-18　土方施工扬尘 PM_{10} 浓度值与风向关系图

由图 2-15～图 2-18 中的计算结果可以得知，土方施工扬尘 PM_{10} 浓度值与气象因子中的温度在 0.01 水平双侧显著正相关；与气象因子中的相对湿度在 0.05 水平双侧显著正相关；而与风速和风向参数中则是在 0.05 水平双侧显著负相关，相关性结果汇总于表 2-6。

由表 2-6 可以清晰地发现，土方施工扬尘 PM_{10} 的浓度值与上述四项气象因子间均存在明显的相关特性。具体来看，由土方施工产生的 PM_{10} 浓度值与风速和风向呈显著负相关。究其原因，土方施工扬尘 PM_{10} 浓度未与风速呈正相关，说明测试时的环境风速并没有超过风速阈值。风速在阈值范围内时，随着风速的增加有利于扬尘的扩散，有利于缓解局部地区的污染状况；但当风速超过风速阈值时，较大的风速则会加剧扬尘起扬，造成新的污染。再者，由于周围建筑环境的影响和制约，风向时常发生变化。风向突然转变后，浓度为 PM_{10} 的扬尘颗粒由于惯性并未改变原有运动方向，但扬尘颗粒所具有的动能在不断消耗减小，减小到一定程度后，扬尘颗粒则处于相对的稳定状态。再加上 PM_{10} 颗粒本身体积和质量较 $PM_{2.5}$ 颗粒更大、更重，亦有利于 PM_{10} 颗粒的沉降。故在回归计算后得到，土方施工扬尘 PM_{10} 颗粒与风向呈显著负相关。

土方施工扬尘 PM_{10} 浓度值与气象因子相关性　　　　　　　表 2-6

参数名称	土方施工扬尘 PM_{10} 浓度值			
	风速	相对湿度	风向	温度
R^2	0.3188	0.2448	0.3227	0.5867
R	−0.565	0.495	−0.568	0.766
显著性	0.05 水平双侧显著	0.05 水平双侧显著	0.05 水平双侧显著	0.01 水平双侧显著

监测采样期间，土方施工项目现场及周边由于洒水作业和降雨影响，环境相对湿度有所提升。相对湿度的增大说明环境空气中水分子数量在不断增加，则扬尘颗粒与水分子发生碰撞接触的可能性在逐渐提升。扬尘颗粒在与水分子碰撞接触后，与水分子结合

的可能性也大大提高。在不断地碰撞与结合过程中逐步形成"细小扬尘颗粒＋水分子＋细小扬尘颗粒"的颗粒微团。与之对应的，微团粒径（体积）和质量也逐渐增加，这也会导致大粒径的扬尘颗粒数值即 PM_{10} 扬尘浓度值有明显的增加趋势，但大颗粒的扬尘粒子污染和扩散距离有限，有利于扬尘颗粒的沉降。这也很好地解释了当温度逐步升高时，地面土壤中蕴含的水分的蒸腾作用加剧，局部环境空气中的相对湿度亦会增加，从而引起连锁效应。故在此小节中，土方施工扬尘 PM_{10} 浓度值与环境相对湿度和温度呈显著正相关。

2.3.3 土方扬尘 TSP 浓度与气象因子相关性研究

参照前述相关性分析理论及特性，针对研究监测项目中土方施工时实测的土方扬尘浓度数值，致力于研究西安市夜间土方施工扬尘 TSP 浓度值与环境气象因子间的相关性。依据测试所得的 TSP 浓度值与现场记录所得温度、相对湿度、风速及风向参数，绘制得到相应的关系曲线如图 2-19～图 2-22 所示。

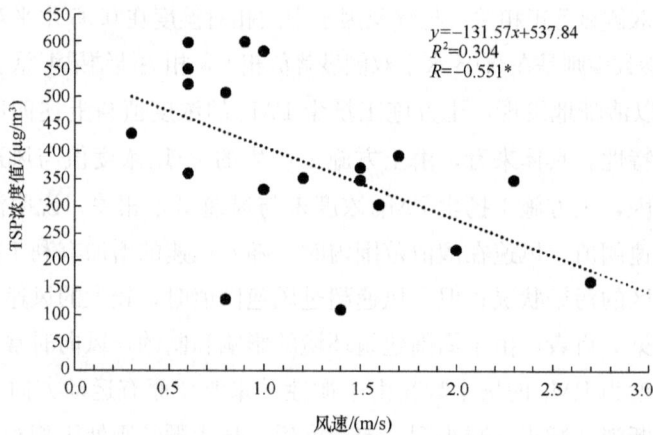

图 2-19　土方施工扬尘 TSP 浓度值与风速关系图

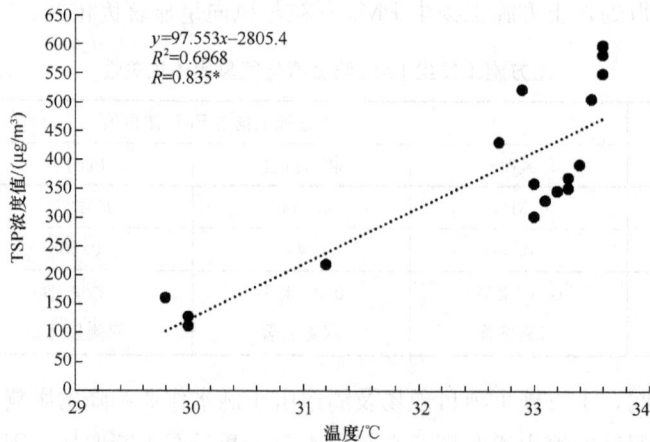

图 2-20　土方施工扬尘 TSP 浓度值与温度关系图

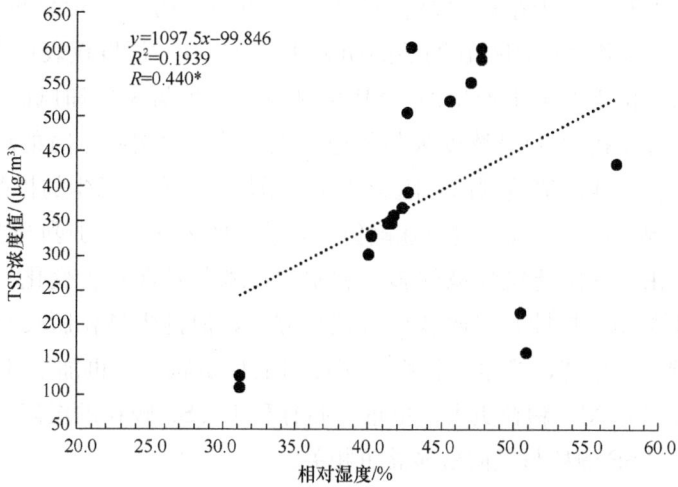

图 2-21 土方施工扬尘 TSP 浓度值与相对湿度关系图

$y=1097.5x-99.846$
$R^2=0.1939$
$R=0.440*$

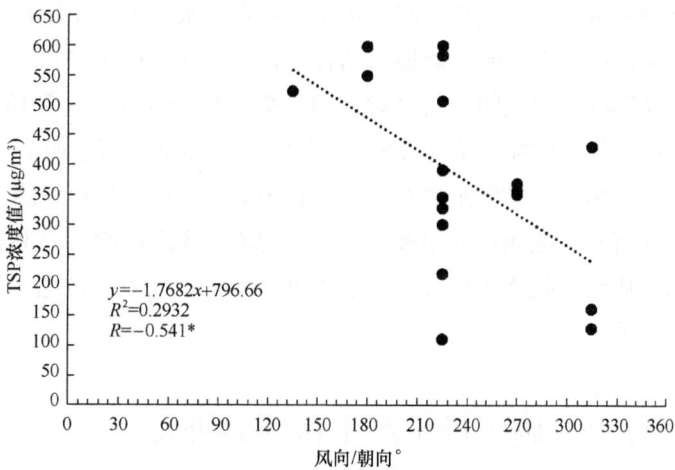

图 2-22 土方施工扬尘 TSP 浓度值与风向关系图

$y=-1.7682x+796.66$
$R^2=0.2932$
$R=-0.541*$

出上述关系曲线图中的计算结果可以得知，土方施工扬尘 TSP 浓度值与气象因子中的风速和风向在 0.05 水平双侧显著负相关；与气象因子中的温度参数在 0.01 水平双侧显著正相关；而与相对湿度参数仅呈现正相关，且正相关显著性不及温度参数，相关性结果汇总于表 2-7。

土方施工扬尘 TSP 浓度值与气象因子相关性　　　　　　　　　　　　　　表 2-7

参数名称	土方施工扬尘 TSP 浓度值			
	风速	相对湿度	风向	温度
R^2	0.304	0.1939	0.2932	0.6968
R	−0.551	0.440	−0.541	0.835
显著性	0.05 水平 双侧显著	正相关	0.05 水平 双侧显著	0.01 水平 双侧显著

由表 2-7 的相关性汇总情况可以清晰看出，土方施工扬尘 TSP 浓度值与上述风速、风向以及温度的气象因子间均存在明显的相关性，而与相对湿度仅表现为相关但非显著相关。具体来看，由土方施工产生的 TSP 悬浮颗粒扬尘与风速和风向呈显著负相关。究其原因，土方施工扬尘 TSP 浓度未与风速呈正相关，说明测试时的环境风速并没有超过风速阈值。在风速阈值范围内，随着风速的增加，有利于扬尘的扩散，从而缓解局部地区的污染状况；但当风速超过风速阈值时，较大的风速则会加剧扬尘起扬，造成新的污染。再者，由于周围建筑环境的影响和制约，风向时常发生变化。风向突然转变后，TSP 扬尘颗粒由于惯性并未改变原有运动方向，但扬尘颗粒所具有的动能在不断消耗直至减小到一定程度，扬尘颗粒则处于相对的稳定状态。再加上 TSP 颗粒本身体积和质量较 PM_{10} 和 $PM_{2.5}$ 颗粒更大、更重，亦有利于 TSP 颗粒的沉降。故在回归计算后得到土方扬尘 TSP 颗粒与风向呈显著负相关。

测试采样期间，土方施工项目现场及周边由于洒水作业和受降水影响，环境相对湿度有所提升。相对湿度的增大说明环境空气中水分子数量在不断增加，则扬尘颗粒与水分子发生碰撞接触的可能性在逐步提高。扬尘颗粒在与水分子碰撞接触后，与水分子结合的可能性也大大提高。在不断地碰撞与结合过程中，逐步形成"细小扬尘颗粒＋水分子＋细小扬尘颗粒"的颗粒微团。与之对应的，微团粒径（体积）和质量也逐步增加，这也会导致大粒径的扬尘颗粒数值即 TSP 以及 PM_{10} 扬尘浓度值有明显上升的趋势。但大颗粒的扬尘粒子，污染和扩散距离有限，有利于扬尘颗粒的快速沉降。这也很好地解释了当温度逐步升高时，地面土壤中蕴含的水分的蒸腾作用加剧，局部环境空气中的相对湿度亦会增加，从而引起连锁效应。故在此小节中，土方施工扬尘 TSP 浓度值与环境温度呈显著正相关。

2.4 明挖工程土方施工扬尘产尘机理的研究

本节是建立在 2.2 节和 2.3 节的基础上展开的，在前述研究中，已经得到明挖工程土方施工扬尘的浓度分布规律、土方施工扬尘的粒径分布特征，以及西安地区环境气象因子对土方施工扬尘浓度的影响特点后，拟进一步针对土方施工时扬尘的产尘机理作具体研究，以明确扬尘颗粒所受作用力的类别、力学特性、作用力强度以及临界荷载。

依据前期的初步研究，认为土方施工时土方扬尘的产尘机理可依据扬尘排放的方式划分，具体可划分为两大类：第一类统称为"一次扬尘"，土方工程中一次扬尘的产生主要是由于土方施工场区内堆放的土方填料、装卸及运输过程中，受到城市自然风风场作用以及施工器具、机械使用时的外力作用，直接向大气环境排放土方扬尘；再者，由于运输车辆通行时车轮碾压起扬，以及施工人员扰动导致的扬尘，可以归类为"二次扬尘"。

具体来说，场区内的固化土质表面在重型施工设备及自卸运输车辆自身重力荷载的碾压作用下，集中荷载会使土质表面产生形变、龟裂或破碎；在车轮的滚动、搓揉、刮削、剪切、摩擦和重复施加荷载下，表面原本稳定的土方颗粒受到较大的外界扰动后，极易克服原有颗粒与颗粒间、颗粒与土质表面间稳定的黏结力，使得扬尘颗粒因失去平衡而被激发起扬。

现阶段评判和衡量土方扬尘颗粒是否起扬的标准是计算校核扬尘颗粒所受的临界荷载值。影响临界荷载数值的因素包括颗粒自身属性力、外界附加机械力以及风场风力的附加；当上述三种作用力的合力大于土方扬尘颗粒的临界荷载时，原本静止的土方扬尘颗粒便会起扬。起扬的临界条件为：

$$F_y \geqslant F_{y0} \tag{2-2}$$

式中：F_y——土方扬尘颗粒所受外力的合力值；

F_{y0}——土方扬尘颗粒的极限起锚力（即临界荷载值）。

2.4.1 产尘作用力力学特性研究

如上所述，当作用在土方扬尘颗粒的综合荷载（作用力之和）大于土方扬尘颗粒的临界起锚力（临界荷载）时，原本稳定静止的土方扬尘颗粒便开始振动；再由振动过渡到沿合力的水平分力方向蠕动；再由蠕动进入波动跳跃阶段，该阶段已挣脱束缚表面；再借助风场紊流的扰动气流上升。此过程便实现了土方扬尘颗粒从静止到起扬再到逐步随气流扩散至城市大气环境。需要补充的是[74]，上述风场紊流扰动气流主要是在施工机械作业阶段，车辆通行运输或装卸时产生的剪切气流、压缩气流、诱导气流、自然风场的层流气流或紊流气流，以及机械外力作用下产生的离心气流。土方施工阶段扬尘排放操作单元见表 2-8。

土方施工阶段扬尘排放操作单元　　　　　　　　　　表 2-8

操作单元	扬尘排放来源
施工机械	主要来源于挖掘设备、打井钻孔设备、土料装载与卸载过程
车辆通行	主要是车辆在施工便道、未硬化的路面行驶
风蚀作用	主要包括料场、堆场、未硬化的路面、施工便道

具体来看，施工机械生产作业时产生的振动会使得土质表面逐渐松动，原本含水的土质结块在挖掘机械等移动施工设备轮胎的反复碾压及风场风蚀作用下，逐渐失水破碎成块后被碾压尘化。需要注意的是，施工现场内部道路大多是未经硬化的，路面频繁受到行驶车辆施加的荷载扰动，车辆轮胎与地面接触时会产生强大的刮削、剪切、摩擦作用，促使土方扬尘颗粒间的黏聚力不断减弱，颗粒进一步破碎细化。经此反复，扬尘颗粒的粒径和自身质量均在逐渐减小，颗粒与颗粒间的束缚能力亦随之减小，极易在外界荷载作用下达到临界起锚力（临界荷载），从而克服原有束缚，由静止到起扬。

产尘作用力类别：由于土方施工产尘过程复杂，若针对产尘过程进行宏观整体研究，则不能准确把握扬尘产尘机理。况且这个过程涉及的作用力种类丰富，不同产尘过程中的产尘作用力有所重叠。因此，拟将产尘作用力按类别进行划分，具体可划分为三大类别。

一、自身属性力

1. 重力

在显微状态下观察土方扬尘颗粒，会发现其颗粒多为不规则形状。鉴于本次研究所涉及的扬尘颗粒粒径较小，为便于研究描述土方扬尘颗粒的受力情况，故多将不规则形状的扬尘颗粒视作球形颗粒。不论土方扬尘颗粒粒径有多小，都有质量，因此均存在重力。参照重力计算公式，土方施工扬尘颗粒的重力可表示为：

$$G = mg = \frac{1}{6}\pi d_y^3 \rho_{dy} g \tag{2-3}$$

式中：d_y——土方施工扬尘颗粒粒径，m；

ρ_{dy}——土方施工扬尘密度，kg/m³；

g——重力加速度，m/s²。

2. 浮升力

浮升力与重力相对应，都属于自身属性力。在土方扬尘颗粒的悬浮过程中，颗粒会受到垂直向上的浮升力。参照阿基米德原理，影响颗粒浮力的主要因素为颗粒的粒径大小以及所在流场的流体密度，则土方施工扬尘颗粒的浮升力可表示为：

$$F_y = \rho_g g V_y = \frac{1}{6}\pi d_y^3 \rho_g g \tag{2-4}$$

式中：F_y——土方施工扬尘颗粒所受浮升力，N；

g——重力加速度，m/s²；

d_y——土方施工扬尘颗粒粒径，m；

ρ_g——流场空气密度，kg/m³。

二、机械附加外力

1. 压力梯度力

由于机械设备作业时引发周围流场及作用面压强的变化，土方扬尘颗粒因流场及作用面压强变化而起扬。压强梯度使用偏微分 $\dfrac{\partial p}{\partial l}$ 表示，压力梯度力的数值大小与压强梯度成正比，同时也与土方扬尘颗粒的体积成正比。压力梯度力的方向与压强梯度方向相反。对于不规则形状的土方扬尘颗粒所受压力梯度力可表示为：

$$F_{py} = -V_y \frac{\partial p}{\partial l} \tag{2-5}$$

对于简化的球状土方扬尘颗粒模型所受的压力梯度力可表示为：

$$F_{py} = -\frac{1}{6}\pi d_y^3 \frac{\partial p}{\partial l} \tag{2-6}$$

式中：F_{py}——土方施工扬尘颗粒所受压力梯度力，N；

V_y——不规则土方扬尘颗粒体积，m³；

d_y——土方施工扬尘颗粒粒径，m；

$\dfrac{\partial p}{\partial l}$——压强梯度。

2. 黏附力

土方施工现场调研时发现，无论是挖掘设备、装卸设备、还是运输设备，在与土方填料接触后均会残留土料附着于设备上。这是因为土料与设备接触面之间存在黏附力。在黏附力的作用下，颗粒将摆脱原有静止状态，并随设备相对运动，从原有的静止平衡力系转变为相对运动的平衡力系，力系的本质发生了改变。同时，由于振动、风场风力作用或诱导气流的影响，当黏附力不足以维持颗粒在设备表面的附着状态时，土方颗粒便会从设备表面脱离。在静风状态时，颗粒便会自然沉降；在风力附加作用下，土方颗粒便会随风起扬，从而形成土方扬尘。

3. 诱导气流

设备及人员施工作业过程中，因设备行进倒退、运动部件运转、人员及手持式设备使用造成的扰动，会在运动轨迹前端推动气流流动形成正压区，设备及人员运动轨迹后端则会形成局部负压，此局部扰动气流即为诱导气流；再者就是剪切气流，剪切气流也可归入诱导气流范畴，剪切气流的产生是由于设备的运动部件行进移动所引起。在诱导气流作用下，容易将地表土方颗粒卷扬进入环境空气，易于形成扬尘。

4. 振动效应

在不考虑风场的风力作用下或是在静风状态无外界扰动时，未硬化裸露土质表面的土方颗粒在重力、浮升力、黏附力所组成的力系中处于力平衡状态，此时并不会产尘；但当外界扰动打破原有力平衡时，土方颗粒便会克服原有表面束缚而起扬。此种情况多因设备运行时的振动所致，如夯实作业、打桩作业、钻井作业等，此时的土方颗粒表面便会受到一个与重力方向相反且垂直向上的反作用力，在该力的作用下，土方颗粒易于由静止状态进入蠕动状态，满足扬尘起扬的初始条件。

三、风场力

在两相流中，由于土方扬尘颗粒与流场气流间存在速度差而产生相对运动，流场气流流速高于土方扬尘颗粒移动速率。气动阻力的产生正是由于两者间存在相对运动，该阻力的作用对象是土方扬尘颗粒，其方向与扬尘颗粒相对于气流的速度方向相反。对于简化后的土方扬尘颗粒的气动阻力可用下式计算：

$$F_z = V_{空气} g C_D \dfrac{\rho_{空气} |v_{空气} - v_{颗粒}| (v_{空气} - v_{颗粒})}{2} \dfrac{\pi d_{颗粒}^2}{4} \tag{2-7}$$

式中：F_z——气动阻力值，N；

$\quad C_D$——阻力系数，无量纲；

$\quad v_{空气}$——气流流动速度，m/s；

$\quad v_{颗粒}$——土方施工扬尘颗粒移动速度，m/s；

$\quad d_{颗粒}$——土方施工扬尘颗粒粒径，m。

对于土方扬尘颗粒而言，上述阻力系数 C_D 与雷诺数 $Re_{颗粒}$ 间存在如下关系：

1）当雷诺数 $Re_{颗粒} < 1$ 时：

$$C_D = \frac{24}{Re_{颗粒}} \tag{2-8}$$

2）当雷诺数 $1 \leqslant Re_{颗粒} \leqslant 1000$ 时：

$$C_D = \frac{30}{Re_{颗粒}^{\frac{5}{8}}} \tag{2-9}$$

3）当雷诺数 $Re_{颗粒} > 1000$ 时：

$$C_D = 0.44 \tag{2-10}$$

4）土方扬尘颗粒在流场中流动时的雷诺数可按下式计算：

$$Re_{颗粒} = \frac{\rho d_{颗粒}(\upsilon_{空气} - \upsilon_{颗粒})}{\upsilon_{空气}} \tag{2-11}$$

2.4.2 土方扬尘的临界荷载研究

如前所述，原本静止在地表的土方颗粒在重型施工设备及自卸运输车辆自身重力及动态荷载的碾压作用下，块状及大颗粒土料会破碎细化；在车轮的反复滚动、搓揉、刮削、摩擦和持续施加的荷载下，土方颗粒受到较大的外界扰动后，极易克服原有颗粒与颗粒间、颗粒与土质表面间的黏结力，使得扬尘颗粒打破原有平衡力的制约束缚而起扬。

评判和衡量土方扬尘颗粒是否起扬的标准是计算校核扬尘颗粒所受的临界荷载值，即起锚荷载。影响临界荷载值的因素包括颗粒自身属性力、外界附加力以及风场力；当上述三种作用力的合力超过土方颗粒的临界起锚荷载阈值时，原本静止的土方扬尘颗粒便会起扬。起扬的临界条件为：

$$F_y \geqslant F_{y0} \tag{2-12}$$

式中，F_y——土方扬尘颗粒所受作用力合力；

F_{y0}——土方扬尘颗粒的极限起锚力（即临界荷载值）。

随着研究逐步深入，土方颗粒自身属性力主要是指颗粒的自身重力；外界附加力以及风场力逐步简化为土方颗粒间的引力和黏结力，三者之和称之为临界荷载或极限起锚力。临界荷载[74]可由式（2-13）确定：

$$F_{y0} = W + G + C \tag{2-13}$$

式中，F_{y0}——临界荷载值，N；

W——土方扬尘颗粒自身重力，N；

G——土方扬尘颗粒粒间引力，N；

C——土方扬尘颗粒所受黏结力，N。

根据前述研究，需要补充的是，土方扬尘颗粒的自身重力除了和颗粒粒径、种类来源有关外，还需考虑扬尘颗粒的含水率和亲水性，上述因素均会影响到重力的数值大小。

土方施工扬尘颗粒粒间引力可按下式计算：

$$G = R \times \frac{M_1 M_2}{(r_{M_1} + r_{M_2})^2} M_1 \tag{2-14}$$

式中，R——引力常量，$6.67 \times 10^{-11} \mathrm{N \cdot m^2/kg^2}$；

M_1、M_2——两个土方扬尘颗粒各自的质量，kg；

r_{M_1}、r_{M_2}——两个相互接触的土方扬尘颗粒各自的半径，m；

由上式结构可知，其常量值在 10^{-11} 数量级，整体计算值可能在 $10^{-10} \sim 10^{-9}$ 数量级，因此土方扬尘颗粒粒间引力通常可忽略不计。

土方扬尘颗粒受到的黏结力可按下式计算：

$$C = K \times \frac{Q_1 Q_2}{d^2} \tag{2-15}$$

式中，K——库伦常数，$8.987 \times 10^9 \mathrm{N \cdot m^2/C^2}$；

Q_1、Q_2——土方扬尘颗粒自身所带电荷量，C；

d——两土方扬尘颗粒质心间的距离，m。

需要补充的是，土方扬尘颗粒受到的黏结力除与颗粒所带电荷及电荷极性有关外，还应考虑扬尘颗粒的含水率。

因此，土方颗粒起扬形成土方扬尘的临界条件可以概述为如下：

$$\begin{cases} F_{y0} = W + G + C \\ G = R \times \dfrac{M_1 M_2}{(r_{M_1} + r_{M_2})^2} M_1 \\ C = K \times \dfrac{Q_1 Q_2}{d^2} \\ F_y \geqslant F_{y0} \end{cases} \tag{2-16}$$

2.4.3 产尘作用力影响土方施工扬尘浓度的主次研究

前述关于产尘作用力特性的研究中总结指出，产尘作用力可以大致划分为三大类，分别是自身属性力、机械附加外力以及风场力。

自身属性力中主要包含重力和浮升力。决定土方扬尘颗粒重力的关键在于扬尘颗粒的质量，从微观角度分析，即为扬尘颗粒的粒径。在实际工程应用中，土方颗粒的起扬通常需要借助机械附加外力或是风场力的作用。究其原因，若仅分析土方颗粒而不考虑其他外界影响因素，由于土方颗粒的密度远大于环境流体密度，因此在自身属性力中，重力占据绝对优势，即重力的影响大于浮升力。

机械附加外力主要包含压力梯度力、黏附力、诱导气流以及振动效应。压力梯度力的根本原因在于风速的变化，越靠近地面，粗糙度越大，近地面风速越小，风速梯度变化显著，故近地面的压力梯度相较于高空更为明显。诱导气流和振动效应是打破原静止土方颗粒力系平衡的关键因素，随后借助风场力的作用实现颗粒的起扬，该部分起扬的土方颗粒中，一部分会发生自然沉降；而另一部分则会随气流扩散形成土方施工扬尘，并造成环境污染。在此类作用力的影响中，诱导气流的影响最为显著，其次是振动效应、压力梯度力，最后是黏附力。

风场力主要包含气动阻力、附加质量力、巴塞特力、萨夫曼升力、玛格努斯力（或玛格努斯效应）。对于气动阻力而言，无论是理论分析、数值分析还是模型模拟中，气动阻力均不可忽略。其主要原因在于，流场中的流体具有非理想的黏性特性，故会对流场中运动的土方颗粒产生一个运动阻力，即气动阻力。对于附加质量力而言，由于土方扬尘颗粒的加速度 a_y 的变化较小，可近似认为颗粒在做匀加速运动，且 $\rho_{空气}/\rho_{颗粒}$ 的密度比值维持在 10^{-3} 数量级，因此附加质量力的影响相对较小，可忽略不计。再者，巴塞特力作为运动阻力之一，是导致土方扬尘颗粒变速运动的原因之一。但需要补充的是，巴塞特力对于土方扬尘颗粒的运动和扩散的影响很小，通常可忽略不计。在本研究中，研究时段内多处于静风状态，流场流体流速较低，土方扬尘颗粒周围的速度梯度不明显，因此萨夫曼升力对土方颗粒的影响可以忽略不计。为便于研究，需要对流场中土方颗粒的运动进行简化，即不考虑土方扬尘颗粒运动时的自旋效应，故玛格努斯效应对扬尘颗粒运动的影响亦可忽略。因此，在风场力的影响中，气动阻力的影响最为显著，其次是附加质量力、巴塞特力，萨夫曼升力和玛格努斯效应的影响最小。

综上所述，在产尘作用力对土方施工扬尘浓度的影响中，主要需要考虑重力、诱导气流、振动效应以及气动阻力的作用。

2.5 明挖工程土方施工扬尘排放量预测模型的搭建与解析

前述内容中已包含对明挖工程土方施工扬尘扩散规律及模式的研究、扬尘颗粒的粒径研究、城市环境气象因子对土方扬尘起尘浓度的影响研究，以及涵盖土方施工扬尘产尘机理的研究。本章节的研究旨在将宏观的规律或作用力与微观的数值统计计算相结合，需要借助数值公式来衡量土方施工扬尘对城市环境的贡献率，同时也能直观反映土方扬尘的污染现状。

明挖工程土方施工现场内经常起尘的区域及相关操作主要包括：基坑裸露表面、场区内未硬化的施工道路、土方填料堆场、土方填料装卸操作起尘。整合起尘的影响因子，拟构建土方施工扬尘排放预测模型，通过排放模型来估算土方扬尘排放量，并以此数值来评估和衡量土方扬尘对城市环境的污染及影响程度。

2.5.1 扬尘排放量预测模型搭建

（1）土方施工现场裸露地表扬尘排放估算模型

依据美国环保署颁布的 AP-42 指南中所涉及的裸露地面扬尘排放相关内容，并结合西安市夜间土方施工及扬尘排放特点，汇总得到裸露地表的土方扬尘排放估算模型，其模型计算式如下：

$$E_{裸露} = EF_{裸露} \times A_{裸露} \tag{2-17}$$

$$EF_{裸露} = K \times \sum_{j=1}^{N} P_j \tag{2-18}$$

$$P_j = 58\,(V - V^*)^2 + 25\,(V - V^*) \quad V > V^* \tag{2-19}$$

$$P_j = 0 \quad V \leqslant V^* \tag{2-20}$$

式中，$E_{裸露}$——裸露土方表面风蚀扬尘排放量，g；

$EF_{裸露}$——裸露土方表面风蚀扬尘排放因子，g/m^2；

$A_{裸露}$——土方施工区域内裸露地表面积，m^2；

K——土方扬尘粒径因子，无量纲；

N——观测期间裸露地表受扰动总次数；

P_j——观测期间第 j 次风蚀排放潜力，g/m^2；

V——场区近地面风速，m/s；

V^*——临界起尘风速，m/s。

对上述模型及计算式需要补充的是，土方扬尘粒径因子 K 的数值是依据土方颗粒的粒径确定：颗粒粒径为 $100\mu m$ 及以上时，K 取 2.12；粒径为 $30\mu m$ 时，K 取 1.0；粒径小于 $15\mu m$ 时，K 取 0.6；粒径小于 $10\mu m$ 时，K 取 0.5；粒径小于 $2.5\mu m$ 时，K 取 0.2。从上式可以确定，当近地面风速低于临界起尘风速时，可认为此时不起尘。同时，必须注意的是，风蚀排放潜力 P_j 所对应的函数是非线性函数，每次观测所得数值间并无直接联系，需要分别计算。

若直接测量场区近地面风速 V 可能存在较大误差，除测量外还可按下式计算近地面风速，理论公式[75]如下：

$$V = \frac{V_h \cdot k}{In(h/h_0)} \tag{2-21}$$

式中，V——场区近地面风速，m/s；

V_h——h 高度处测试得到的风速，m/s；

k——沃卡门常数，数值取 0.4；

h——风速测试高度，m，本章节风速测试高度为 1.5m；

h_0——场区地表粗糙度，m。

临界起尘风速 V^* 亦需要计算，计算式[75]如下：

$$V^* = 0.1\sqrt{\frac{0.1(\rho_{颗粒} - \rho_{空气})}{\rho_{空气}}gd_y} \tag{2-22}$$

式中，$\rho_{颗粒}$——土方颗粒密度，kg/m^3；

V^*——临界起尘风速，m/s；

g——重力加速度，m/s^2；

d_y——土方施工扬尘颗粒粒径，m；

$\rho_{空气}$——环境空气密度，kg/m^3。

（2）土方施工区域内道路扬尘排放估算模型

土方施工区域内道路扬尘的排放主要受以下因素的影响,其中包括场区道路是否经过硬化处理、道路表面的含尘量、车辆载荷、车辆行驶速度以及路面的平整度和土质含水率。若场区内道路按照施工要求进行硬化处理,并保持路面含尘量较低,控制车辆的行驶速度,且坚持对进出车辆进行清洗,适当增加路面湿润程度,便会有效控制场区内道路的土方扬尘产尘量。若既未对路面进行有效硬化又凹凸不平,在路面湿润条件不足的情况下,未硬化路面的土方扬尘排放强度将会大大增加。

1)土方施工区域内未硬化道路扬尘排放估算模型

施工区域内未硬化道路土方施工扬尘排放估算模型[76]如下:

$$E_{\mathrm{L}} = k \times \left(\frac{s}{12}\right)^a \times \left(\frac{W}{3}\right)^b \qquad (2\text{-}23)$$

式中:E_{L}——未硬化路面土方扬尘排放因子,kg/VKT;

$\quad k$——土方扬尘颗粒粒径系数;

$\quad a$、b——经验数值,常数;

$\quad s$——未硬化道路路面扬尘含量,%;

$\quad W$——行驶车辆的重量,t。

需要补充的是,对于 TSP 颗粒 k 取 4.9,对于 PM_{10} 颗粒 k 取 1.5,对于 $PM_{2.5}$ 颗粒 k 取 0.23。经验数值 a、b 的取值情况如下:对于 TSP 颗粒 a 取 0.7,对于 PM_{10} 颗粒 a 取 0.9,对于 $PM_{2.5}$ 颗粒 a 取 0.23;而 b 值对上述 3 种颗粒均取值 0.45。

2)土方施工区域内硬化道路扬尘排放估算模型

施工区域内硬化道路土方施工扬尘排放估算模型[76]如下:

$$E_{\mathrm{L}'} = k \times \left(\frac{sL}{2}\right)^{0.65} \times \left(\frac{W}{3}\right)^{1.5} - C \qquad (2\text{-}24)$$

式中:$E_{\mathrm{L}'}$——经硬化路面土方扬尘排放因子,kg/VKT;

$\quad k$——土方扬尘颗粒粒径系数;

$\quad s$——经硬化道路路面扬尘含量,%;

$\quad L$——道路积尘负荷,kg/m²;

$\quad W$——行驶车辆的重量,t;

$\quad C$——施工车辆车轮刮削、摩擦、剪切引起的排放因子,kg/VKT。

需要补充的是,对于 TSP 颗粒 k 取 0.082,对于 PM_{10} 颗粒 k 取 0.016,对于 $PM_{2.5}$ 颗粒 k 取 0.0024。经验数值 C 的取值情况如下:对于 TSP 颗粒 C 取 0.00047,对于 PM_{10} 颗粒 C 取 0.00047,对于 $PM_{2.5}$ 颗粒 C 取 0.00036。

(3)土方填料堆场扬尘排放估算模型

土方填料堆场起尘原因主要有两点:其一是风蚀作用,其二是运输车辆的装卸操作所引起的土方扬尘。现理论体系内[77]经简单推导即可得出土方填料堆场的扬尘排放模型[76]如下:

$$W_D = \sum_{j=1}^{n} E_Z \times G_Z \times 10^{-3} + E_F \times A_D \times 10^{-3} \tag{2-25}$$

式中：W_D——土方填料堆场扬尘源扬尘排放量，t/a；

$\quad\quad n$——土方施工过程中料堆装卸总次数；

$\quad\quad E_Z$——土方填料装卸操作扬尘排放因子，kg/t；

$\quad\quad G_Z$——每车次车载土方装卸量，t；

$\quad\quad E_F$——风蚀作用下堆场的排放因子，kg/m²；

$\quad\quad A_D$——土方填料堆场表面积，m²。

土方填料堆场装卸操作的扬尘排放因子 E_Z 可按下式计算评估[76]：

$$E_Z = k \times 0.0016 \times \frac{\left(\dfrac{V_h}{2.2}\right)^{1.3}}{\left(\dfrac{M_s}{2}\right)^{1.4}} \times (1-\eta) \tag{2-26}$$

式中，k——土方扬尘颗粒粒径系数；

$\quad\quad V_h$——h 高度处测试得到的风速，m/s；

$\quad\quad h$——风速测试高度，m，本章节风速测试高度为 1.5m；

$\quad\quad M_s$——土方填料堆场土质含水率，%；

$\quad\quad \eta$——抑尘效率，%。

风蚀作用下堆场的排放因子 E_F 可使用下述模型进行估算[76]：

$$E_F = k \times \sum_{j=1}^{n} P_j \times (1-\eta) \times 10^{-3} \tag{2-27}$$

式中，E_F——风蚀作用下堆场的排放因子，kg/m²；

$\quad\quad k$——土方扬尘颗粒粒径系数；

$\quad\quad n$——土方填料堆场受风场力扰动总次数；

$\quad\quad P_j$——观测期间第 j 次风蚀排放潜力，kg/m²。

（4）土方填料装卸操作扬尘排放估算模型

如上小节所述，考虑计算土方填料堆场扬尘排放量的同时，确实需要兼顾因车辆和设备的装卸操作而引起的土方扬尘排放，故对上节中提及的土方填料装卸操作扬尘排放模型进行补充和诠释，排放估算模型[76]如下：

$$E_Z = k \times 0.0016 \times \frac{\left(\dfrac{V_h}{2.2}\right)^{1.3}}{\left(\dfrac{M_s}{2}\right)^{1.4}} \tag{2-28}$$

式中：E_Z——土方填料堆场装卸操作的扬尘排放因子，kg/t；

$\quad\quad k$——土方扬尘颗粒粒径系数；

$\quad\quad V_h$——h 高度处测试得到的风速，m/s；

$\quad\quad h$——风速测试高度，m，本章节风速测试高度为 1.5m；

$\quad\quad M_s$——土方填料堆场土质含水率，%。

需要补充的是，本模型主要适用于土方施工阶段中的基坑挖掘、土方清运、基坑回填阶段；对于 TSP 颗粒 k 取 0.74，对于 PM_{10} 颗粒 k 取 0.35，对于 $PM_{2.5}$ 颗粒 k 取 0.11。受自然降水和人工洒水的影响，本章节中土方填料堆场的土质含水率在 4%～5% 的范围内，这一数值比通常推荐的含水率 2% 要高出许多。

（5）风蚀扬尘排放估算模型

风蚀扬尘的产生是在风场力的作用下，对土方施工场区内的土方填料堆场、基坑裸露地表、未硬化及硬化道路表面土方颗粒的侵蚀和卷扬，使得原本静止黏结在表面的土方颗粒受力起扬。受施工场区地理位置和周围建筑布局对环境的影响，场区上空风场流态较为复杂，易形成乱流气流。在此情况下，通常可认为空气流速大于 1m/s 时便易产生涡流，进而形成湍流气流。

风蚀过程本身具有选择性，风速阈值内，大粒径土方颗粒如沙粒等，在风蚀作用下由静止状态到垂直方向振动状态，再到沿流场方向蠕动状态，再到脱离束缚起扬状态，再到近地面局部扩散状态，最后逐步沉降回归地表；而细小或微小粒径的颗粒如黏土颗粒等，会省略第二和第三步骤直接起扬，并可能随气流扩散至高空，形成持续性二相流。

据此提出无组织的风蚀扬尘排放估算模型[78]如下：

$$E_F = 1.9 \times 10^{-4} \times k \times \left(\frac{s}{1.5}\right) \times \left(\frac{365-t}{235}\right) \times \left(\frac{f/365}{15}\right) \quad (2-29)$$

式中，E_F——风蚀扬尘排放因子，kg/m^2；

k——土方扬尘颗粒粒径系数；

s——风场覆盖区域地表土方颗粒含量，%；

t——全年降水量超过 0.254mm 天数总和，d；

f——全年风速超过 5.4m/s 的天数总和，d。

需要补充的是，对于风蚀扬尘排放模型而言，TSP 颗粒 k 取 1.0，对于 PM_{10} 颗粒 k 取 0.5，对于 $PM_{2.5}$ 颗粒 k 取 0.2。

2.5.2 扬尘排放预测模型优化

美国环境保护署编制的 AP-42 指南中涵盖多种排放模型，但这些排放模型的建立是以美国土方工程或是道路的扬尘排放模式为基础。就扬尘排放模型本身而言，模型中的经验公式具有通用性，但并不能直接套用于我国土方工程中关于扬尘排放量的计算，需要结合我国的施工特点和工程实际。因此，对上节中提及的相关排放模型进行合理修正，因地制宜地完善和补充排放模型中的影响因素就显得尤为重要。

（1）土方施工区域内未硬化道路扬尘排放模型修正

考虑到项目现场实际施工情况及场区内部道路布置情况，以及整合车辆集中通行时段和扰动情况后，对施工场区内未硬化道路扬尘排放模型进行了合理修正，并整合化简了单位，修正后的排放模型如下：

$$E_{L1} = k \times \left(\frac{s}{12}\right)^a \times (0.302W)^b \tag{2-30}$$

式中，E_{L1}——经修正后未硬化路面土方扬尘排放因子，kg/VKT；

　　　k——土方扬尘颗粒粒径系数；

　　　s——未硬化道路路面扬尘含量，%；

　　　W——行驶车辆的重量，t；

　　a、b——经验数值，常数。

对于修正后的未硬化道路扬尘排放模型，对于 TSP 颗粒 k 取 1.38，对于 PM_{10} 颗粒 k 取 0.42，对于 $PM_{2.5}$ 颗粒 k 取 0.07。经验数值 a、b 的取值情况如下：对于 TSP 颗粒 a 取 0.7，对于 PM_{10} 颗粒 a 取 0.9，对于 $PM_{2.5}$ 颗粒 a 取 0.23；而 b 值对上述 3 种颗粒均取 0.45。修正前后 a、b 的取值不变。

（2）土方施工区域内已硬化道路扬尘排放模型修正

与上述修正原因相同，对场区内已硬化道路扬尘排放模型进行了修正，并整合化简了单位，修正后的硬化道路土方扬尘排放模型如下：

$$E_{L1'} = k \times (0.5sL)^{0.65} \times (0.302W)^{1.5} - C \tag{2-31}$$

式中，$E_{L1'}$——经硬化路面土方扬尘排放因子，kg/m²；

　　　k——土方扬尘颗粒粒径系数；

　　　sL——经硬化道路路面扬尘含量，g/m²；

　　　W——行驶车辆的重量，t；

　　　C——施工车辆车轮刮削、摩擦、剪切引起的排放因子，kg/VKT。

对于修正后的已硬化道路扬尘排放模型，对于 TSP 颗粒 k 取 0.023，对于 PM_{10} 颗粒 k 取 0.005，对于 $PM_{2.5}$ 颗粒 k 取 0.0007。经验数值 C 的取值情况如下：对于 TSP 颗粒 C 取 0.00013，对于 PM_{10} 颗粒 C 取 0.00013，对于 $PM_{2.5}$ 颗粒 C 取 0.0001。

（3）土方填料装卸操作扬尘排放模型修正

土方填料由挖掘设备铲起后举起倾倒至运输车辆容器中，在施工现场湍流流场作用下会对下落土料产生扰动，细小颗粒会直接被卷扬进入环境气流；此外，运输车辆装载箱内的空气被下落的土方填料置换排出，车辆周围易形成局部扰动涡流，亦会造成土方颗粒随扰动涡流溢出进入环境气流，进而形成土方扬尘污染。因此，在装卸操作扬尘排放模型中需要考虑该部分影响。

本章节涉及的土方工程项目的施工特点之一是使用渣土车和挖掘机相搭配，挖掘机铲倾倒高度通常高于车身高度，倾倒高度范围在 3～3.5m；土方回填阶段采用车辆直接倾倒的方式，倾倒高度在 3m 左右。综合考虑，取高度修正系数 $H=3$。同时，为确保模型的一致性，需对模型的单位进行统一，故修正后的模型结构如下：

$$E_Z = k \times \rho \times H \times 1.6 \times \frac{\left(\frac{V_h}{2.2}\right)^{1.3}}{\left(\frac{M_s}{2}\right)^{1.4}} \tag{2-32}$$

式中：E_Z——土方填料堆场装卸操作的扬尘排放因子，kg/m^3；

    k——土方扬尘颗粒粒径系数；

    V_h——h 高度处测试得到的风速，m/s；

    h——风速测试高度，m，本章节风速测试高度为 $1.5m$；

    M_s——土方填料堆场土质含水率，$\%$；

    ρ——土方填料密度，kg/m^3。

针对土方填料装卸操作扬尘排放模型修正后需要补充的是，本模型主要适用于土方施工阶段中的基坑挖掘、土方清运、基坑回填阶段；土方扬尘颗粒粒径系数 k 的取值维持不变，对于 TSP 颗粒 k 取 0.74，对于 PM_{10} 颗粒 k 取 0.35，对于 $PM_{2.5}$ 颗粒 k 取 0.11。受自然降水和人工洒水的影响，本章节中土方填料堆场的土质含水率在 $4\%\sim 5\%$ 的范围内，这比推荐值 2% 要高出许多。

（4）风蚀扬尘排放模型修正

前述风蚀土方扬尘排放模型中，原统计方法是基于全年降水量大于 $0.254mm$ 的天数和全年风速大于 $5.4m/s$ 的天数之和。但考虑到实际施工进度计划及政策限制，西安市通常将土方施工阶段安排在夏季进行，故仅需统计土方阶段降水大于 $0.254mm$ 的天数即可；同样地，也仅需统计该阶段内风速大于 $5.4m/s$ 的天数，无需统计全年数据。故修正后的风蚀扬尘排放模型如下：

$$E_F = 2\times 10^{-5}\times k\times s\times\left(\frac{T-t}{T}\right)\times f \tag{2-33}$$

式中，E_F——风蚀扬尘排放因子，kg/m^2；

    k——土方扬尘颗粒粒径系数；

    s——风场覆盖区域地表土方颗粒含量，$\%$；

    T——土方施工周期天数，d；

    t——土方施工周期内降水量超过 $0.254mm$ 的天数总和，d；

    f——土方施工周期内风速超过 $5.4m/s$ 的天数总和，d。

对修正模型需要补充的是，土方扬尘颗粒粒径系数 k，在本章节中对于风蚀扬尘排放模型而言，其取值如下：对于 TSP 颗粒 k 取 1.0，对于 PM_{10} 颗粒 k 取 0.5，对于 $PM_{2.5}$ 颗粒 k 取 0.2。

2.6 模型计算及结果讨论

利用上述模型进行计算，得到土方扬尘排放因子结果如下：

裸露地表 $PM_{2.5}$ 土方扬尘排放因子为 $0.1134kg/m^2$；PM_{10} 土方扬尘排放因子为 $1.2072kg/m^2$；TSP 土方扬尘排放因子为 $17.0289kg/m^2$。

未硬化道路 $PM_{2.5}$ 土方扬尘排放因子为 $0.2467kg/VKT$；PM_{10} 土方扬尘排放因子为 $5.4945kg/VKT$；TSP 土方扬尘排放因子为 $12.2043kg/VKT$。

硬化道路 $PM_{2.5}$ 土方扬尘排放因子为 0.1047kg/VKT；PM_{10} 土方扬尘排放因子为 0.7483kg/VKT；TSP 土方扬尘排放因子为 3.4428kg/VKT。

土方装卸 $PM_{2.5}$ 土方扬尘排放因子为 1.2649kg/m³；PM_{10} 土方扬尘排放因子为 4.0247kg/m³；TSP 土方扬尘排放因子为 8.5094kg/m³。

风蚀扬尘 $PM_{2.5}$ 土方排放因子为 0.0033kg/m²；PM_{10} 土方排放因子为 0.0083kg/m²；TSP 土方排放因子为 0.0166kg/m²。

根据土方扬尘排放因子，可进一步得到各工序土方扬尘排放量，计算结果如下：

裸露地表 $PM_{2.5}$ 土方扬尘排放量为 408.35kg；PM_{10} 土方扬尘排放量为 4345.74kg；TSP 土方扬尘排放量为 6130.40kg。

未硬化道路 $PM_{2.5}$ 土方扬尘排放量为 545.79kg；PM_{10} 土方扬尘排放量为 12157.18kg；TSP 土方扬尘排放量为 27003.19kg。

硬化道路 $PM_{2.5}$ 土方扬尘排放量为 231.63kg；PM_{10} 土方扬尘排放量为 1655.76kg；TSP 土方扬尘排放量为 7617.53kg。

土方堆场 $PM_{2.5}$ 扬尘排放量为 1.25kg；土方堆场 PM_{10} 扬尘排放量为 16.91kg；土方堆场 TSP 扬尘排放量为 118.91kg。

土方装卸操作 $PM_{2.5}$ 扬尘排放量为 9992.74kg；土方装卸操作 PM_{10} 扬尘排放量为 31795.09kg；土方装卸操作 TSP 扬尘排放量为 67223.91kg。

土方风蚀扬尘 $PM_{2.5}$ 排放量为 132.45kg；土方风蚀扬尘 PM_{10} 排放量为 331.13kg；土方风蚀扬尘 TSP 排放量为 662.26kg。

结果汇总如图 2-23～图 2-26 所示。

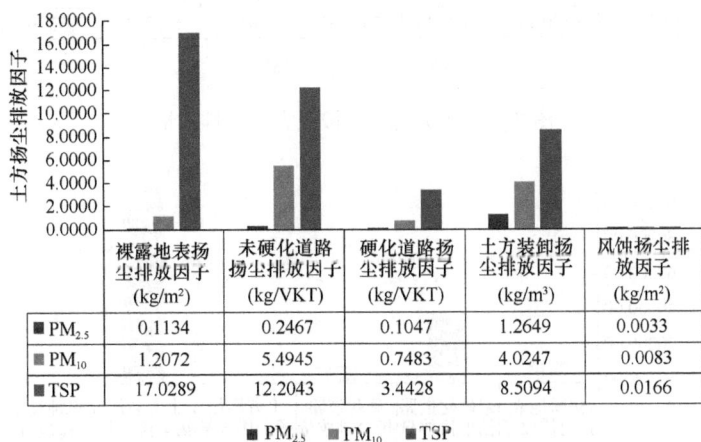

	裸露地表扬尘排放因子 (kg/m²)	未硬化道路扬尘排放因子 (kg/VKT)	硬化道路扬尘排放因子 (kg/VKT)	土方装卸扬尘排放因子 (kg/m³)	风蚀扬尘排放因子 (kg/m²)
$PM_{2.5}$	0.1134	0.2467	0.1047	1.2649	0.0033
PM_{10}	1.2072	5.4945	0.7483	4.0247	0.0083
TSP	17.0289	12.2043	3.4428	8.5094	0.0166

图 2-23　土方施工阶段土方扬尘排放因子

结果表明，土方装卸操作产生的扬尘排放量最高，而土方堆场扬尘排放量最少；究其原因可以发现，在装卸操作时土料受到的扰动最大，且该工序下通常未施加任何有效的抑尘手段，起尘影响因素众多，从而导致扬尘排放量巨大；同理，土方堆场受扰动波及范围有限，外部有抑尘网遮盖，堆场土方堆砌量少，短时间内可被清运完毕，故排放

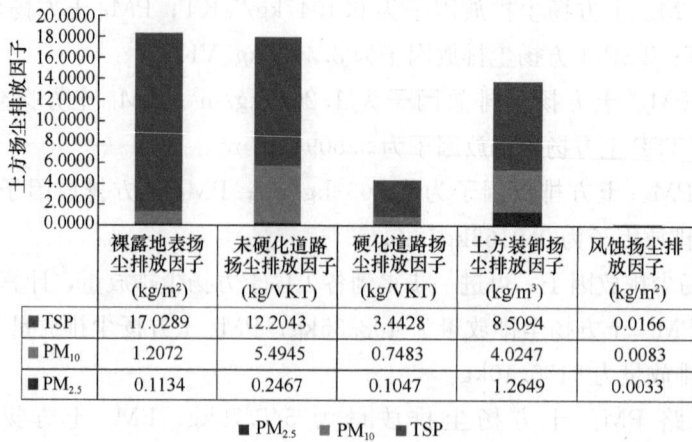

	裸露地表扬尘排放因子 (kg/m²)	未硬化道路扬尘排放因子 (kg/VKT)	硬化道路扬尘排放因子 (kg/VKT)	土方装卸扬尘排放因子 (kg/m³)	风蚀扬尘排放因子 (kg/m²)
■ TSP	17.0289	12.2043	3.4428	8.5094	0.0166
■ PM₁₀	1.2072	5.4945	0.7483	4.0247	0.0083
■ PM₂.₅	0.1134	0.2467	0.1047	1.2649	0.0033

■ PM₂.₅　■ PM₁₀　■ TSP

图 2-24　土方扬尘排放因子堆积柱状图

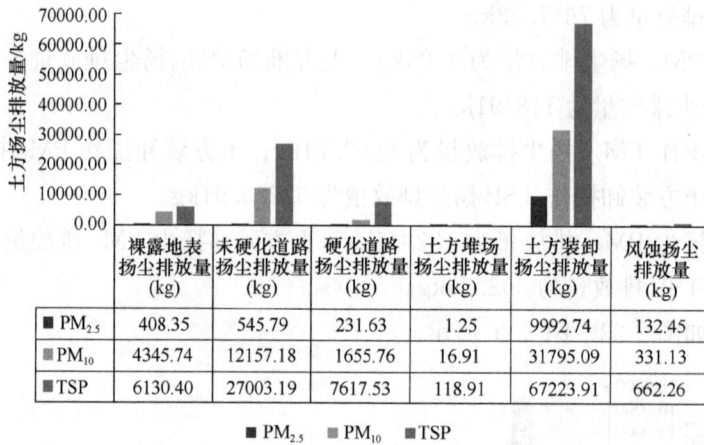

	裸露地表扬尘排放量 (kg)	未硬化道路扬尘排放量 (kg)	硬化道路扬尘排放量 (kg)	土方堆场扬尘排放量 (kg)	土方装卸扬尘排放量 (kg)	风蚀扬尘排放量 (kg)
■ PM₂.₅	408.35	545.79	231.63	1.25	9992.74	132.45
■ PM₁₀	4345.74	12157.18	1655.76	16.91	31795.09	331.13
■ TSP	6130.40	27003.19	7617.53	118.91	67223.91	662.26

■ PM₂.₅　■ PM₁₀　■ TSP

图 2-25　土方施工阶段土方扬尘排放量

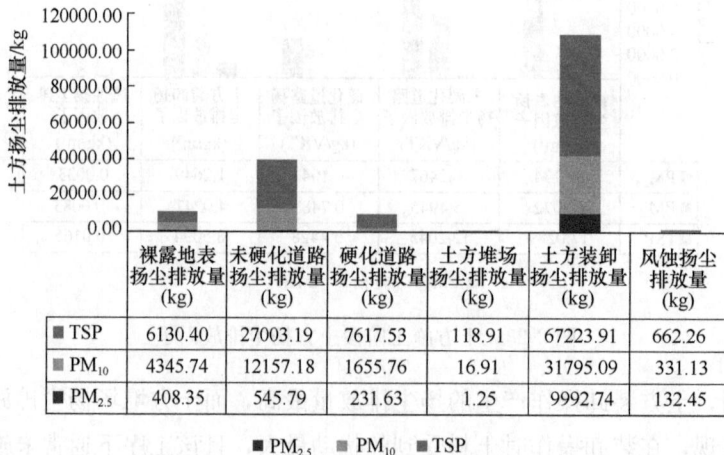

	裸露地表扬尘排放量 (kg)	未硬化道路扬尘排放量 (kg)	硬化道路扬尘排放量 (kg)	土方堆场扬尘排放量 (kg)	土方装卸扬尘排放量 (kg)	风蚀扬尘排放量 (kg)
■ TSP	6130.40	27003.19	7617.53	118.91	67223.91	662.26
■ PM₁₀	4345.74	12157.18	1655.76	16.91	31795.09	331.13
■ PM₂.₅	408.35	545.79	231.63	1.25	9992.74	132.45

■ PM₂.₅　■ PM₁₀　■ TSP

图 2-26　土方扬尘排放量堆积柱状图

量最小。

整体来看，土方装卸操作扬尘排放量＞场区未硬化道路扬尘排放量＞裸露地表土方扬尘排放量＞场区内硬化道路土方扬尘排放量＞土方风蚀扬尘排放量＞土方堆场扬尘排放量。土方装卸操作扬尘、场区内未硬化道路土方扬尘、裸露地表土方扬尘是土方工程中土方施工扬尘的主要来源，也是土方扬尘排放的关键因素，这一结论与上一章的研究结果相契合。若要有效控制和减少土方扬尘的排放，必须针对上述三大主要土方扬尘源构建可靠的降尘抑尘体系，并完善相应的降尘抑尘措施。

2.7　本章小结

通过实测和现场调研，总结并归纳了研究所得的土方扬尘浓度分布规律和浓度预测模型，明确了产尘作用力及相关排放模型，故本章得到的主要结论有：

（1）测试期间，土方 TSP 浓度和 PM_{10} 浓度值变化幅度较大，且出现短时间浓度峰值，这些浓度峰值与现场施工活动及其剧烈程度密切相关，施工现场土方施工扬尘既受具体施工活动的影响，又与气象因子有关。

（2）土方施工扬尘 TSP 浓度预测模型为：$y_{TSP} = -1.8963x^5 + 42.171x^4 - 314.46x^3 + 915.88x^2 - 949.46x + 1357.6$；土方施工扬尘 PM_{10} 浓度预测模型为：$y_{PM_{10}} = -0.2781x^4 + 5.045x^3 - 20.98x^2 - 16.031x + 342.53$；土方施工扬尘 $PM_{2.5}$ 浓度预测模型为：$y_{PM_{2.5}} = -0.0661x^4 + 1.2657x^3 - 7.6489x^2 + 18.016x + 35.967$。

（3）未进行土方施工时，施工现场环境大气颗粒物粒径与背景参考点颗粒物粒径分布基本保持一致；土方施工状态下，粒径较大的颗粒物所占比例高于前两者，粒径大于 $10\mu m$ 的颗粒物占比高达 61.24%，可吸入颗粒物占比达 33.52%。这也证明了土方工程施工扬尘是西安市环境大气 PM_{10} 和 TSP 的重要来源之一，施工现场内土方清运车辆及土方施工活动均为重要扬尘源。

（4）施工现场从事土方作业时，$PM_{2.5}$：PM_{10}：$TSP = 0.01$：0.55：1。排放至环境大气中的土方扬尘，在大粒径颗粒占绝对优势的情况下，其造成的扬尘环境污染范围有限，在一定距离范围内会逐步沉降回归地表。因此，土方施工扬尘随城市大气环境进行远距离输送的可行性有限。

（5）土方工程施工扬尘 $PM_{2.5}$ 浓度值与气象因子中的风速和相对湿度在 0.05 水平双侧显著相关，与温度呈正相关，与风向呈负相关；但就相关显著性而言，风速和相对湿度的相关显著性强度高于温度和风向的相关显著性。

（6）土方工程施工扬尘 PM_{10} 浓度值与气象因子中的温度在 0.01 水平双侧显著正相关；与气象因子中的相对湿度在 0.05 水平双侧显著正相关；而与风速和风向参数中则是在 0.05 水平双侧显著负相关。

（7）土方工程施工扬尘 TSP 浓度值与气象因子中的风速和风向在 0.05 水平双侧显著负相关；与气象因子中的温度参数在 0.01 水平双侧显著正相关；与相对湿度参数呈

正相关，但就相关显著性而言，温度的相关显著性强度高于相对湿度的相关显著性。

（8）若仅研究土方颗粒，不考虑其他外界影响因素，土方颗粒密度远大于环境流体密度，这使得在自身属性力中重力占绝对优势。故自身属性力的影响中，重力大于浮升力。

（9）诱导气流和振动效应是打破原静止土方颗粒力系平衡的必要因素，再借助风场力起扬。该部分起扬的土方颗粒部分会发生自然沉降，另一部分会随气流扩散形成土方施工扬尘并造成环境污染。机械附加外力的影响是：诱导气流＞振动效应＞压力梯度力＞黏附力。

（10）对于气动阻力而言，不管是理论分析、数值分析还是模型模拟中，气动阻力均不可被忽略。对于附加质量力而言，由于土方扬尘颗粒的加速度 a_y 的变化较小，可近似认为颗粒在做匀加速运动，且 $\rho_{空气}/\rho_{颗粒}$ 的密度比值维持在 10^{-3} 数量级，因此可以忽略附加质量力的影响。

（11）巴塞特力是运动阻力，并是导致土方扬尘颗粒做变速运动的原因之一，但巴塞特力对于土方扬尘颗粒的运动和扩散的影响很小，通常可忽略不计。本研究时段内多处于静风状态，流场流体流速低，土方扬尘颗粒周围的速度梯度不明显，因此萨夫曼力对土方颗粒的影响可以忽略不计。为便于研究，需要对流场中土方颗粒的运动做简化，即不考虑土方扬尘颗粒运动时的自旋效应，故可不考虑玛格努斯效应对扬尘颗粒运动的影响。故风场力中，各产尘作用力的影响关系可归纳为：气动阻力＞附加质量力＞巴塞特力＞萨夫曼升力＞玛格努斯效应。

（12）研究认为，在产尘作用力对土方施工扬尘浓度的影响中，仅需要考虑重力、诱导气流、振动效应以及气动阻力的影响。

（13）由模型计算得到土方 $PM_{2.5}$ 排放因子及排放量汇总如下：裸露地表 $PM_{2.5}$ 土方扬尘排放因子为 $0.1134kg/m^2$、$PM_{2.5}$ 土方扬尘排放量为 408.35kg；未硬化道路 $PM_{2.5}$ 土方扬尘排放因子为 $0.2467kg/VKT$、$PM_{2.5}$ 土方扬尘排放量为 545.79kg；硬化道路 $PM_{2.5}$ 土方扬尘排放因子为 $0.1047kg/VKT$、$PM_{2.5}$ 土方扬尘排放量为 231.63kg；土方装卸 $PM_{2.5}$ 土方扬尘排放因子为 $1.2649kg/m^3$、$PM_{2.5}$ 扬尘排放量为 9992.74kg；风蚀扬尘 $PM_{2.5}$ 土方排放因子为 $0.0033kg/m^2$、$PM_{2.5}$ 排放量为 132.45kg。

（14）由模型计算得到土方 TSP 排放因子及排放量汇总如下：裸露地表 TSP 土方扬尘排放因子为 $17.0289kg/m^2$、TSP 土方扬尘排放量为 6130.40kg；未硬化道路 TSP 土方扬尘排放因子为 $12.2043kg/VKT$、TSP 土方扬尘排放量为 27003.19kg；硬化道路 TSP 土方扬尘排放因子为 $3.4428kg/VKT$、TSP 土方扬尘排放量为 7617.53kg；土方装卸 TSP 土方扬尘排放因子为 $8.5094kg/m^3$、TSP 扬尘排放量为 67223.91kg；风蚀扬尘 TSP 土方排放因子为 $0.0166kg/m^2$、TSP 排放量为 662.26kg。

（15）研究总结，土方装卸操作扬尘排放量＞场区未硬化道路扬尘排放量＞裸露地表土方扬尘排放量＞场区内硬化道路土方扬尘排放量＞土方风蚀扬尘排放量＞土方堆场扬尘排放量。土方装卸操作扬尘、场区内未硬化道路土方扬尘、裸露地表土方扬尘是土方工程中土方施工扬尘的重要和主要尘源，亦是土方扬尘排放的主导因素。

第三章 暗挖工程土方施工扬尘产尘规律研究——以隧道工程为例

3.1 隧道施工中粉尘的形成及危害

大气污染一直是社会普遍关注的问题，直接关系到人民群众的身体健康。大气污染物的种类较多，常见的污染物有二氧化硫、一氧化氮、二氧化氮、臭氧以及粉尘，而粉尘是造成空气污染的重要因素之一。隧道施工是粉尘产生的一个重要来源，在隧道施工过程中，由于各种施工活动所产生的大量粉尘无组织地扩散到周围环境中，严重影响了施工现场的空气质量，也给工人的身心健康造成很大的危害。本章主要介绍了在隧道施工过程中粉尘的产生来源，并且总结了施工过程中粉尘对周围环境以及人体所产生的危害，为更好地研究隧道施工过程中粉尘的组成特征及扩散规律奠定基础。

3.1.1 粉尘的基本定义与特点

粉尘是指在生产过程中悬浮在空气中的固体微粒[79]，主要分为呼吸性粉尘和非呼吸性粉尘两大类，呼吸性粉尘是指粒径小于 $5\mu m$ 的，可以直接进入人体的呼吸系统引起尘肺病变的微粒，对人体的危害很大，应当作为防治工作的重点；而非呼吸性粉尘是指粒径大于 $5\mu m$ 的微粒，两者之和称作全尘。粉尘的产生原因有很多，比如固体颗粒的加工或者粉碎、有机物不完全燃烧、铸件的翻砂以及装车运输等过程。隧道施工中粉尘的主要来源是工艺产尘和爆破产尘，占总产尘量的 $80\% \sim 90\%$。粉尘的形状不规则，分类特征较多，根据大气中粒径大小的不同可以分为以下几类：

（1）粗尘：指的是大气中粒径大于 $40\mu m$ 的固体颗粒，在重力的作用下，可以在较短的时间内沉降到地面。

（2）细尘：指的是大气中粒径介于 $10 \sim 40\mu m$ 之间的固体颗粒，通过肉眼可以看到，在静止空气中呈加速沉降。

（3）微尘：指的是大气中粒径介于 $0.25 \sim 10\mu m$ 之间的固体颗粒，可以通过普通的光学显微镜看到，在静止空气中呈等速沉降。

（4）超微粉尘：指的是大气中粒径小于 $0.25\mu m$ 的固体颗粒，只能通过超显微镜才能看到，可长时间悬浮于空气中，能随空气分子做布朗运动。

按照粉尘的性质不同，可以将粉尘分为无机粉尘、有机粉尘和混合性粉尘三类：

（1）无机粉尘

无机粉尘包括矿物性粉尘、金属类粉尘、人工无机粉尘这三类。石英、石墨、岩石等被称作矿物性粉尘；稀土、铁、铜等被称作金属类粉尘；水泥、金刚石、陶瓷等被称作人工无机粉尘。

（2）有机粉尘

有机粉尘包括动物性粉尘、植物性粉尘以及人工有机性粉尘。

（3）混合性粉尘

这类粉尘较为常见，即上述各类粉尘的混合存在。

黄土隧道施工的过程中，装载车的运输、基坑的开挖与回填以及建筑材料的堆放都会产生大量粉尘，在掌子面开挖、初期支护、二次衬砌这三个主要阶段表现得尤为严重。由于在掌子面开挖的过程中，砂土处于露天状态，颗粒物在挖掘机、推土机等施工机械的作用下加速运动会形成扬尘，对空气造成污染。此外，开挖掌子面四周的土方未能及时进行覆盖，绿化面积较少，暴露在空气中的砂土受到风力的作用或者人为扰动作用的影响，都会以扬尘的形式进入空气中。其中，土方运输车辆在搬运土方的过程中，车辆未进行覆盖，且车辆的荷载比较大，作用在路面上，致使路面不平，车辆不能平稳地开展运输工作，装载车在二次进入隧道时容易撒漏，也易将外部的粉尘携带进入隧道，对隧道内的环境造成污染。

在初期支护以及二次衬砌过程中，由于器具的切削、现场混凝土的搅拌、水泥的浇灌以及搭接支架的过程中进行焊接作业也会产生大量的污染，导致施工现场粉尘的相对含量增加。在水泥的放料过程中，容器罐口的密闭性较差，罐内高速搅拌的水泥会产生大量的粉尘，在风力等外在因素的作用下通过罐口散发到周围空气中，水泥产生粉尘的危害不可轻视。施工人员在作业中产生的粉尘也容易积落在隧道壁上，隧道施工现场还会堆砌大量的施工材料，这些施工材料堆积在隧道中，在人为或者自然作用下都可能形成扬尘，隧道施工现场还会有大量的垃圾堆放，若不能及时地进行清理及有效地管理，都会造成施工现场粉尘浓度的增加。加之在隧道施工时，没有稳定的活塞风，自然通风效果比较差，难以排出，粉尘易积聚在隧道内，造成其内粉尘的浓度增大。所以施工粉尘具有来源广泛、形成过程多样化的特点，施工过程中粉尘的来源及含量与施工中采取的工艺、施工过程中的作业强度、施工的现场条件以及施工人员的素质都有着密切的关系。

在隧道施工过程中，会产生大量的粉尘，危害施工人员的身体健康，为了更好地改善施工人员的作业环境，提升隧道施工过程中的空气品质，对隧道施工中所产生的粉尘来源进行分析是十分有必要的。柴仓宝于 2016 年和 2018 年对隧道内的粉尘进行监测，得出了粉尘是隧道内主要污染物的结论，并且发现隧道施工中的粉尘呈现逐渐递增的趋势[80]，所以粉尘成为隧道施工中的首要控制对象。

施工过程中粉尘的排放一般有两种类型：第一种是能够产生粉尘的排放源直接排放，另一种是由于人力或者自然力的作用使得已经排放出粉尘再次悬浮空气中。隧道施工中粉尘的产生贯穿于施工的整个过程中，从掌子面的开挖到隧道二次衬砌的施工，在施工的各个阶段粉尘会有不同程度的排放，且在隧道施工的过程中，排放的粉尘大多属于开放型、无组织的排放源，但由于施工各个阶段采取的施工工艺、材料都不尽相同，所以增加了粉尘排放治理的难度，且建筑工地粉尘的来源较广，难以管理控制。影响施工粉尘排放的主要因素有以下几点：

（1）气象因素

很多专家学者对于粉尘排放浓度与气象因子的关系进行了研究，结果表明粉尘排放的浓度与气象因子具有密切的关系。气象因子包括了气象动力因素如风速和风向，以及气象热力因素如气温的分布状况，其与降雨量、相对湿度都有着密切的联系。樊守彬等人通过分析施工现场粉尘与气象因素的关系，得出了粉尘的浓度随着风速、温度、湿度的增大而增大[81]；施工现场的粉尘浓度也会随着季节的变化而变化，一般在春季粉尘浓度较大，冬季较小。

（2）管控措施

施工现场粉尘浓度的大小与现场管理人员的管理力度密切相关。管理力度的不同会使扬尘量排放的大小产生显著差异，如果各施工单位都能严格遵循《建筑工地扬尘控制管理制度》，在隧道施工环境下设置专人洒水来抑制粉尘的产生，达到一定风级后禁止施工并做好相应的清理工作，那么施工现场的产尘量会大幅度减小，对周围环境产生的影响也会相应减小。

（3）工程种类

施工过程中粉尘的产生情况会随着建筑工程类别的不同而发生变化，建筑工程分为工业建筑、民用建筑、构筑物工程、单独土石方工程、桩基础工程以及装饰工程等。虽然各个建筑工程的施工工艺有所差别，但是这些工程中，很多施工单元的操作工艺都非常相似。本章节主要针对隧道施工中的粉尘排放进行研究。

（4）施工过程及方法

隧道施工方法类型较多，如盾构法、矿山法、浅埋暗挖法等，不同的施工方法采用的施工工艺、使用的材料和机械各不相同，因此对施工过程中产生粉尘量的大小也有一定的影响。这就导致粉尘排放具有复杂性，难以用一个统一的标准去管理控制。因此，对不同施工工序下粉尘的分布规律研究是极为必要的。应根据隧道施工不同工序的差异有针对性地制定相应的抑尘措施，这样可以达到良好的效果。

3.1.2　隧道施工粉尘的主要危害

1. 隧道施工粉尘对环境的危害

生态环境与人类生活质量密切相关，近几十年来，全球气温显著升高，影响全球气候变化的主要因素是大气颗粒物和温室气体。隧道施工中产生的大量粉尘，随着空气流动扩散到周围环境中，使大气中的颗粒物浓度上升，造成大气污染。大气颗粒物能在空气中悬浮的时间较长，严重影响环境空气质量以及大气能见度。在气候等因素的影响下，这些颗粒会加速雾霾的形成。低能见度会给人们日常生活造成诸多不便，如增加交通事故发生的频率等，伴随着大气能见度的降低，施工人员的可视范围也会降低，进而影响施工效率以及延长施工工期。影响大气能见度的主要因素是光的散射。大气中的颗粒物不仅能弱化大气能见度，还对光有着吸收的作用。研究表明，细颗粒物对光的吸收作用可以达到 30%，其中所含有的炭黑物质是造成大气能见度降低的主要原因，只要大气中含有少量的炭黑物质，就能大大降低光的强度，从而增大雾霾产生的概率。除此之外，降水会随着气流的迁移吸收空气中的细颗粒物。颗粒物与降水相互融合，会发生一系列变化，改变降水的酸碱性以及质量。降水中的酸性物质可以形成酸性沉降，对环境中的物体产生腐蚀作用，对环境的危害作用较大。此外，空气中的颗粒物可以通过吸收太阳辐射，加剧温室效应以及城市热岛效应的形成，对人类生存环境有着较大的危害。

施工过程中的粉尘也会对植物的生长产生危害，植物生长主要依靠光合作用。当这些粉尘散发到大气环境中时，会被植物所吸收。当沉降在植物表面的粉尘浓度达到一定水平后，会影响植物光合作用，同时封闭植物的气孔，降低植物蒸腾作用，导致植物升温，不利于植物生长，甚至导致植物枯死。部分粉尘的化学成分中通常含有植物性毒素，这种毒素对植物有巨大损伤。其中，很多施工材料如水泥、石灰等含有的氧化钙会与空气中的水分子发生反应，产生氢氧化钙，当这种强碱性的化学物质覆盖在植物表面后，会破坏植物表皮，吸收植物体内水分，从而使得植物叶肉中的细胞失水，导致细胞萎缩。

2. 隧道施工粉尘对人体健康的危害

隧道施工中产生的粉尘在影响大气环境的同时，对人的身体健康也有较大的危害，尤其是对施工现场作业的人员而言。工人在施工过程中，活动量相对会比较大，耗氧量增加，人体的呼吸速率会随着活动量的增加而加快，这就导致施工工人吸入有害物质的量大大增加。相关研究表明，人体的死亡率和发病率与颗粒物浓度的大小有着密切的关系。人体对细颗粒物的吸收会缩短人体的平均寿命，颗粒物对人体产生的危害会随着人在空气中暴露的时间增长和浓度的增加而增大。颗粒物到达人体内的位置与其粒径的大小有着密不可分的关系。粒径大于 $30\mu m$ 的颗粒物一般不会进入人体呼吸道中；颗粒物粒径大于 $10\mu m$ 在进入人体时，一般会被鼻腔等部位阻拦，对人体的危害比较小；粒径在 $2.5\mu m$ 与 $10\mu m$ 之间可以直接进入人体的支气管中；而粒径小于 $2.5\mu m$ 的颗粒物可以直接进入人体的肺泡中，通过气体交换被人体组织吸收，对人体的危害较大[82]。细颗粒物还可以通过人的嗅觉神经进入中枢神经中，引起系统的功能紊乱和炎症反应；另外，吸入的大量颗粒物会降低肺对外界的防御能力并且影响细胞增殖，同时也会阻塞心血管，引起心肌梗死等疾病。人体患病率与粉尘浓度的大小呈现正相关关系：若环境中粉尘的浓度每增加 $10\mu g$，患病率就会增加 7.2%。在增加的患者中，其中 47.4% 都是呼吸系统相关疾病，38.2% 左右的患者都是心血管疾病，其余病症的占 14.4%[83]。

施工过程中的粉尘是威胁建筑从业人员健康的一个重要因素。粉尘中含有多种致癌物和促癌物，并且从粉尘中提取的有机物具有遗传毒性。在隧道施工的过程中，施工人员的活动或者施工机械的运转产生较多粉尘悬浮在空气中，由于施工环境等客观条件的影响，这些颗粒物不能得到有效地控制，且施工技术人员往往不能采取有效的措施进行防护。目前较常见的防护措施及防护效果如图 3-1 所示，大多数工人采取佩戴这种普通口罩进行防护，通过现场实际检验，图 3-1 右侧为测试人员在施工隧道内停留 30min 左右后的防护效果，可见施工隧道中的环境恶劣程度。相关研究证明了可吸入颗粒物对人体的免疫系统和内分泌系统等造成严重的侵害，进而引发一系列病症。环境中 TSP 的浓度值每增加 $0.1mg/m^3$，人口的死亡率就会增长 5.5%；心脑血管疾病以及呼吸系统疾病的发病率也会随着 TSP 浓度的增大而增长[84]，施工现场作业人员的身体健康状况令人担忧。

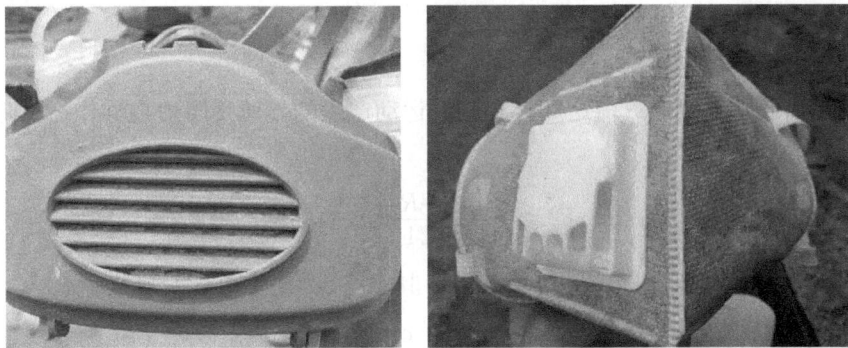

图 3-1　隧道施工中工人的防护措施

3. 隧道施工粉尘对周围建筑的危害

隧道施工中产生的大量粉尘对周围建筑的危害主要体现在两个方面：一是影响周围建筑的美观程度，大气中的粉尘常常会在物体表面产生污垢，这些污垢通常被认为是沉积在物体表面粒径小于 $10\mu m$ 的颗粒物。据统计，每年清洗建筑物外表面或者更换物体的外表面费用就可达到数亿元；二是这些颗粒物通过其本身的腐蚀性，会对物体产生化学作用，腐蚀或者损坏建筑物体。一旦进入建筑物或者施工机械中，会加快施工机械的磨损程度，缩短施工机具的使用周期和寿命，增加施工费用，从而一定程度上延缓了施工的进度，延长了整体的施工工期。此外，这些颗粒物会进入空气中，与空气中的硫化物等发生反应，进而加快城市建筑的风化速度；部分粉尘还会在一定的条件下遇到氧气和火源而引发尘暴，造成巨大的损失。

3.1.3　隧道施工粉尘的作用机理

在隧道的开挖、装载车运输、初期支护等环节都会产生粉尘，粉尘在运动中受到多重力的作用。

（1）重力

粉尘在扩散的过程中，一部分会随风飘扬，另一部分会发生沉降。相较而言，粒径大的粉尘更容易发生沉降且沉降速度相对较快。假设粉尘为规则的球形，则其所受重力如下：

$$F_p = \frac{1}{6}\pi\rho_p g d_p^3 \tag{3-1}$$

式中：d_p——粉尘颗粒的粒径，单位为 mm；

ρ_p——粉尘的浓度，kg/m^3。

（2）浮力

由于颗粒物在空气中会被气流携带着运动，则浮力始终会作用在颗粒物上。颗粒物所受浮力大小为：

$$F_f = \frac{1}{6}\pi\rho g d_p^3 \tag{3-2}$$

式中：ρ——空气密度，kg/m^3。

（3）阻力

阻力是由于颗粒物和气流之间存在相对运动产生的，所受阻力也称作拖曳阻力。其表达式为：

$$F_r = \frac{18\mu}{\rho_p d_v^2} \frac{C_D Re}{24} (u - u_p) \tag{3-3}$$

式中：u——颗粒物的竖向气流速度，m/s；其中 C_D 为曳力系数，其表达式为：

$$C_D = \alpha_1 + \frac{\alpha_2}{Re} + \frac{\alpha_3}{Re} \tag{3-4}$$

（4）压力梯度力

由于气压分布不均匀而形成的力，粉尘在流场中会受到压力梯度力。表达式为：

$$F_p = -V_p \frac{\partial p}{\partial x} \tag{3-5}$$

式中：V_p——粉尘颗粒的体枳。

（5）附加质量力

当粉尘在流体中做加速运动时，会引起周围流体做加速运动。由于流体有惯性，颗粒物受到流体的反作用力。这时，推动流体的力会大于流体本身的惯性力，这部分大于流体的力就叫作附加质量力，其表达式为：

$$F_\chi = \frac{1}{2}\rho v_p \frac{d}{d_t}(u - u_p) \tag{3-6}$$

（6）巴塞特力

颗粒物在有黏性的流体中做任意变速直线运动时增加的阻力为巴塞特力。其表达式为：

$$F_B = \frac{3}{2}d_p^2 \sqrt{(\pi\rho\mu)} \int_{t_0}^{t} (t-t')^{-1/2} \frac{d}{d_t}(V - V_p)d'_t \tag{3-7}$$

（7）萨夫曼升力

颗粒物在有速度梯度的流场中运动时，由于颗粒物两侧的流速不同，会产生一个由低速方向指向高速方向的力，为萨夫曼升力。其表达式为：

$$F_\mathrm{S} = 1.61\sqrt{\mu\rho}\, d_\mathrm{p}^2 (u - u_\mathrm{p}) \sqrt{\left|\frac{\mathrm{d}u}{\mathrm{d}y}\right|} \tag{3-8}$$

（8）马格努斯效应

当粉尘在流场中旋转时，会产生与流场流动方向相垂直的力，方向是由逆流指向顺流侧，称为马格努斯效应。其表达式为：

$$F_\mathrm{M} = \frac{\pi}{8} d_\mathrm{p}^3 \rho\omega \times (u - u_\mathrm{p}) \tag{3-9}$$

式中：ω——颗粒旋转的角速度。

3.2 隧道施工中粉尘浓度的分布规律

隧道施工过程中，粉尘从污染源的排放到扩散至大气的过程中，粉尘产量与污染源本身、气象因素、周围环境、施工工序等有着密不可分的关系。其中，与施工工艺的关系更为紧密。这是由于不同的施工工艺采用的施工工序、施工材料有所差异，导致不同工序下产生粉尘的浓度及分布规律有所不同。本章节首先对测试隧道的基本概况予以简介，对黄土隧道的主要施工工序进行分析，明确每一工序的主要施工方法以及产尘的主要因素，为分析研究不同施工工序下的粉尘浓度分布规律奠定坚实基础。通过研究得到的隧道施工期粉尘浓度的分布规律，对于有效地控制隧道施工中的粉尘浓度也有着重要的意义。

3.2.1 项目基本概况

本项目为西安市某大型地下综合空间建设工程，横跨新城、雁塔 2 个行政区，南北长约 5.85km，东西宽约 200m，项目占地总面积为 117 万 m²。建设内容涵盖西安地铁八号线、七号线（区间及王家坟换乘站）、地下空间、综合管廊、市政道路等。

其中，综合管廊位于林带最外侧，包含幸福路综合管廊、万寿路综合管廊以及长缨路东西向连廊。全线幸福路综合管廊南起西影路北至华清路，东临幸福路道路，西临幸福林带地下商业；万寿路综合管廊南起西影路北至华清路，东临地铁八号线，西临万寿路道路。

综合管廊为地下式现浇钢筋混凝土结构，各类出线节点向林带外侧出线井之间的过路支沟、支廊采用顶管或暗挖形式。对于尺寸小于 3.0m 的支廊（支沟），采用顶管施工工艺，对于尺寸大于 3.0m 的支廊（支沟），采用暗挖施工工艺。

暗挖从林带内侧向外侧施工。土方开挖时，待林带内基坑开挖至基坑底标高后，凿除暗挖洞口基坑支护桩，从林带内侧向外侧出线井暗挖。出线井采用逆作法施工，采用倒挂壁支护形式施工初衬结构，待出线支廊（支沟）施工完后，再顺做施工内部二衬结构。由于场地条件限制，道路外侧红线以外多为现状民房、道路等，先将暗挖支廊（支沟）施工至设计出线井位置，预留施工缝并进行临时封堵。待后期拆迁完成并具备条件后，再施工出线井。根据现场施工条件及基坑支护安全要求，施工区域位于林带范围内。暗挖通道与林带及两侧道路位置示意如图3-2所示。

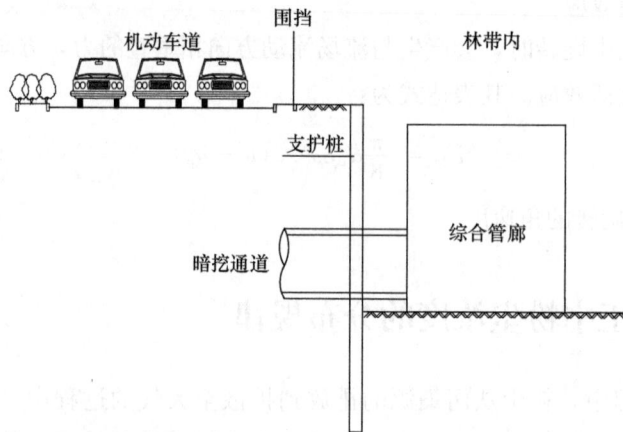

图3-2 暗挖通道与林带及两侧道路位置示意图

土方开挖至综合管廊设计底标高后开始施工暗挖通道，通道口部位被设定为施工区域。由于暗挖通道位于管廊的一侧，暗挖施工前需将管廊垫层提前硬化，并与场内临建道路相衔接，作为临时施工道路使用。暗挖洞口处设有6m宽的硬化垫层，该垫层作为暗挖施工主要场地，平台及连接临建的硬化道路均按照管廊垫层的标准进行施工。在暗挖洞口周围，沿着管廊坑边设置临时围挡，开挖出的土方被堆放至围挡外侧并做到及时清运。暗挖施工平面布置示意如图3-3所示。

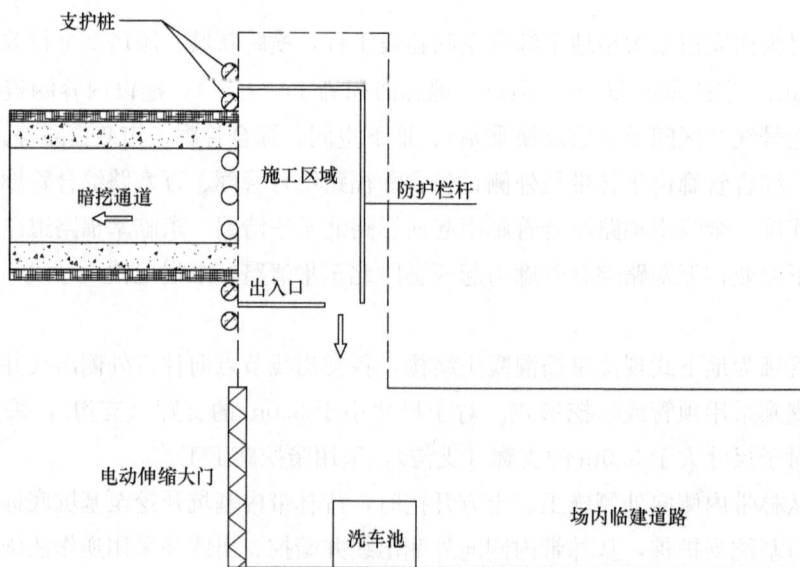

图3-3 暗挖施工平面布置示意图

本工区范围内暗挖支廊总计有 5 个。其中，幸福路侧设有 1 个，万寿路侧设有 4 个。本次测试选用第 5 个电力 V 型 C-2-a(1) 暗挖支廊作为测试对象，该隧道里程为 K4+320、内尺寸为 3.545m、长度为 33m、内底高程 399.296m、埋深为 12.8m、接收井尺寸为 6.545m×4.85m，井深 16.653m。

1. 气象及水文地质条件

西安市位于陕西关中平原，总地势为东南高、西北低，属于暖温带半湿润大陆季风气候，四季分明，气候温和，降雨量适中。冬季干冷，秋短春长；春季气候较温暖，多风；夏季气候较为炎热且降雨量较大；秋季天气较为凉爽；冬季则寒冷多雾，空气干燥。年降水量 500～750mm，主要集中在夏季和秋季。

(1) 气温

西安市年平均气温在 15℃ 左右，每年 1 月最冷，月平均气温为 −0.3～−1.3℃，月平均最低气温约为 −4℃；7 月为一年中最热的月份，月平均气温在 26℃ 左右，月平均最高气温 32℃ 左右；年平均降雪日为 13.8 日，初雪一般在 11 月下旬，终雪一般在 3 月中旬，最大积雪深度为 18cm；近 50 年来，西安市的平均气温呈现上升的趋势。

(2) 降水

近年来，西安市的降水量呈现出逐年减少的趋势，递减速率为 15mm/10a，降水量分布呈现南多北少特征，降水年际变化比较大，最大值可达到 590mm；降水季节分布也不均匀，春季降雨量占全年降雨的四分之一，夏季降雨量占全年降雨量的 37%，秋季降雨量占全年降雨量的 19% 左右，冬季降雨量相对较少。

(3) 日照

西安近年日照时数总体呈现减少的趋势，日照时数随着季节变化呈现差异性，春秋两季的变化增幅较大，全年的日照时间约为 1500h 左右，无霜期有 208～230d。

(4) 风速、风向与相对湿度

西安的年平均风速为 1.8m/s，全年盛行风向为东北风，近年来，西安市总体的相对湿度呈现平稳的趋势，秋季的相对湿度较大，其次为夏季，冬季的相对湿度较小，年平均相对湿度约为 70%。

(5) 地形地貌

拟建工程场地地处西安市东部，长乐路以北地貌单元属于浐河西岸三级阶地，长乐路以南地貌单元属于黄土梁洼地带，地形较为平坦，地势开阔，总体呈南高北低之势。拟建场地位置紧邻西安市中心区域，现为城市建设用地，场地内和周边有众多公共及民用建筑。拟建场地周边分布有数条城市道路，交通条件较为便利，场地人为活动频繁。

(6) 水文地质

长缨至长乐段，实测稳定地下水埋深为 24.8～29.9m，相应的标高为 392.39～394.07m。地下水类型为潜水，主要接受大气降水及地下径流补给，并通过自然蒸发、人工开采及径流排泄。根据西安长期水位观测资料，地下水位年变幅约为 3.0m。

长缨路以北实测稳定地下水埋深为 24～27.8m，相应的标高为 388.15～390.23m。地下水类型为潜水，主要接受大气降水及地下径流补给，并通过自然蒸发、人工开采及径流排泄。根据西安长期水位观测资料以及场地附近数据，地下水位年变幅约为 2.0m。

（7）场地地形结构

根据工程地质调查及现场钻探揭露，拟建场地地层较为简单，自上而下分别为：地表分布有厚薄不均的全新统人工填土；其下为上更新统风积新黄土及残积古土壤，再下为中更新统风积黄土，再下为中更新统冲积粉质黏土及其中的砂夹层和透镜体。现分别描述如下：

地表为路面（地面铺砖、混凝土或沥青）及灰土碎石垫层等，以下为：

a-1　杂填土：杂色，松散，由粉质黏土与砖瓦碎片组成，成分混乱，土质不均。层厚 0.5～5.0m。

a-2　素填土：以黄褐色为主，主要为粉质黏土，结构较为疏松。含少量砖瓦片等，土质不均。层厚 0.50～2.40m。

b　黄土：黄褐色，硬塑，局部可塑。虫孔及大孔隙发育。层厚 6.90～12.00m，层底深度 10.60～12.90m，层顶高程 412.85～422.73m。

c　古土壤：红褐色，可塑，团粒结构，具针孔状孔隙，含钙质条纹及少量钙质结核，层底钙质结核含量较多，局部地段钙质结核富集成薄层。层厚 3.00～5.10m，层底深度 14.50～16.70m，层顶高程 404.99～411.43m。

d　黄土：褐黄色，可塑。土质均匀，针状孔隙和大孔隙发育，偶见蜗牛壳碎片，含钙质结核。层厚 6.40～9.60m，层底深度 22.70～24.80m，层顶高程 401.17～407.93m。

e-1 粉质黏土：黄褐色，可塑。含铁锰质斑点及零星钙质结核。本层中有粉土、砂类土夹层，局部钙质结核富集。层厚 2.60～5.50m，层底深度 25.70～29.30m，层顶高程 393.17～399.45m。

e-2　中粗砂：灰黄色，饱和，密实，级配不良。矿物成分以长石、石英为主，含少量云母，含砾中粗砂及圆砾颗粒。层厚 0.90～6.00m，层底深度 27.80～34.40m，层顶高程 388.71～396.49m。

e-3　粗砾砂：灰黄色，饱和，密实，级配不良。矿物成分以长石、石英为主，含少量云母，粗砾砂和圆砾颗粒。层厚 0.60～5.50m，层底深度 29.60～36.00m，层顶高程 383.96～392.53m。

（8）场地地下水

本次勘察期间为枯水期。实测稳定地下水位埋深 20.3～29.3m，高程介于 395.63～403.25m。地下水类型为潜水，地下水主要赋存于中更新统黄土、古土壤、粉质黏土层及其中的砂层中，含水层的厚度大于 50m，主要由大气降水及地下径流补给，并通过自然蒸发、人工开采及径流排泄。砂层透水性良好，本区间揭露的砂层主要为中粗砂和粗砾砂层，勘探范围内均有分布。根据西安长期水位观测资料以及场地附近数据，地下水位年变化幅度约为 2.00m。

（9）地基土层物理力学指标

为了评价地基土的物理力学性质，本次勘察在黄土类粉质黏土中采取原状土样进行室内土工试验，以 d 层黄土为例，分析结果见表 3-1。

d 层黄土物理力学指标统计表 表 3-1

统计项目	含水率 W %	天然密度 ρ_0 g/cm³	干燥密度 ρ_d g/cm³	孔隙比 e_0	饱和度 S_r %	液限 W_L	塑限 W_P	液性指数 I_L	压缩系数 a_{1-2} MPa⁻¹	压缩模量 Es_{1-2} MPa⁻¹
统计个数	215	215	215	215	215	215	215	215	215	215
最小值	12.2	14.3	12	0.533	32	26.8	16.3	0.45	0.12	3.35
最大值	29.7	20.4	17.3	1.209	100	33.8	19.4	1.02	0.51	17.06
平均值	21.8	17.7	14.6	0.838	73	29.8	17.6	0.34	0.26	7.48
标准差	3.8	1.6	1.1	0.141	19	1.8	0.8	0.29	0.07	2.17
变异系数	0.17	0.09	0.08	0.17	0.25	0.06	0.04	0.85	0.27	0.29
标准值	22.3	17.6	14.4	0.854	75	—	—	0.38	0.27	7.23

由统计结果可知，d 层黄土天然含水率介于 12.2%～29.7%，平均值为 21.8%；孔隙比介于 0.533～1.209，平均值 0.838，液性指数平均值为 0.34，土样呈现可塑状态，整体评价为可塑性土；0.1～0.2MPa 压力段，压缩系数介于 0.12～0.51MPa⁻¹，平均值 0.26MPa⁻¹，压缩模量介于 3.35～17.06MPa⁻¹，平均值 7.48MPa⁻¹，土样均具有中等压缩性。

（10）颗分试验

颗分试验是测定土中各颗粒组占土粒总质量百分数的试验，本次勘察取颗粒分析试验黄土层中扰动样进行颗粒分析，其分析结果见表 3-2。

粗颗粒组成统计表 表 3-2

土质类型	颗粒百分比（%）					
	>20(mm)	20～2(mm)	2～0.5(mm)	0.5～0.25(mm)	0.25～0.075(mm)	<0.075(mm)
黄土	—	7.04	21.09	47.86	20.58	3.44
古土壤	—	29.36	46.06	15.42	7.40	1.76

2. 隧道施工工艺

暗挖通道施工流程为：拱部超前注浆大管棚/小导管施工→上半断面环形开挖留核心土→上半断面初期支护→下半断面开挖→下半断面初期支护→隧道仰拱二次衬砌施工→隧道拱墙防水层及二次衬砌施工。施工流程示意图如图 3-4 和图 3-5 所示。

由经验可知，暗挖通道施工工艺中粉尘产生量较大的三个工序分别为：掌子面开挖（包括上、下断面开挖）、初期支护以及二次衬砌。因此，本章节主要针对隧道施工中这三个工序下粉尘浓度的组成特征、分布规律进行研究，进而提出能够减轻施工隧道粉尘扩散的控制措施。

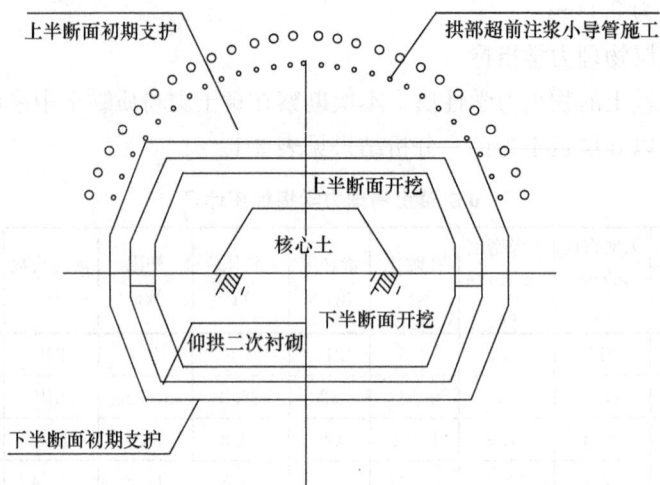

图 3-4 上下台阶法施工步骤示意图（横断面）

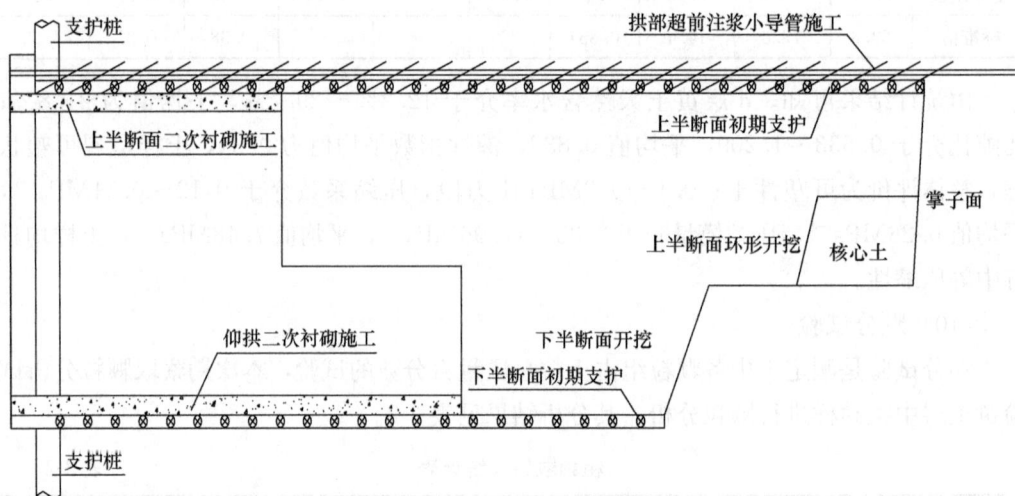

图 3-5 上下台阶法施工步骤示意图（纵断面）

3.2.2 现场测试方案

2019 年 7 月至 8 月期间，对西安市某大型地下综合空间建设工程进行跟踪测试，选择该项目中电力 V 型 C-2-a(1) 暗挖支廊隧道作为本次测试的对象，该隧道采用的施工方法为台阶法，该隧道内尺寸为 3.545m，长度为 33m，内底高程 399.296m，埋深为 12.8m。

本章节主要对隧道施工过程中的三个主要工序进行测试分析，即掌子面开挖、初期支护阶段以及二次衬砌阶段。在粉尘浓度测试的过程中，测试点布置在隧道断面的两侧及中心位置，距离地面的高度为 1.2m，此高度正好处于人员呼吸的范围内，以三点浓度值的平均值作为该进深污染物浓度值。本次测试的隧道全长为 33m，沿隧道纵深布置

12 个测点，在进行粉尘浓度采样时，采用的是单点测试法进行逐一测试，掌子面开挖和隧道的初期支护均在每开挖 3m 后进行测试，而二次衬砌则是在隧道施工完毕后进行。最终，得到不同施工工序下的污染物浓度数据，共计 12 组。粉尘测点布置如图 3-6 所示。

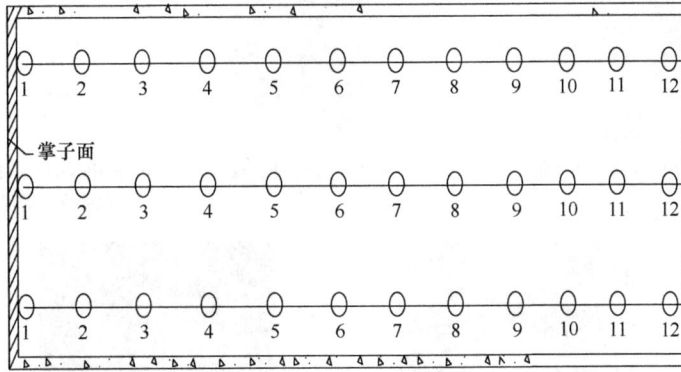

图 3-6　粉尘测点布置示意图

本次测试主要监测隧道施工过程中的粉尘种类、浓度以及施工现场的温度、湿度，并对现场施工人员的热舒适度进行调查。通过对数据的处理分析，揭示暗挖隧道施工过程中的粉尘分布规律、不同施工工序下各粉尘的浓度占比以及不同粉尘在三个施工过程的含量大小。最后，得出隧道施工期间隧道进深以及施工时间对粉尘浓度的影响。

测试期间，主要使用的仪器有：

（1）手持式激光测距仪 D2：测量范围为 $0.05\sim100m$，测量精度为 $\pm1.5mm$，测量单位为 m，用于测量隧道内部到洞口以及隧道内部测点之间的距离。

（2）德国 testo175-H1 电子温湿度记录仪：量程为 $-20\sim+55℃$（温度）、$0\sim100\%RH$（湿度），分辨率为 0.1，测量速率为 $10\sim24h$，用于测量室外温湿度。

（3）美国 Metone 831 便携式四通道粉尘检测仪：可以同时检测 PM_1、$PM_{2.5}$、PM_4、PM_{10} 这四种颗粒物的浓度。该仪器的流量为 0.1cfm（2.83L/min），量程为 $0\sim1000\mu g/m^3$，分辨率为 $0.1\mu m/m^3$，最小测量粒径为 $0.5\mu m$，工作环境温度为 $0\sim50℃$，该仪器单次取样时间为 1min，期间从环境中取样十次，最后的显示结果为 1min 内取样结果的平均值。

（4）国产 NO_2 测试仪：可测量隧道内 NO_2 浓度，测试范围为 0～50ppm，分辨率为 0.1ppm。

（5）国产 SO_2 测试仪：可测量隧道内 SO_2 浓度，测试范围为 0～50ppm，分辨率为 0.1ppm。

相关测试仪器如图 3-7 所示。

本章节主要针对隧道施工中不同工序下的粉尘浓度进行测试，得出了隧道施工中的主要污染物为粉尘及其基本组成特征。此外，得到不同施工阶段隧道内的平均温湿度：

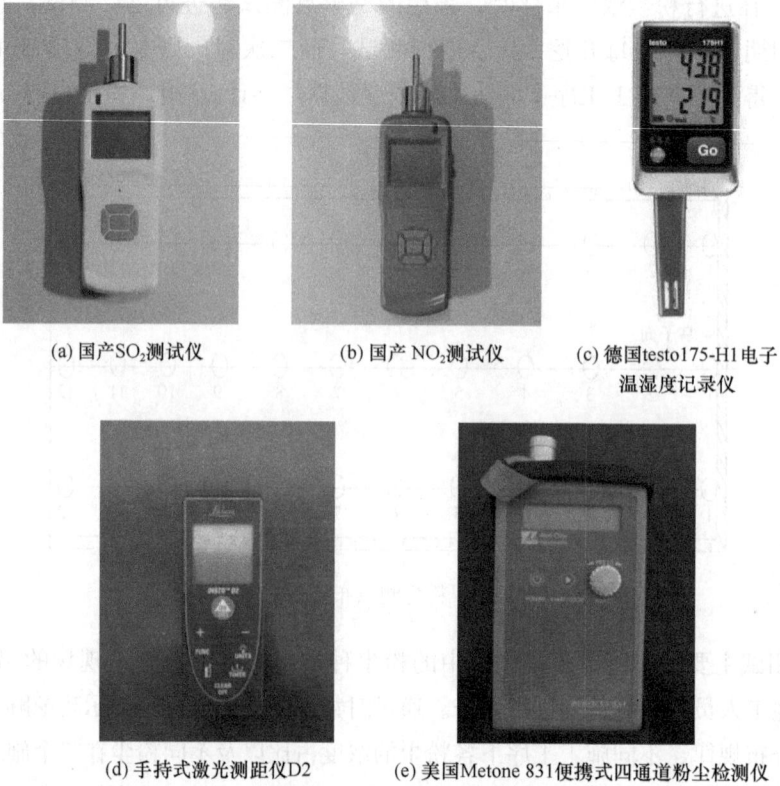

(a) 国产SO₂测试仪　　　(b) 国产 NO₂测试仪　　　(c) 德国testo175-H1电子温湿度记录仪

(d) 手持式激光测距仪D2　　　(e) 美国Metone 831便携式四通道粉尘检测仪

图 3-7　测试所用仪器

掌子面开挖阶段，温度的平均值为 38.7℃，湿度为 32.2％；初期支护阶段，温度均值为 32.6℃，湿度为 82.2％；二次衬砌阶段，温度均值为 29.7℃、湿度为 54.6％。在测试的过程中，二氧化硫以及二氧化氮的浓度显示为零，原因可能为在黄土隧道开挖过程中，这两种粉尘浓度值不在测量仪器的精度范围内，因此并非造成隧道内污染的重要因素。因此，下一章主要针对隧道施工过程中所测得的 $PM_{2.5}$、PM_{10}、PM_1、PM_4、TSP 这五种粉尘进行分析，现场实测情况如图 3-8 所示。

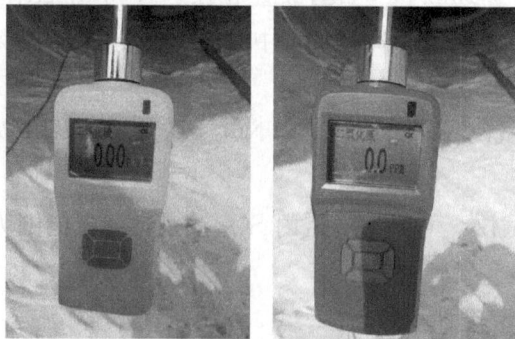

图 3-8　SO₂、NO₂ 现场实测图

3.2.3 隧道施工中粉尘浓度分布规律

1. 暗挖隧道施工过程主要工序

（1）掌子面的开挖

掌子面开挖时，首先要根据施工现场条件、隧道地形及围岩结构来确定开挖的方式，遵循的施工原则是"管超前、严注浆、短进尺、强支护、早封闭、勤量测"。隧道的开挖采用台阶法施工，该方法适用于土质较为良好的隧道。一般采用人工和机械相互配合的开挖方式，其施工效率较高、工期较短、工程造价相对较低。本次开挖分上下台阶进行，根据"早成环"的原则，台阶不宜过长，同时为保证掌子面稳定和施工安全、方便，又不能太短，根据施工中实际情况，台阶长度为 3.0m。开挖时，上台阶预留核心土，以不影响安装钢架、喷射混凝土等工序为宜，其宽度约为 1.5m 左右。核心土长度约为 1.0m，坡度约为 1：0.5。下台阶土体留设约 1：0.5 的坡度，采用掏槽开挖的方式，先支护该处侧墙，随后开挖剩余土体，完成支护成环。开挖过程中，采取掘进机与人工挖设方式进行施工。掌子面开挖的现场施工如图 3-9 所示。

图 3-9 施工现场掌子面开挖图

在掌子面开挖过程中，粉尘产生的原因主要有以下几方面：一是开挖过程中施工机械对周围裸露砂土的作用；二是掌子面周围的砂土未能覆盖，在空气中受到风力或人力扰动；三是未经覆盖的土方将外部粉尘带入或因路面不平导致砂土撒落隧道中，这些砂土进入空气后对隧道内环境造成污染。

（2）初期支护（图 3-10）

初期支护是隧道施工过程中极为关键的一个工序，可以保证围岩的稳定性，进而保证整个工程的安全性和稳定性。因此，在隧道施工的过程中，必须确保初期支护工作的有效性和及时性。初期支护主要的施工工序包括挂钢筋网、喷射混凝土、安装格栅/型钢拱架、设置拱部中空锚杆和边墙砂浆锚杆。本工程中，初期支护所采用的喷射混凝土方法为干喷法。喷射机械安装调整完毕后，先注水、通风，清除管道杂物；同时用高压水或高压风吹洗岩面，以去除岩面上的尘埃。喷射时，先喷外加剂，后通风，再送料。

喷射效果以易黏结、回弹量小、表面湿润光泽为准。在初期支护全断面封闭 2～5m 后，立即进行初支背后回填注浆工作，以固结拱顶背后松散地层，充填可能存在的空隙，并最大限度地减少地层松动和地表沉降。

图 3-10　施工现场初期支护图

初期支护时主要采用的施工工艺为干喷法，其主要流程如图 3-11 所示。

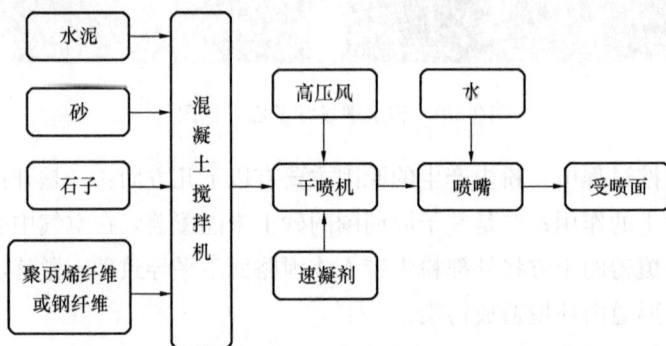

图 3-11　干喷法施工工艺流程图

由图 3-11 可知，干喷工艺主要是将水泥、砂、石子按照一定的比例进行混合，在混凝土搅拌机中进行强力搅拌，搅拌后加入速凝剂投入干喷机中用压缩空气送入喷嘴中，在喷嘴中加水混合后喷到受喷面上。干喷过程中粉尘产生的主要因素是喷射过程中由于卷吸的作用，产生的高速气流会破坏颗粒之间的黏结性；其次是由于喷射过程中物料的掉落以及操作工艺的影响，这些都是粉尘产生的重要因素。

（3）二次衬砌

隧道二次衬砌施工是指在隧道的初期支护工作完成后，使用混凝土再次进行衬砌，使其与初期支护形成复合式衬砌结构。相比于初期支护，二次衬砌是在原有的基础上对隧道进行优化，从而使隧道更能满足使用要求。二次衬砌一般是在围岩和初期支护趋于稳定后进行。在本项目中，逆作井施工完成、与前期暗挖对接后再顺作内部二衬结构，施工前将逆作井壁内侧凿毛，清洗干净，表面涂刷水泥基渗透结晶材料，然后从底至顶浇筑二衬结构。如图 3-12 所示。

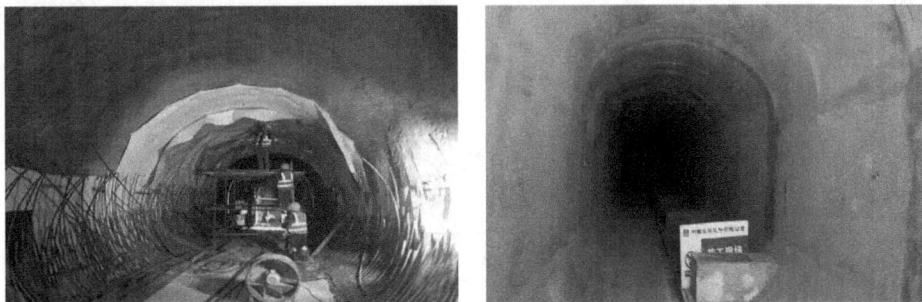

图 3-12　施工现场二次衬砌图

二次衬砌过程中主要采用的施工工艺为湿喷法，主要流程图如图 3-13 所示。

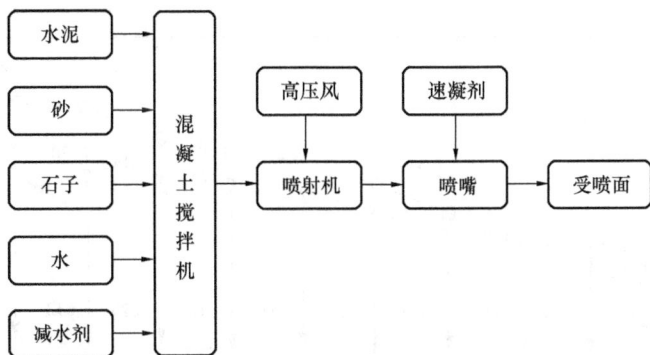

图 3-13　湿喷法施工工艺流程图

由图 3-13 可知，与干喷工艺相比，湿喷混凝土物料在进入隧道喷射机械前的混合料已经具有一定的流动性，物料中已经不包含粉尘，因此主要的产尘原因是操作工艺导致的。当物料在高压风的作用下，离开喷嘴飞向受喷面的过程中，物料在与受喷面接触后相撞产生回弹，此时容易导致物料中的颗粒团分离产生粉尘。此外，喷射距离、喷射角度、水压都是影响粉尘产生的重要因素。

2. 不同施工工序下粉尘浓度随隧道进深的变化关系

为了研究不同施工工序下粉尘浓度与隧道进深的关系，自 2019 年 7 月隧道施工开始，对黄土隧道施工的全过程进行跟踪测试，对隧道在不同施工工序下每进深 3m 时的粉尘浓度进行测量。由于黄土隧道暗挖工艺中主要施工工序分为掌子面开挖阶段、初期支护阶段、二次衬砌阶段，因此将这三个施工过程作为本次测试的重点。测量时，在施工的每一阶段沿着隧道截面分别布置左侧、右侧、中间三个测点，高度为距地面 1.2m 处，位于人员呼吸区域。最终以这三点浓度值的平均值作为该进深下的粉尘浓度值。本次测试的隧道全长为 33m，沿隧道纵深布置 12 个测点，最终得到不同施工工序下的粉尘浓度数据共计 12 组，用 OriginPro8 软件对数据进行处理，测试结果如图 3-14～图 3-16 所示。

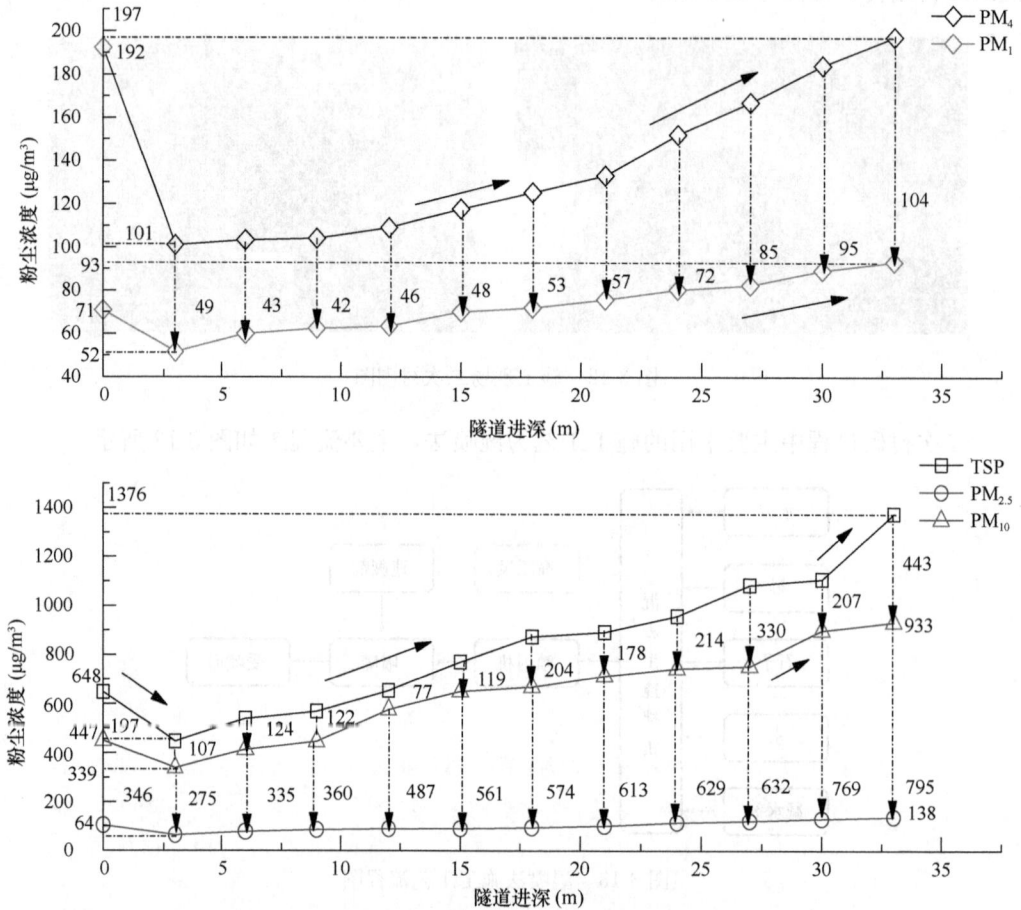

图 3-14 掌子面开挖时粉尘浓度随隧道进深的变化

图 3-14 为隧道掌子面开挖时粉尘浓度随隧道进深的变化。从图 3-14 中可以看出，各个粉尘浓度均随着隧道进深的增加呈现先减少后增加的趋势。主要是由于刚开挖时砂土聚集在洞口，未能及时覆盖，在工人施工等人为或自然因素的扰动下，砂土进入空气中，粉尘易积聚在洞口，难以消散，导致隧道洞口的粉尘浓度较大。随着隧道进深的增加，洞内初始的粉尘浓度相比于洞口会相应地减少；在施工的过程中，经实测可知，隧道的风速较低，随着隧道进深的增加风速逐渐减小，导致隧道内部通风效果较差。随着隧道进深的增加，隧道内的粉尘会不断地累积，其浓度会逐渐增大，在隧道最内侧达到

最大值。

此外，从图 3-14 中可知各粉尘之间的浓度差及其波动范围。粉尘 TSP 的浓度波动范围为 $447\sim1376\mu g/m^3$，PM_{10} 的波动范围为 $339\sim933\mu g/m^3$，PM_1 的波动范围为 $52\sim93\mu g/m^3$、$PM_{2.5}$ 为 $64\sim138\mu g/m^3$、PM_4 为 $101\sim197\mu g/m^3$；相比于其他粉尘，TSP 浓度的波动范围最大。在此阶段，粉尘 TSP 浓度值增加了约 $929\mu g/m^3$、PM_{10} 浓度增加了约 $594\mu g/m^3$、PM_1 浓度增加了约 $41\mu g/m^3$、$PM_{2.5}$ 浓度增加了约 $74\mu g/m^3$、PM_4 浓度增加了约 $96\mu g/m^3$。

图 3-15 反映了初期支护时粉尘浓度随隧道进深的变化规律。由图 3-15 可知，初期支护阶段各个粉尘的浓度值存在较大差异，各个粉尘浓度均随着隧道进深的增加逐渐增大。其中，粉尘 TSP、PM_{10} 的浓度与其余几种粉尘的浓度相比极大。在隧道进深 $6\sim9m$ 的范围内，两者浓度增加最快，此后变化趋于平缓；$PM_{2.5}$ 的浓度值在隧道进深为 21m 时变化较为明显，PM_1 的浓度值一直较为平缓。TSP 浓度的波动范围为 $29843\sim92018\mu g/m^3$、PM_{10} 浓度的波动范围为 $26104\sim83005\mu g/m^3$；PM_4 的波动范围为 $5527\sim$

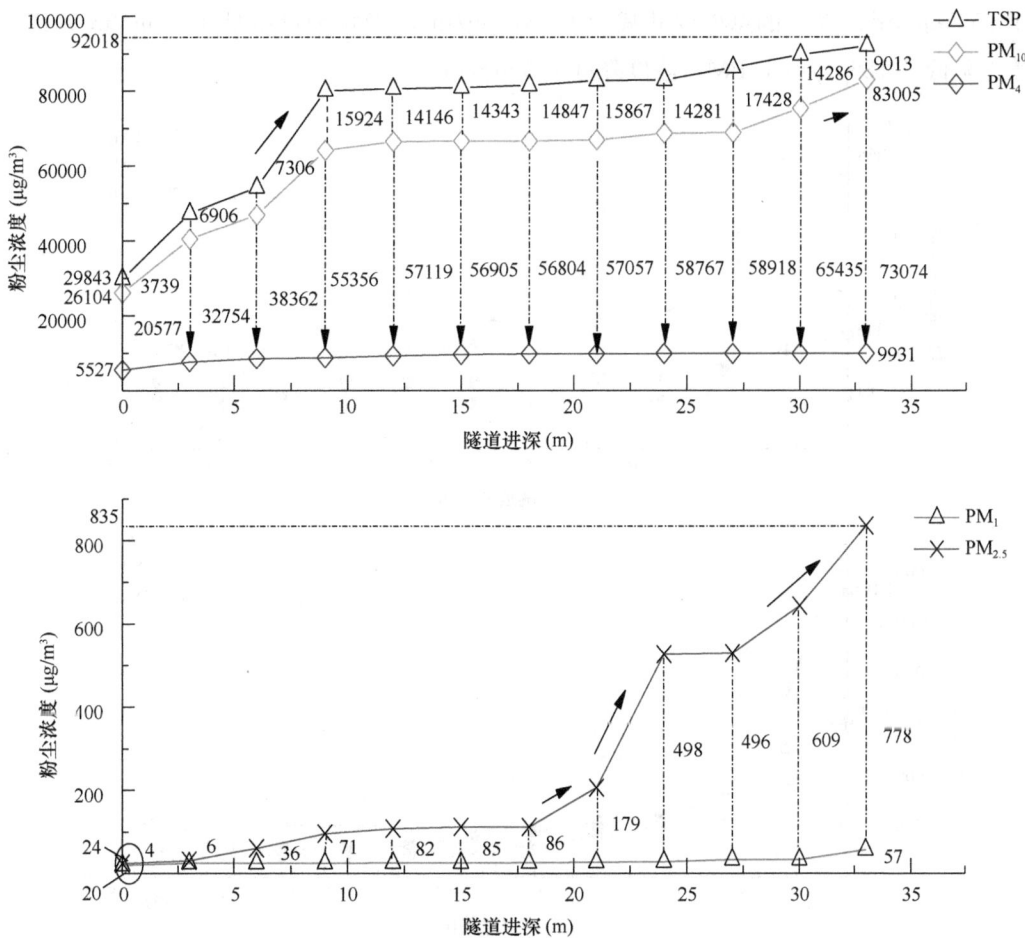

图 3-15 初期支护粉尘浓度随隧道进深的变化

$9931\mu g/m^3$。图中已标注出各粉尘之间的浓度差，其中浓度差值最大的两种粉尘为 PM_{10} 与 TSP；粉尘 PM_1 的浓度波动范围为 $20\sim57\mu g/m^3$，$PM_{2.5}$ 的波动范围为 $24\sim835\mu g/m^3$。在此阶段，TSP 浓度增加了 $62175\mu g/m^3$；PM_{10} 浓度增加了 $56901\mu g/m^3$；PM_4 浓度增加了 $4404\mu g/m^3$；PM_1 浓度增加了 $37\mu g/m^3$；$PM_{2.5}$ 浓度增加了 $811\mu g/m^3$。

图 3-16 为二次衬砌时粉尘浓度与隧道进深的变化关系图。由图 3-16 可知，在隧道进行二次衬砌过程中，粉尘浓度随着隧道进深的增加而逐渐降低，但在隧道最内侧区域略有增加。隧道洞口的粉尘浓度最大，粉尘浓度由隧道口到隧道进深为 3m 时下降较为迅速；在隧道进深为 30m 时，各粉尘浓度达到最小值，隧道最内侧粉尘浓度出现略有增大的情况，这主要是因为二次衬砌采用的是湿喷法，随着隧道进深增加，湿度越大，粉尘浓度随之逐渐减少。在隧道最内侧，由于粉尘难以有效消散，粉尘浓度出现略有增加现象。从图 3-16 中还可看出粉尘 TSP 的浓度范围为 $251\sim2817\mu g/m^3$，PM_{10} 的浓度范围为 $187\sim1506\mu g/m^3$，PM_1 的浓度波动范围为 $45\sim61\mu g/m^3$，PM_4 的浓度波动范围为 $79\sim265\mu g/m^3$；$PM_{2.5}$ 的波动范围为 $54\sim113\mu g/m^3$；在此阶段，TSP 的总浓度减少了 $2566\mu g/m^3$，PM_{10} 的总浓度共减少了 $1319\mu g/m^3$，PM_1 浓度降低了 $16\mu g/m^3$，PM_4 浓度降低了 $186\mu g/m^3$，$PM_{2.5}$ 浓度降低了 $59\mu g/m^3$。

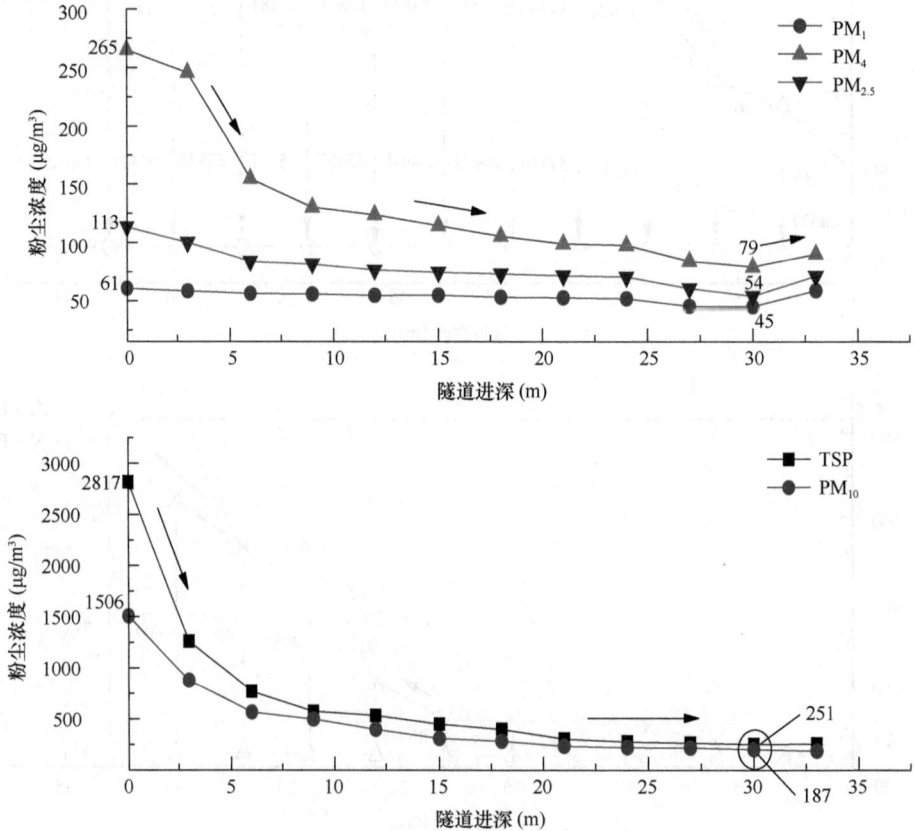

图 3-16 二次衬砌时粉尘浓度随隧道进深的变化

3. 不同进深条件下各粉尘的浓度值

由图 3-17～图 3-21 可知，不同施工阶段的隧道在不同进深条件下各粉尘浓度值以及隧道施工过程中的粉尘种类主要有 $PM_{2.5}$、PM_{10}、PM_1、PM_4、TSP 五种。初期支护时的粉尘总浓度高于其余两个施工阶段。粉尘 PM_1 的浓度值在三个阶段的大小为掌子面开挖＞二次衬砌＞初期支护；$PM_{2.5}$ 的浓度值为初期支护＞掌子面开挖＞二次衬砌；PM_4 的浓度值为初期支护＞掌子面开挖＞二次衬砌；PM_{10} 的浓度值为初期支护＞掌子面开

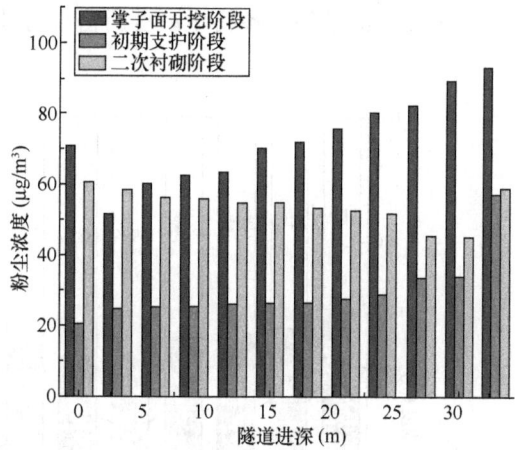

图 3-17 不同进深条件下粉尘 PM_1 的浓度值

挖＞二次衬砌；TSP 的浓度值为初期支护＞掌子面开挖＞二次衬砌。从图 3-17～图 3-21 中可以看出，施工中粉尘的浓度值远远超过所允许的平均值，危害极大。

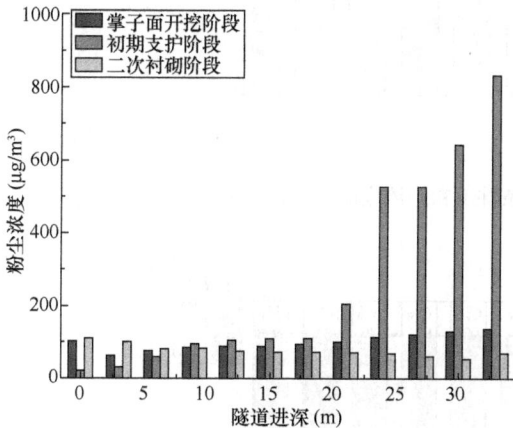

图 3-18 不同进深条件下粉尘 $PM_{2.5}$ 的浓度值

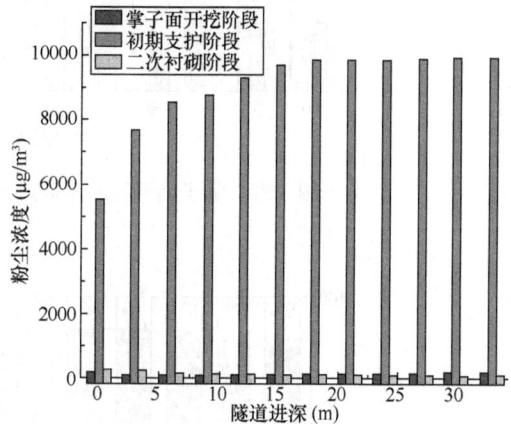

图 3-19 不同进深条件下粉尘 PM_4 的浓度值

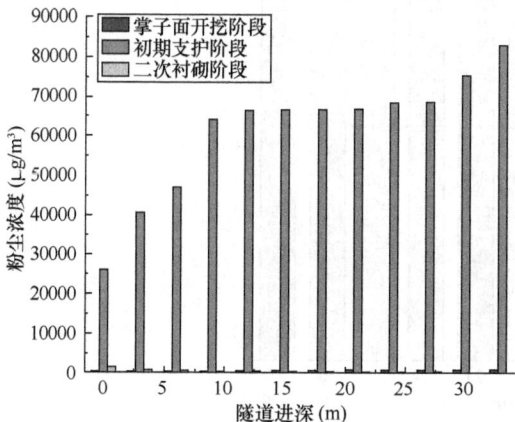

图 3-20 不同进深条件下粉尘 PM_{10} 的浓度值

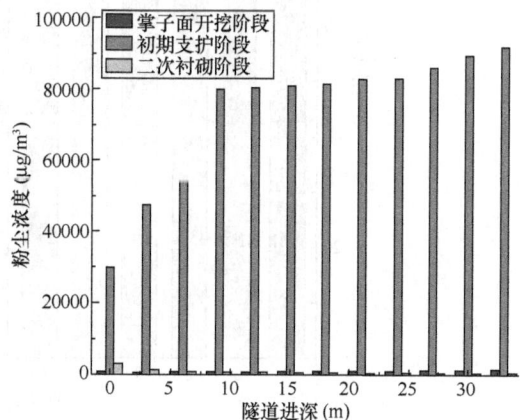

图 3-21 不同进深条件下粉尘 TSP 的浓度值

4. 不同进深条件下各粉尘浓度所占百分比（图3-22～图3-24）

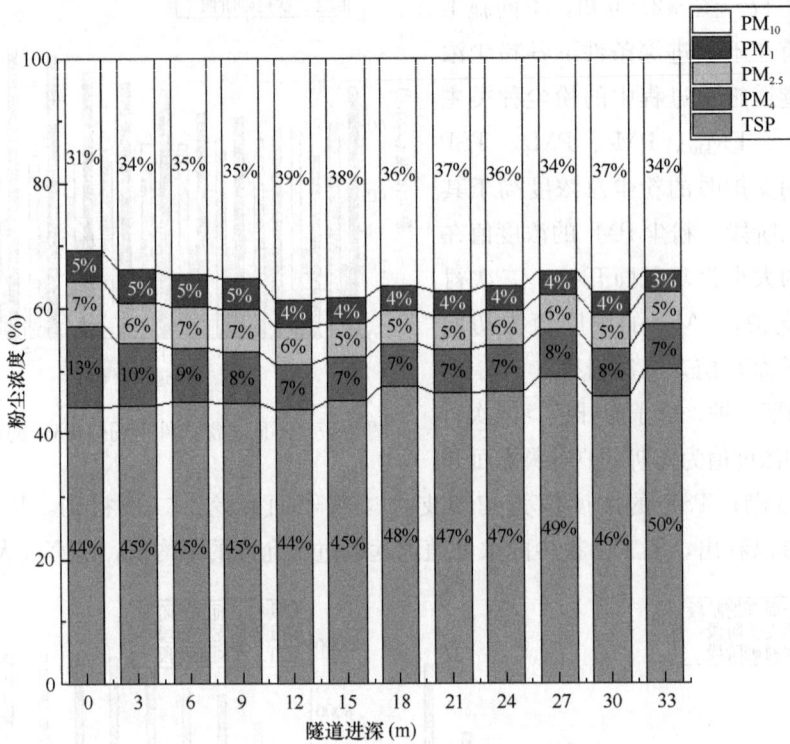

图3-22 掌子面开挖时不同进深条件下粉尘浓度的百分比堆积图

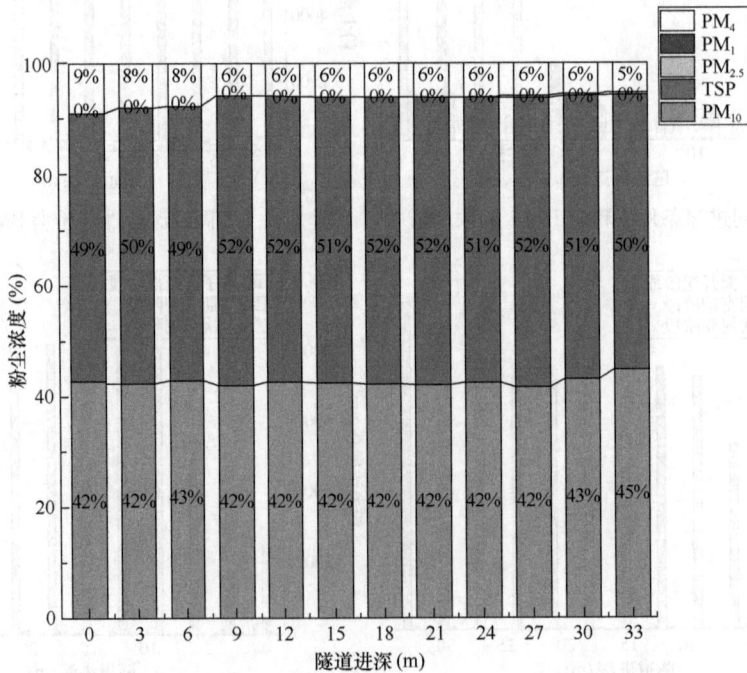

图3-23 初期支护时不同进深条件下粉尘浓度的百分比堆积图

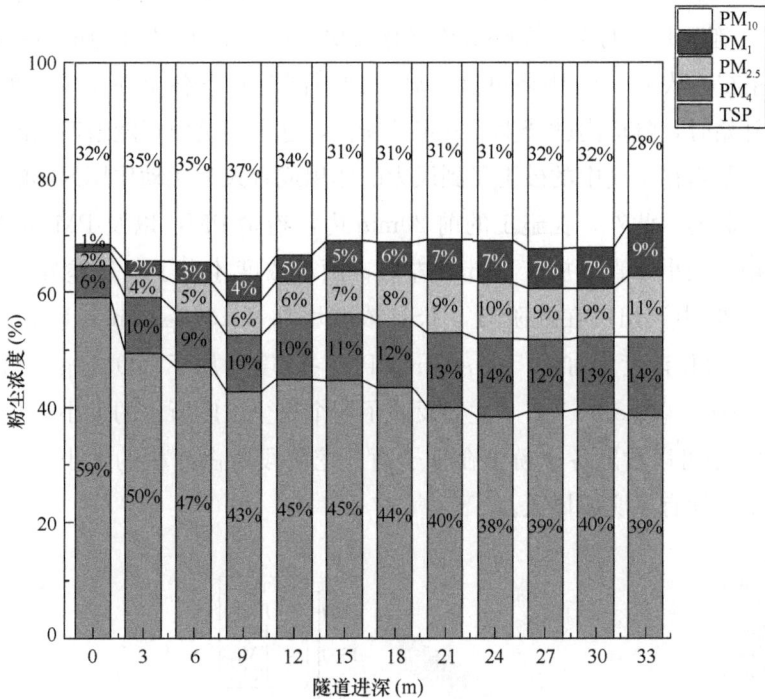

图 3-24 二次衬砌时不同进深条件下的粉尘浓度的百分比堆积图

5. 不同施工工序下粉尘浓度与施工时间的关系

在采用暗挖工艺的黄土隧道施工过程中，掌子面开挖的时间一般为 1h 左右，初期支护的时间一般为 2h 左右，二次衬砌的时间一般为 9h。在测试时，对单个施工工序的施工过程进行连续监测，可以得出不同施工工序下粉尘浓度随时间的变化情况。对掌子面开挖过程进行测试时，每间隔 10min 对隧道粉尘浓度进行测量，共测量 7 次，每次测量取值 3 次，将 3 次测试的粉尘浓度平均值作为单次测试结果，测试总时间为 1h。在初期支护阶段，每间隔 15min 对隧道粉尘浓度进行测量，共测量 9 次。每次测量取值 3 次，将 3 次测量的粉尘浓度平均值作为单次测试的最终结果。在黄土隧道施工的二次衬砌阶段，由于其施工时间较长，每小时对粉尘浓度测 2 次，每次测量取值 3 次，将这 3 次的平均值作为单次测量结果。最终每小时的平均值以该小时内两次测量的平均值作为结果，直至此道工序施工完毕。对结果进行处理分析，可得不同施工工序下的粉尘浓度随施工时间变化示意图，如图 3-25～图 3-27 所示。

图 3-25 为隧道施工的掌子面开挖过程中粉尘浓度随时间的变化情况。图 3-25（左）为粉尘浓度随时间变化的折线图，图 3-25（右）为粉尘浓度随时间变化的堆积面积图。从图 3-25 可知，这五种粉尘浓度随着施工时间的增加而增大。随着施工时间的增加，PM_4、$PM_{2.5}$、PM_{10}、TSP 的浓度随着施工时间的增长变化幅度较大，而 PM_1 的浓度值趋于平稳，变化幅度较小。从图 3-25 中可以看出，粉尘 TSP 的浓度在施工的前

10min、20～30min、40～50min 以及 50～60min 内相较于其他粉尘变化较快；粉尘 PM_{10} 的浓度在施工开始的 10～20min 内变化较快；粉尘 PM_4 浓度的增加主要在施工的 20～40min 左右。从图 3-25 中还可看出施工中不同时间下各个粉尘浓度的变化情况。在施工还未开始时，隧道内就产生了一定的粉尘，这主要是由于隧道四周的土方未能及时进行覆盖，暴露在空气中的砂土受到风力的作用或者人为扰动作用的影响，进入空气中形成扬尘引起的。此外，在施工的前 20min 内，粉尘 $PM_{2.5}$ 以及 PM_4 的浓度较为接近，且变化幅度较小，直至施工 30min 左右，两者浓度才有了明显差异。各粉尘浓度值可以在图 3-25 中读出，在此阶段，TSP 浓度增加了 $1304\mu g/m^3$，PM_{10} 浓度增加了 $709.6\mu g/m^3$，PM_4 浓度增加了 $514\mu g/m^3$，$PM_{2.5}$ 浓度增加了 $309.8\mu g/m^3$，PM_1 浓度增加了 $19.6\mu g/m^3$。图 3-25（右）主要反映了各个粉尘浓度所占的大小随时间的变化趋势，从图 3-25 中可以看出各个粉尘在掌子面开挖阶段所占面积的大小。在施工 30min 后，各粉尘浓度均有了明显增大。

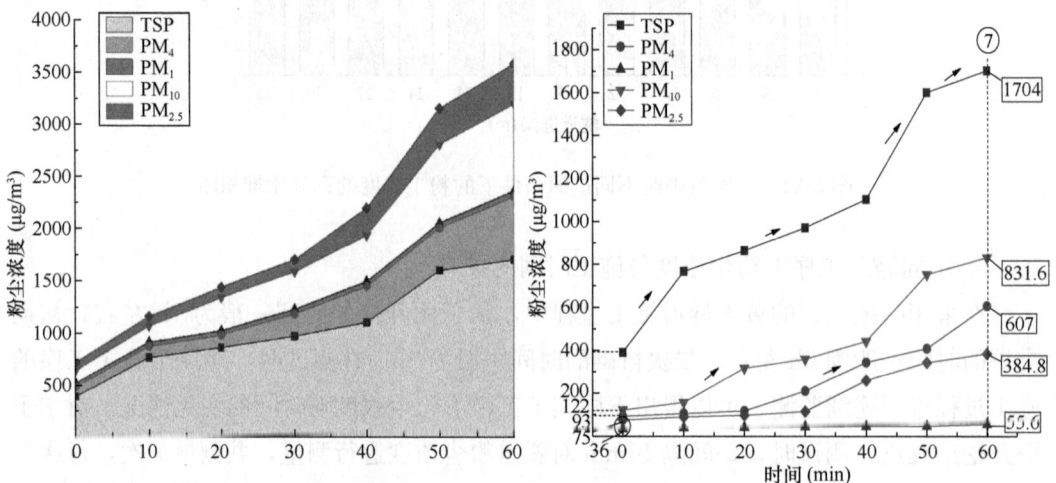

图 3-25　掌子面开挖时粉尘浓度随施工时间的变化图

图 3-26 为初期支护阶段粉尘浓度随时间的变化图。由图 3-26 可知，此阶段各种粉尘的浓度值差异较大，但都随着施工时间的增长呈现递增趋势，各粉尘的浓度值在施工结束时达到最大。从图 3-26 还可读出各个粉尘的浓度变化范围：TSP 浓度的范围为 $65396\sim92019\mu g/m^3$；PM_{10} 的浓度范围为 $50000\sim77034\mu g/m^3$；PM_4 的浓度变化范围为 $5500\sim10000\mu g/m^3$；$PM_{2.5}$ 的浓度波动范围为 $108\sim643\mu g/m^3$；而 PM_1 浓度随着施工时间的增加变化幅度不大，为 $24\sim32.3\mu g/m^3$。因此，施工时间并不是影响 PM_1 浓度的重要因素。在此阶段，TSP 浓度增加了 $26623\mu g/m^3$，PM_{10} 浓度增加了 $27034\mu g/m^3$，PM_4 浓度增加了 $4500\mu g/m^3$，$PM_{2.5}$ 浓度增加了 $535\mu g/m^3$，PM_1 浓度增加了 $8.3\mu g/m^3$。

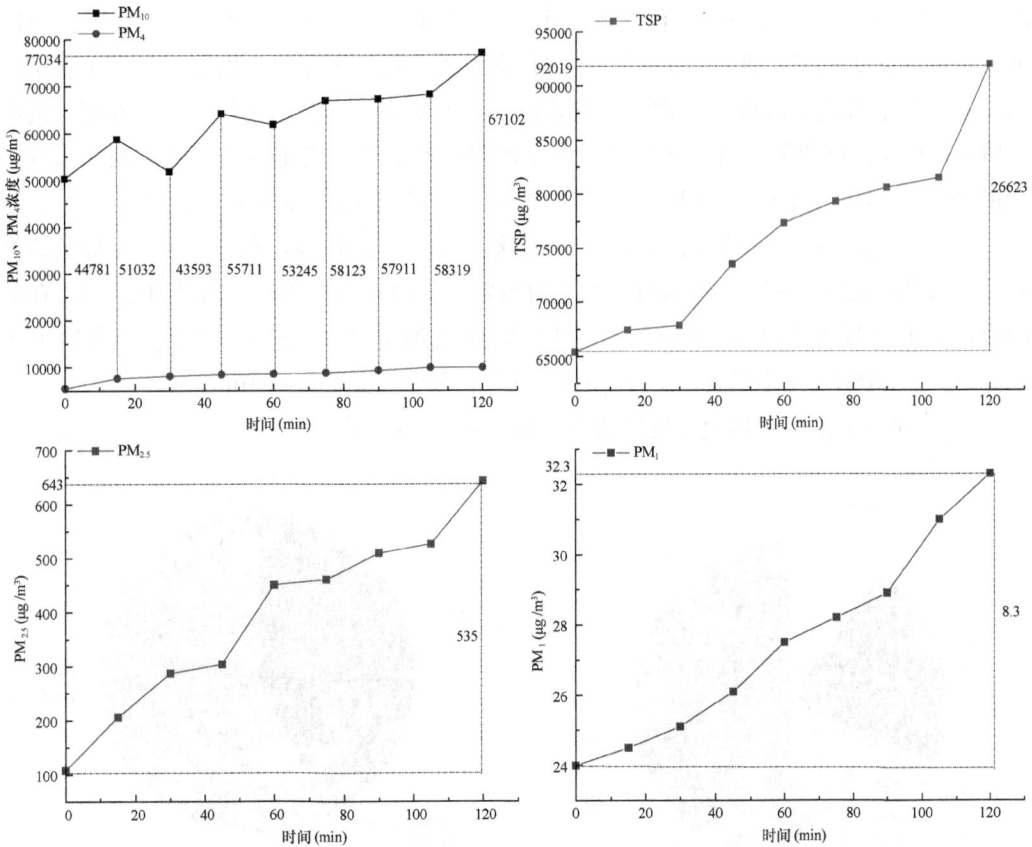

图 3-26 初期支护时粉尘浓度随施工时间的变化

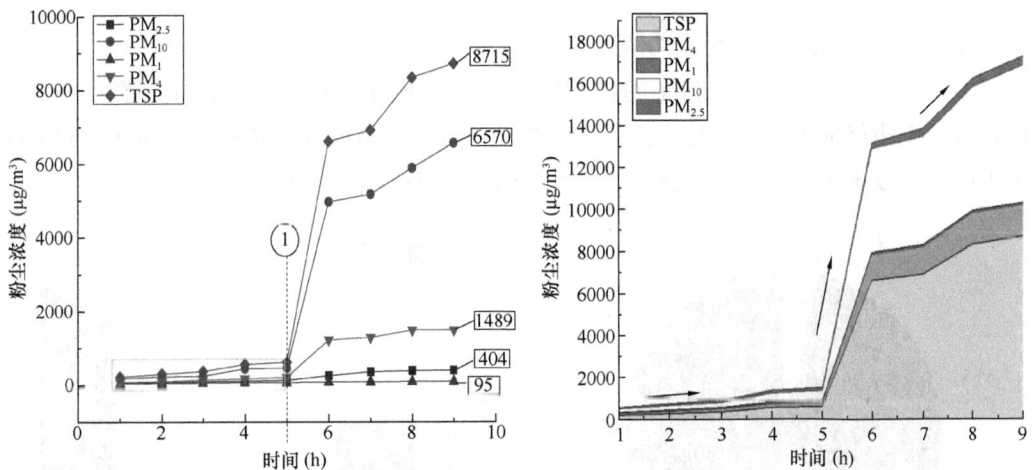

图 3-27 二次衬砌时粉尘浓度随施工时间的变化

图 3-27(左)为二次衬砌时粉尘浓度随施工时间的变化折线图,图 3-27(右)为二次衬砌时粉尘浓度随施工时间变化的堆积面积图,两者均反映了在此阶段粉尘浓度随施工时间的变化情况。从图 3-27 左图可以看出,粉尘浓度在①阶段以前,变化幅度较小,

浓度范围为 $50\sim1000\mu g/m^3$，但在施工 5h 后，粉尘浓度有了显著增加，TSP 与 PM_{10} 的浓度变化尤为明显。这主要是因为二次衬砌阶段进行的工序较为繁多，经历了从钢筋的安装到喷射混凝土阶段。在钢结构安装阶段，各粉尘浓度变化比较小，而在喷射混凝土阶段，粉尘浓度急剧上升。在喷射混凝土阶段，粉尘浓度变化的幅度从大到小依次为 $TSP>PM_{10}>PM_4>PM_{2.5}>PM_1$。由图 3-27 可知，此时 PM_1 的浓度变化幅度较小，趋于平稳。图 3-27（右）反映各粉尘浓度占比随时间的变化趋势，在 5h 后，各粉尘的堆积面积有所增加，TSP 与 PM_{10} 的增速尤为显著。各粉尘浓度值可以在图中读出，在此阶段，TSP 浓度增加了 $8492\mu g/m^3$，PM_{10} 浓度增加了 $6388\mu g/m^3$，PM_4 浓度增加了 $1411\mu g/m^3$，$PM_{2.5}$ 浓度增加了 $351\mu g/m^3$，PM_1 浓度增加了 $50\mu g/m^3$。

6. 不同施工工序下粉尘浓度所占百分比（图 3-28～图 3-30）

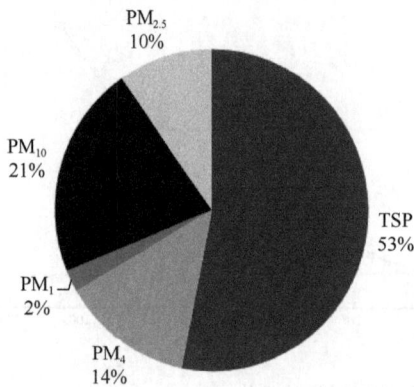

图 3-28　掌子面开挖时各个粉尘浓度所占百分比

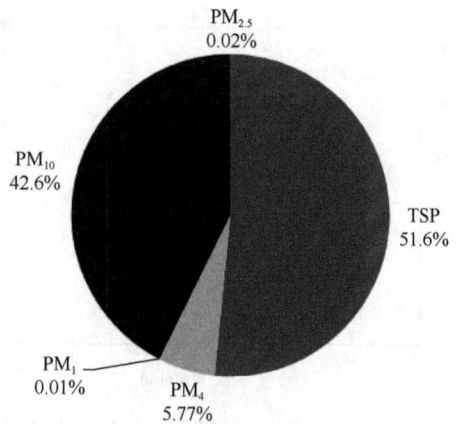

图 3-29　初期支护时各个粉尘浓度所占百分比

7. 不同施工工序下各粉尘的浓度值

为进一步分析施工隧道粉尘的扩散规律，应对不同施工工序下的粉尘浓度进行分析，有利于更好地了解每一施工阶段各粉尘的浓度分布情况以及各种颗粒物在不同的施工工序下浓度大小，图 3-31～图 3-34 为不同施工工序下各粉尘的浓度值。

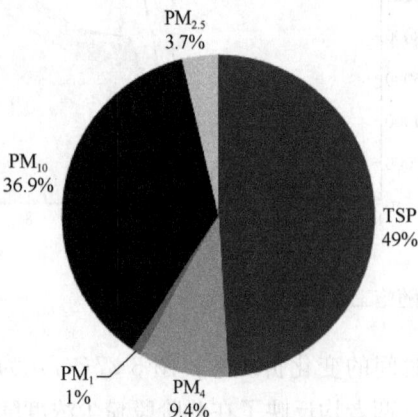

图 3-30　二次衬砌时各个粉尘浓度所占百分比

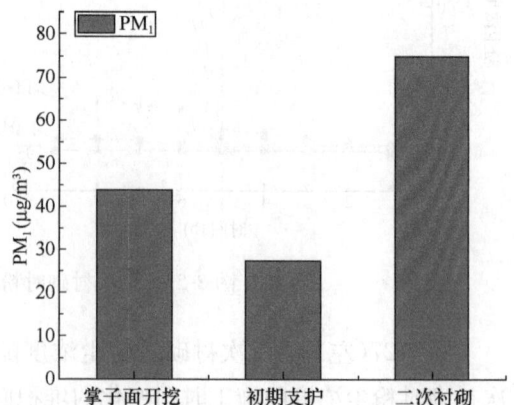

图 3-31　不同施工工序下 PM_1 的浓度值

由图 3-31~图 3-35 可知，在隧道施工的过程中，粉尘 PM_1 的浓度值在不同施工工序下的大小排序为：二次衬砌＞掌子面开挖＞初期支护；而各阶段 PM_4、PM_{10}、$PM_{2.5}$、TSP 的浓度值大小排序为：初期支护＞二次衬砌＞掌子面开挖。$PM_{2.5}$ 的值在掌子面开挖与二次衬砌时较为相近。在初期支护阶段，各粉尘浓度值普遍比较大，究其原因，主要是在隧道的初期支护阶段，采用干喷法进行混凝土浇筑。干喷法是将水泥、骨料添加一定的速凝剂之后，形成稀薄流干拌合物，借助压缩空气，在喷嘴处与适量水合流后喷射至受喷面，这个过程中粉尘含量较大。其次是二次衬砌阶段，这是因为二次衬砌阶段也要进行混凝土的浇筑，但此时采用的是湿喷法。湿喷法是指将水泥、骨料和水计量搅拌后再喂入专用机械，经软管输送至喷嘴，借助压缩空气喷射至受喷面，所以粉尘的浓度小于初期支护阶段。在掌子面开挖阶段，主要是由于施工现场有施工机械以及运渣的车辆，导致排放施工现场产生的大量粉尘。

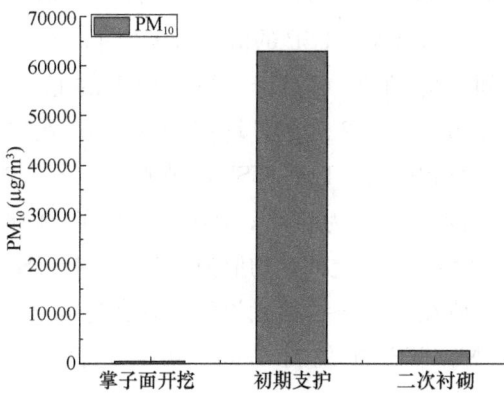

图 3-32　不同施工工序下 PM_{10} 的浓度值

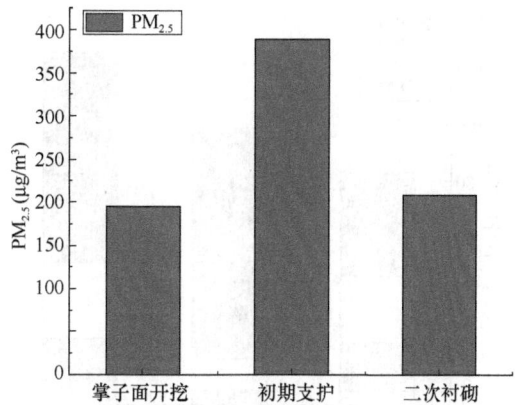

图 3-33　不同施工工序下 $PM_{2.5}$ 的浓度值

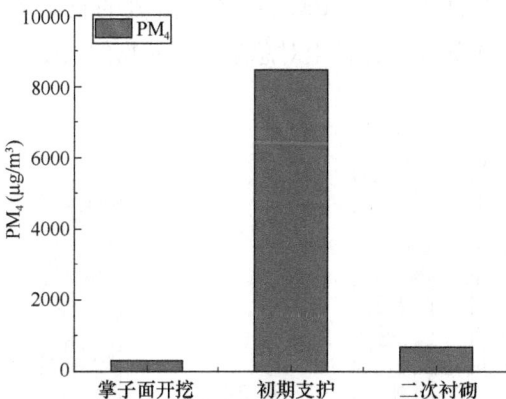

图 3-34　不同施工工序下 PM_4 的浓度值

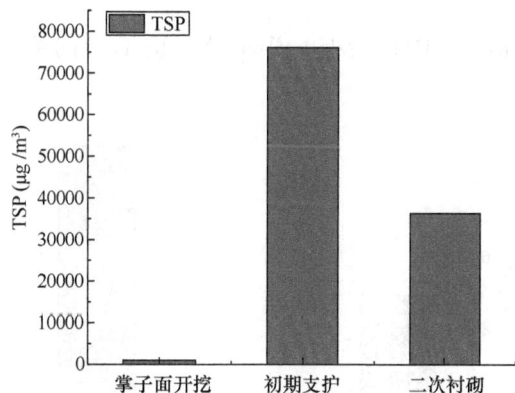

图 3-35　不同施工工序下 TSP 的浓度值

根据《环境空气质量标准》GB 3095—2012，隧道粉尘浓度属于二类区域，适用于二级浓度限值。将其作为参照标准，可以计算出各阶段粉尘浓度超标情况。在掌子面开挖阶段，$PM_{2.5}$ 超标 2.6 倍，PM_{10} 超标 2.84 倍，TSP 超标 3.53 倍；在初期支护阶段，

PM$_{2.5}$超标 5.2 倍，PM$_{10}$超标 419 倍，TSP 超标 253 倍；在二次衬砌阶段，PM$_{2.5}$超标 2.8 倍，PM$_{10}$超标 17.9 倍，TSP 超标 121 倍。由此可知，在施工的各个过程中，粉尘浓度均远超出规定值，而初期支护阶段，各个粉尘浓度值超标尤为严重。

8. 不同施工工序下各粉尘的贡献率

研究不同施工工序下各组分对总悬浮颗粒物的贡献值，有利于进一步了解隧道施工中扬尘的污染源，对于后期制定控制粉尘的有效措施奠定了基础。通过计算各颗粒物的净浓度占各个施工工序下总悬浮颗粒物净浓度的比例，即可得到各颗粒物对总悬浮颗粒物的贡献比。在掌子面开挖阶段，PM$_1$/TSP 的值在 0.027～0.106 之间，均值为 0.05；PM$_{2.5}$/TSP 的值在 0.112～0.226 之间，均值为 0.174；PM$_4$/TSP 的值在 0.238～0.356 之间，均值为 0.236；PM$_{10}$/TSP 的值在 0.312～0.488 之间，均值为 0.373。在初期支护阶段，PM$_1$/TSP 的值在 0.00035～0.00038 之间，均值为 0.00036；PM$_{2.5}$/TSP 的值在 0.002～0.006 之间，均值为 0.005；PM$_4$/TSP 的值在 0.084～0.121 之间，均值为 0.111；PM$_{10}$/TSP 的值在 0.769～0.872 之间，均值为 0.825；在二次衬砌阶段，PM$_1$/TSP 的值在 0.01～0.2 之间，均值为 0.09；PM$_{2.5}$/TSP 的值在 0.046～0.24 之间，均值为 0.15；PM$_4$/TSP 的值在 0.17～0.38 之间，均值为 0.27；PM$_{10}$/TSP 的值在 0.66～0.81 之间，均值为 0.75。

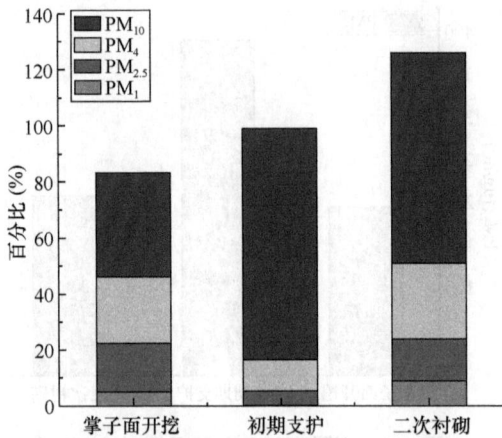

图 3-36　粉尘在不同施工工序下的贡献率

由图 3-36～图 3-40 可知，在隧道施工的过程中，PM$_{10}$在各个阶段的贡献率最大，PM$_1$最小，说明 PM$_{10}$是 TSP 的重要组成部分。各粉尘对总悬浮颗粒物的贡献比

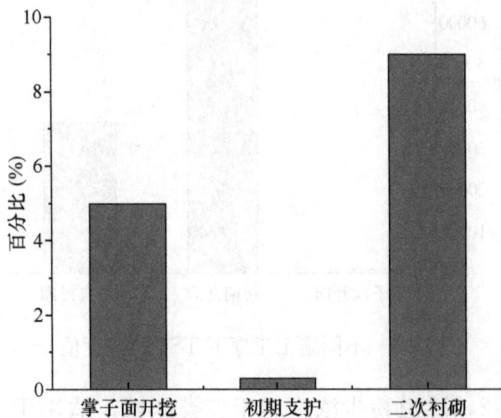

图 3-37　不同施工工序下 PM$_1$ 与 TSP 贡献比

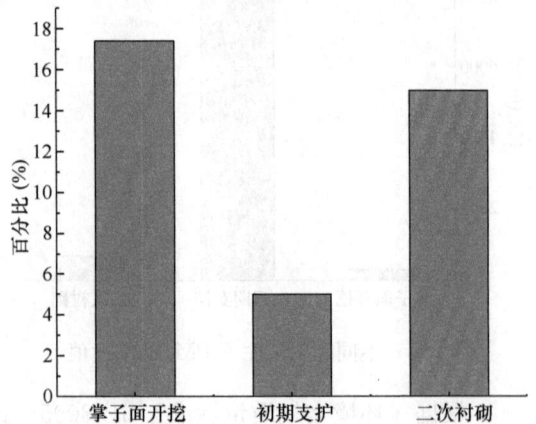

图 3-38　不同施工工序下 PM$_{2.5}$ 与 TSP 贡献比

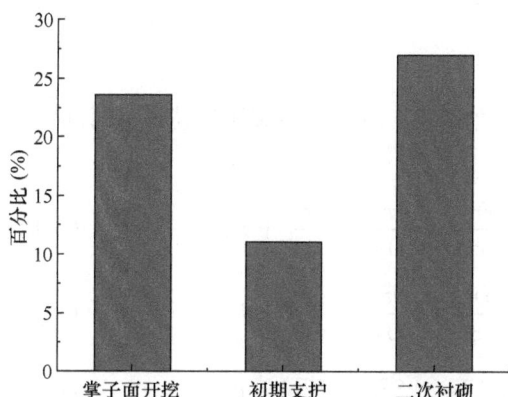

图 3-39　不同施工工序下 PM_4 与 TSP 贡献比　　图 3-40　不同施工工序下 PM_{10} 与 TSP 贡献比

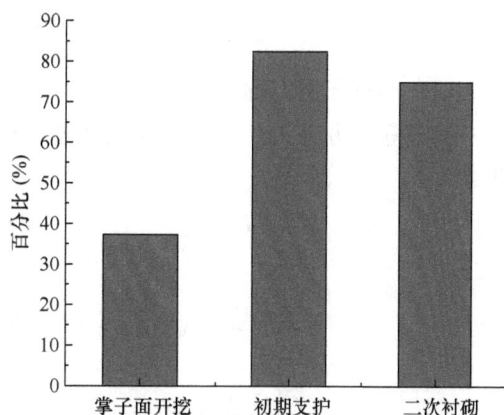

排序大小为二次衬砌＞初期支护＞掌子面开挖。PM_1/TSP 在各阶段的贡献率为二次衬砌＞掌子面开挖＞初期支护；$PM_{2.5}$/TSP 在各阶段的贡献率为掌子面开挖＞二次衬砌＞初期支护；PM_4/TSP 在各阶段的贡献率为二次衬砌＞掌子面开挖＞初期支护；PM_{10}/TSP 在各阶段的贡献率为初期支护＞二次衬砌＞掌子面开挖。

3.2.4　隧道施工中粉尘浓度数值模拟

目前，国内外专家学者主要通过实地测试、风洞试验、数值模拟三种方法对粉尘浓度在空间分布的规律进行研究。我国对于粉尘浓度分布规律的研究，主要采用现场实测与数值模拟相结合的方法。现场实测主要是在施工现场对粉尘浓度进行测试，通过对数据进行处理分析，可得到施工现场粉尘的污染情况以及分布规律；数值模拟主要基于气固两相流理论，对粉尘的运移规律进行模拟分析。本章在实地测试的基础上，运用 ANSYS19.0 模拟二次衬砌阶段粉尘 $PM_{2.5}$ 浓度随隧道进深的变化规律，将 $PM_{2.5}$ 假定为单一粒径的颗粒物，并与实测数据进行了对比分析。

1. 气固两相流模拟理论

在隧道施工过程中，施工活动产生的粉尘会与施工隧道内部风场中的空气形成含尘气流，即气固两相流。本章节研究的是气固两相流中的离散相模型，该模型将颗粒视为离散相，流体视为连续相。流体流动过程需满足质量守恒、能量守恒及动量守恒三大定律。

（1）质量守恒方程

质量守恒定律为：流体微元体在单位时间内质量的增加等于同一时间间隔内流入该微元体的净质量。

$$\frac{\partial \rho}{\partial t} + \frac{\partial (\rho u)}{\partial x} + \frac{\partial (\rho v)}{\partial y} + \frac{\partial (\rho w)}{\partial z} = 0 \tag{3-10}$$

式中：ρ 为流体密度，kg/m^3；t 为时间，s；u、v、w 为速度矢量在 x、y、z 方向上的分量，m/s。当流体不可压缩时，则式（3-10）变为：

$$\frac{\partial u}{\partial x} + \frac{\partial v}{\partial y} + \frac{\partial w}{\partial z} = 0 \tag{3-11}$$

（2）动量守恒方程

动量守恒方程为：微元体受到外界各种力之和等于微元体中流体的动量对时间的变化率。

$$\frac{\partial(\rho u)}{\partial t} + \nabla(\rho u\vec{u}) = -\frac{\partial p}{\partial x} + \frac{\partial \tau_{xx}}{\partial x} + \frac{\partial \tau_{yx}}{\partial y} + \frac{\partial \tau_{zx}}{\partial z} + F_x \tag{3-12}$$

$$\frac{\partial(\rho v)}{\partial t} + \nabla(\rho v\vec{u}) = -\frac{\partial p}{\partial y} + \frac{\partial \tau_{xy}}{\partial x} + \frac{\partial \tau_{yy}}{\partial y} + \frac{\partial \tau_{zy}}{\partial z} + F_y \tag{3-13}$$

$$\frac{\partial(\rho w)}{\partial t} + \nabla(\rho w\vec{u}) = -\frac{\partial p}{\partial x} + \frac{\partial \tau_{xz}}{\partial x} + \frac{\partial \tau_{yz}}{\partial x} + \frac{\partial \tau_{zz}}{\partial x} + F_z \tag{3-14}$$

式中：ρ 为静压；τ_x、τ_y、τ_z 为应力在 x、y、z 方向上的分量；F_x、F_y、F_z 为微元体力在 x、y、z 方向上的分量。

上式（3-11）～式（3-14）适用于各种流体，但对于牛顿流体力学而言，应力与应变存在的线性关系如下：

$$\left.\begin{array}{l} \tau_{xx} = 2\mu\dfrac{\partial u}{\partial x} + \lambda\ \nabla\vec{u} \\[2mm] \tau_{yy} = 2\mu\dfrac{\partial v}{\partial y} + \lambda\ \nabla\vec{u} \\[2mm] \tau_{zz} = 2\mu\dfrac{\partial w}{\partial z} + \lambda\ \nabla\vec{u} \\[2mm] \tau_{xy} = \tau_{yx} = \mu\left(\dfrac{\partial u}{\partial y} + \dfrac{\partial v}{\partial x}\right) \\[2mm] \tau_{xz} = \tau_{zx} = \mu\left(\dfrac{\partial u}{\partial z} + \dfrac{\partial w}{\partial x}\right) \\[2mm] \tau_{yz} = \tau_{zy} = \mu\left(\dfrac{\partial v}{\partial z} + \dfrac{\partial w}{\partial y}\right) \end{array}\right\} \tag{3-15}$$

式中：μ 为动力黏度，Pa·s，λ 为第二黏度，Pa·s，通常取 $-2/3$。则式（3-12）～式（3-14）可以转化为：

$$\left.\begin{array}{l} \dfrac{\partial(\rho u)}{\partial t} + \nabla(\rho u\vec{u}) = -\dfrac{\partial p}{\partial x} + \nabla(\mu grad u) + S_u \\[2mm] \dfrac{\partial(\rho v)}{\partial t} + \nabla(\rho v\vec{u}) = -\dfrac{\partial p}{\partial y} + \nabla(\mu grad v) + S_v \\[2mm] \dfrac{\partial(\rho w)}{\partial t} + \nabla(\rho u\vec{u}) = -\dfrac{\partial p}{\partial z} + \nabla(\mu grad w) + S_w \end{array}\right\} \tag{3-16}$$

式中：$S_u S_v S_w$ 为广义源项，又因为 $S_u = F_x + S_x$，$S_v = F_y + S_y$，$S_w = F_z + S_z$ 所以 S_x、S_y、S_z 的表达式如下：

$$\left.\begin{array}{l} Sx = \dfrac{\partial}{\partial x}\left(\mu\,\dfrac{\partial u}{\partial x}\right) + \dfrac{\partial}{\partial y}\left(\mu\,\dfrac{\partial v}{\partial x}\right) + \dfrac{\partial}{\partial z}\left(\mu\,\dfrac{\partial w}{\partial x}\right) + \dfrac{\partial}{\partial x}\left(\lambda\,\nabla\,\vec{u}\right) \\[2mm] Sy = \dfrac{\partial}{\partial x}\left(\mu\,\dfrac{\partial u}{\partial y}\right) + \dfrac{\partial}{\partial y}\left(\mu\,\dfrac{\partial v}{\partial y}\right) + \dfrac{\partial}{\partial z}\left(\mu\,\dfrac{\partial w}{\partial y}\right) + \dfrac{\partial}{\partial y}\left(\lambda\,\nabla\,\vec{u}\right) \\[2mm] Sz = \dfrac{\partial}{\partial x}\left(\mu\,\dfrac{\partial u}{\partial z}\right) + \dfrac{\partial}{\partial y}\left(\mu\,\dfrac{\partial v}{\partial z}\right) + \dfrac{\partial}{\partial z}\left(\mu\,\dfrac{\partial w}{\partial z}\right) + \dfrac{\partial}{\partial y}\left(\lambda\,\nabla\,\vec{u}\right) \end{array}\right\} \tag{3-17}$$

对于黏性为常数的不可压缩流体，S_x、S_y、S_z 通常取 0。

（3）能量守恒方程

能量守恒方程的本质是热力学第一定律，是包含热交换系统必须满足的基本定律。其表达式如下：

$$\frac{\partial(\rho E)}{\partial t} + \nabla\left[\vec{u}(\rho E + P)\right] = \nabla\left[k_{eff}\nabla\mathrm{T} - \sum_{j=1} h_j J_j + (\tau_{eff}\vec{u})\right] + S_h \tag{3-18}$$

式中：E 为流体微团的总能，J/kg，包含内能、动能和势能之和，$E = h - p/\rho + u^2/2$；P 为作用在系统上的外部压力，Pa；h 为焓，J/kg；h_j 为组分 j 的焓，J/kg；k_{eff} 为有效热传导系数，W/(m·k)，$k_{eff} = k_t + k$，k_t 为湍流热传导系数，根据所用的湍流模型来确定；J_j 为组分 j 的扩散通量；S_h 为包括了化学反应热的体积热源项。

（4）湍流模型

湍流是一种不规则、多尺度的流动现象。研究表明，空气在开放空间内流动大多属于湍流流动。本章节中，将空气视为不可压缩气体，且整个流场为恒温非定常流场。本章节采用的是 $K-\varepsilon$ 双方程模型，具体表达式如下：

K 方程：

$$\frac{\partial}{\partial t}(\rho\kappa) + \frac{\partial}{\partial x_j}(\rho\kappa v_i) = \frac{\partial}{\partial x_j}\left(\frac{\mu_e}{\delta_k}\frac{\partial_k}{\partial x_j}\right) + G_k - \rho\varepsilon \tag{3-19}$$

ε 方程：

$$\frac{\partial}{\partial t}(\rho\varepsilon) + \frac{\partial}{\partial x_j}(\rho\varepsilon v_i) = \frac{\partial}{\partial x_j}\left(\frac{\mu_e}{\delta_\varepsilon}\frac{\partial_\varepsilon}{\partial x_j}\right) + \frac{\varepsilon}{\kappa}(C_{1\sigma}G_\kappa - C_{2\varepsilon}\rho\varepsilon) \tag{3-20}$$

其中：$G_\kappa = \mu_t\left(\dfrac{\partial v_i}{\partial x_j} + \dfrac{\partial v_j}{\partial x_i}\right)\dfrac{\partial v_t}{\partial x_j}$

式中：κ 为湍动能，m²/s²；ε 为湍流耗散率，m²/s³；μ_t 为湍流黏度，m²/s；δ_κ 为湍动能普朗特数，反映湍动能扩散与动量扩散的比值，取值为 1.0；δ_ε 为耗散率普朗特数，反映耗散率扩散与动量扩散的比值，取值为 1.3；$C_{2\varepsilon}$ 为耗散率耗散项的系数，反映耗散率自身的衰减，取值为 1.92；$C_{1\varepsilon}$ 为耗散率产生项的系数，反映湍动能产生对耗散率的影响，取值为 1.44；G_κ 为平均速度梯度引起的湍动能 κ 的产生项，m²/s³。

2. 隧道模型的建立及求解

本书以西安市某大型地下综合空间建设工程中的一条暗挖支廊为主要研究对象，依据隧道实际尺寸，运用 ANSYS19.0 中的 Spaceclaim 进行建模，如图 3-41 所示。经实际检测，隧道左侧有持续进风，隧道右侧出风效果明显，因此假设隧道断面左侧为进风口，右侧为出风口。在 Workbench Meshing 中进行网格自动划分，采用的是六面体网格，网格数量为 135000 个，节点数为 143321 个，划分后的网格示意图如图 3-42 所示。经检查，数值模型的网格质量较高，如图 3-43 所示。

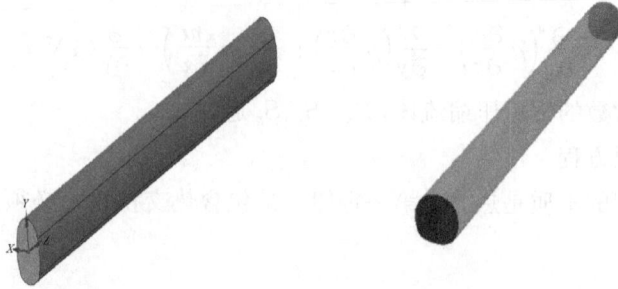

图 3-41　隧道几何模型示意图

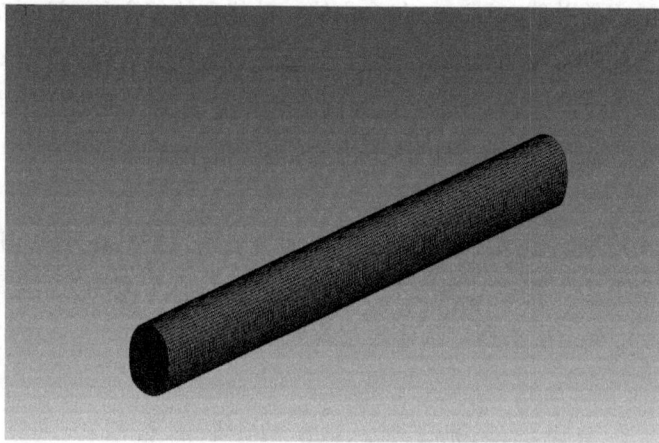

图 3-42　隧道网格划分图

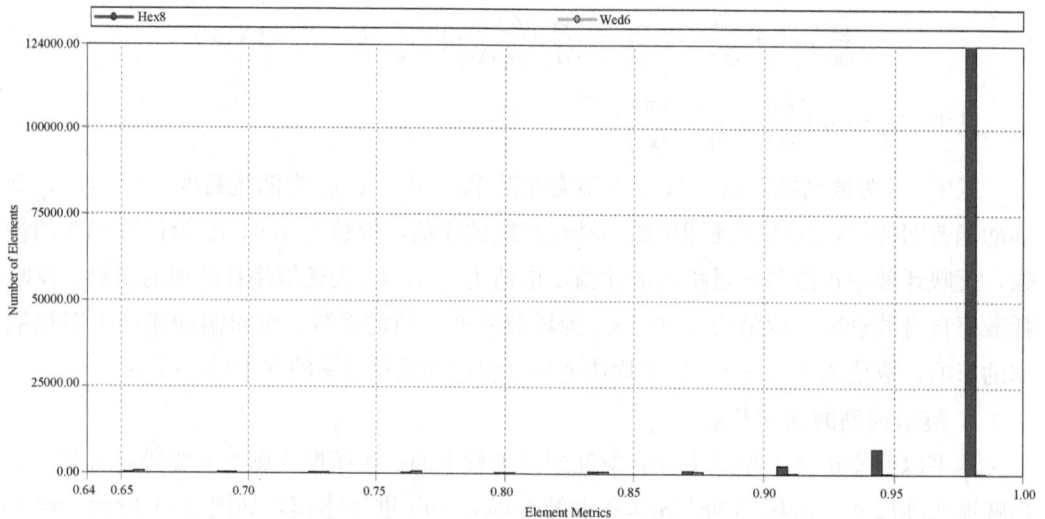

图 3-43　网格质量检查图

图 3-43 为评估网格正交性质量的表格，网格的正交性质量一般在 0～1 之间，越接近 1 表示质量越好，越接近 0 表示质量越差。如图 3-43 所示，网格最小正交性质量约为 0.65，最大正交性质量约为 0.99，其中，约有 124000 个网格集中在 0.98～0.99 范围内，占网格数量的 90% 以上，因此可以判断网格质量较高。

3. 数值模拟参数及边界条件设定（表 3-3 和表 3-4）

在数值模拟中，模拟参数以及边界条件的设定对模拟结果的准确性有着重要影响。表 3-3 为主要设定参数与边界条件。

计算模型以及相关参数设定表　　　　　　　　　　表 3-3

Model（计算模型）	Define（模型设定）
Solver（求解器）	Segregated（非耦合求解法）
Viscous Model（湍流模型）	K-ε 双方程模型
Discrete Phase Model（离相散模型）	On（开）
Number of Continuous Phase Iterations per DPM Iteration（相间耦合频率）	10
Max Number of Steps（计算步数）	10000
Length Scale（时间步长）	0.01
Drag Law（阻力特征）	Spherical（球形颗粒）
Inlet Boundary Type（入口边界类型）	Velocity-inlet（速度入口）
Inlet Velocity Magnitude（入口速度）	0.7m/s
Hydraulic Diameter（水力直径）	1.78
Turbulence Intensity（湍流强度）	5%
Outlet Boundary Type（出口边界类型）	Outflow（出流）

表 3-3 中，水力直径的计算公式为：

$$d_H = 4\frac{A}{S} \tag{3-21}$$

式中：S 为基础周长，m；A 为断面面积，m^2。

湍流强度的计算公式为：

$$I = 0.016(Re_H)^{-\frac{1}{8}} \tag{3-22}$$

式中：Re_H 为按水力直径计算的雷诺数。

粉尘源及求解参数设置　　　　　　　　　　表 3-4

Injection Type（喷射源类型）	Surface（面源）
Number of Particle Streams（颗粒流数量）	8000
Velocity（初始速度）	0m/s
Turbulent Dispersion（湍流扩散模型）	Discrete Random Walk Model（随机轨道模型）
Stop Time（停止时间）	2500s
Pressure-Velocity Coupling（压力-速度耦合方式）	Simple（Simple 算法）

Injection Type（喷射源类型）	Surface（面源）
Discretization Scheme（离散格式）	Second Order Upwind（二阶迎风）
Convergence Criterion（收敛标准）	10^{-3}

4. 隧道不同进深下粉尘运动的数值模拟分析

用 Fluent19.0 对二次衬砌时隧道内的流场分布情况进行模拟。在此基础上，进一步模拟并解算粉尘 $PM_{2.5}$ 浓度随隧道进深的变化情况。其中，x 代表隧道宽度方向，y 代表隧道高度方向，z 代表隧道进深方向，如图 3-44～图 3-46 所示。

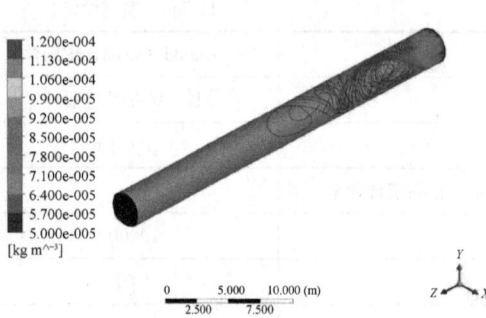

图 3-44　隧道内空气流线图

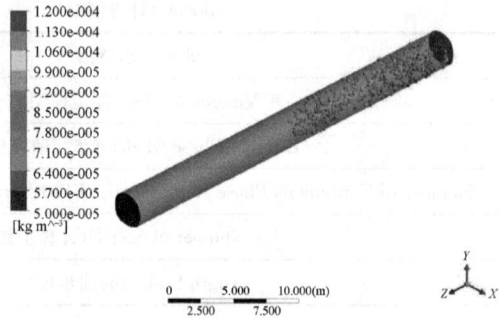

图 3-45　隧道内粉尘颗粒分布图

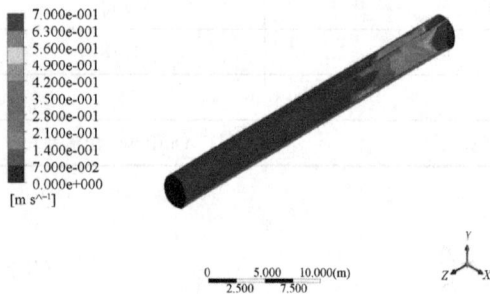

图 3-46　隧道内风速变化图

由图 3-44～图 3-46 可知，隧道内的风流从外侧进到隧道内时，隧道入口的风速最大。隧道内的空气流线沿着隧道内壁呈现"内螺旋"形状。随着隧道掘进深度的增加，隧道内的风速逐渐减小。当隧道进深到达一定程度时，隧道内风速稳定在 0.2m/s。粉尘浓度也随着隧道进深的增加呈现逐渐减少的趋势，浓度大多集中在 $60\sim80\mu g/m^3$ 的范围内，该结果与模拟数据基本一致。

5. 隧道不同进深下粉尘 $PM_{2.5}$ 浓度的分布情况

为了深入分析粉尘浓度随隧道进深的变化情况，分别选取隧道进深为 3m、6m、9m、12m 的粉尘浓度云图进行分析。

由图 3-47～图 3-50 可知，隧道不同进深下的粉尘浓度分布呈现以下特征：粉尘浓度随着隧道掘进深度的增加而不断地变化。粉尘浓度在 $64\sim80\mu g/m^3$ 范围内较为集中，而浓度为 $100\sim120\mu g/m^3$ 的粉尘则主要分布在隧道四周。随着隧道进深的增加，低浓度粉尘逐渐增多，且大多集中分布在隧道的中心区域，这可能是由于该区域内空气流动较快所致；而隧道四周的粉尘浓度变化相对不明显，这可能是因为风流对隧道四周的卷吸作用较弱所致。

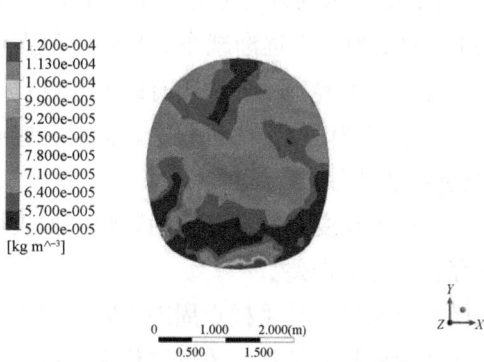

图 3-47 隧道进深 3m 时粉尘浓度云图

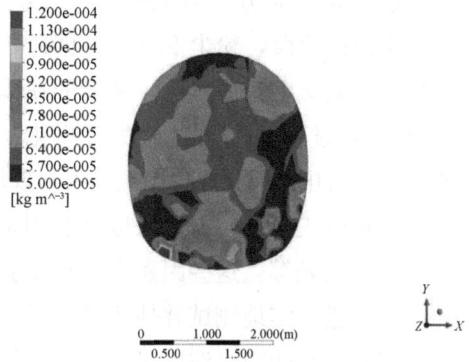

图 3-48 隧道进深 6m 时粉尘浓度云图

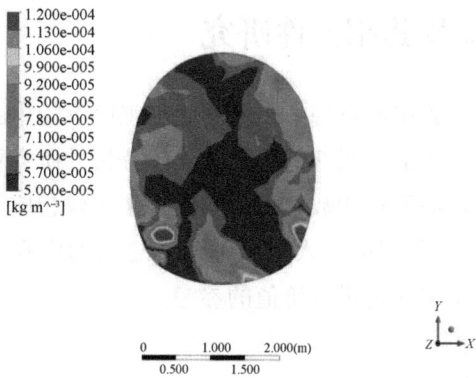

图 3-49 隧道进深 9m 时粉尘浓度云图

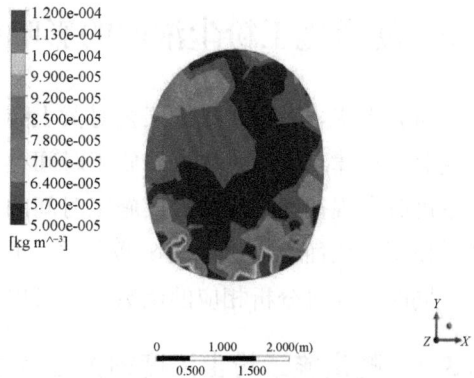

图 3-50 隧道进深 12m 时粉尘浓度云图

6. 实测数据与模拟结果对比分析

为了验证测试结果的准确性，用 Fluent 软件读取不同隧道进深下粉尘 $PM_{2.5}$ 的数值模拟结果，将其与实际测得的粉尘 $PM_{2.5}$ 的浓度值进行比较，实测结果与数值模拟结果对比情况如图 3-51 所示。

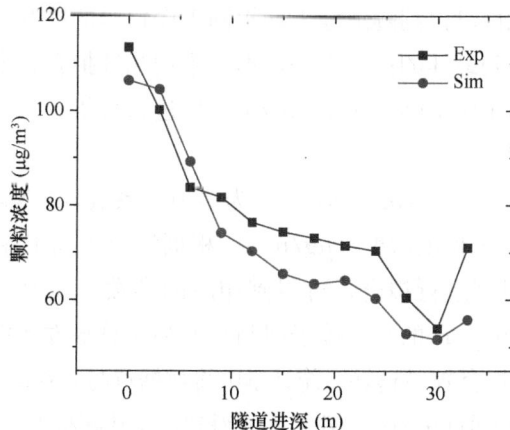

图 3-51 实测数据与模拟结果对比图

通过图 3-51 可知，数值模拟的结果与实测结果所揭示的规律基本一致：在隧道施工的二次衬砌阶段，粉尘 $PM_{2.5}$ 浓度随着隧道进深的增加呈现逐渐减小的趋势，但在隧道最里端会略微上升。然而，两者的粉尘浓度存在一定差异，主要原因有以下几点：

（1）数值模拟过程往往较为理想化。在建立数学模型以及求解过程中，会对一些必要条件进行简化，因此导致模拟结果与现场实测过程难以完全吻合。

（2）在施工现场对粉尘浓度进行测定时，不可避免地受到客观环境的影响，如人员干扰、仪器误差等，这些因素会导致试验数据存在一定的误差。

（3）在进行实地测试并使用粉尘采样仪采样时，采样的是采样点周围空间区域内的粉尘，因此测得的粉尘浓度是平均后的结果；而数值模拟时的粉尘浓度则代表其所处单元体积网格中心处的粉尘浓度，这两者在本质上存在差异，因此也会导致结果的不同。

3.3　隧道施工粉尘浓度的影响因素及其相关性研究

研究表明，在采用暗挖工艺对黄土隧道进行施工的过程中，不同施工工序下粉尘的浓度分布规律与隧道进深以及施工时间存在着一定的关联性。为了进一步分析并研究粉尘浓度分布规律与隧道进深及施工时间的关系，需要运用数学符号和语言来构建相应的数学模型，从而得出相应的函数关系。这有助于我们更深入地了解两者之间的内在联系，同时，通过分析相应的函数曲线可以为除尘工作提供有价值的参考。

3.3.1　隧道施工粉尘浓度的拟合数学模型

通过测定不同工序下隧道施工期粉尘浓度值，可得到一组离散数据 $(x_i，y_i)$。假设在一定的误差范围内，存在某一函数 $f(x)$，使得测试得到的数据逼近这个函数（即经过测试得到的点可以不在该曲线上，但在某种程度上能够最优地逼近这个函数），那么当这个函数 $f(x)$ 的效果可以达到最好时，即被称为最优拟合函数。这种拟合思想也被称为最小二乘法拟合。因此，根据所测得不同工序下隧道粉尘浓度与隧道进深以及施工时间的实际数据，就可以得到隧道施工期不同工序粉尘的浓度与隧道进深以及施工时间的函数关系。为了达到最佳的拟合效果，本章采用线性拟合、多项式拟合及指数拟合三种数学模型，对不同工序下隧道施工期粉尘浓度进行分析。

（1）线性拟合模型

设所拟合的函数为 $f(x)=ax+b$，a、b 为多项式系数，x 为隧道进深（m）或者施工时间（min/h），$f(x)$ 为粉尘浓度（$\mu g/m^3$）。根据测得不同工序下粉尘浓度的实测数据，运用 Origin 软件对其进行拟合，可得到相应的参数。其中，R 为相关系数，即度量拟合优良程度的统计量。R 的平方等于回归平方和在总平方和里面所占的比率，R 的平方越接近于 1，说明拟合效果越好。统计学中将数据点与其在回归直线上相应的位置差异称为残差，残差平方和通过相加每个残差平方得到，反映随机误差的效应。Pearson's r 为 Pearson chi-square，用来检验实测值与理论值之间的偏离程度。

（2）多项式拟合模型

对于给定的数据点 (x_i, y_i)，$1 \leqslant i \leqslant N$，可用 n 阶多项式进行拟合，即 $f(x) = a_0 + a_1 x + a_2 x^2 + \cdots = \sum_{k=0}^{n} a_k x^k$。为了使拟合曲线能够最优地反映数据变化趋势，要求数据点上的残差 $|\delta_i| = |f(x_i) - y_i|$ 都较小。为了满足上述目标，可令偏差的平方和最小，即 $\sum_{i=1}^{N} (\delta_i)^2 = \sum_{i=1}^{N} [f(x_i) - y_i]^2 = \min$，称这种方法为最小二乘原则。利用这种方法确定拟合多项式的方法被称为多项式拟合法。

（3）指数拟合模型

指数函数的标准形式为 $y = a e^{bx}$，对上式两边取自然对数得 $\ln Y = \ln a + bx$，当 $b > 0$ 时，y 与 x 成正比；$b < 0$ 时，y 与 x 成反比。本章节经过分析验证，选用 $Y = y_0 + A_1 \times \exp[-(x - x_0)/t_1] + A_2 \times \exp[-(x - x_0)/t_2] + A_3 \times \exp[-(x - x_0)/t_3]$ 和 $Y = \exp(a + b \times x + c \times x^2)$ 两种指数函数进行拟合，可以达到较好的效果。

3.3.2 不同工序下粉尘浓度与隧道进深的相关性分析

1. 掌子面开挖时粉尘浓度与隧道进深的相关性分析

由图 3-52～图 3-54 及表 3-6 和表 3-7 可知，在线性拟合模型中，粉尘浓度与隧道进深的相关系数大小为 $PM_{10} > TSP > PM_1 > PM_{2.5} > PM_4$；在多项式拟合模型中，粉尘浓度与隧道进深的拟合效果极好，相关系数均在 0.9 以上，粉尘浓度的相关系数大小依次为 $PM_{2.5} > PM_4 > TSP > PM_{10} > PM_1$；在指数拟合模型中，粉尘浓度的相关系数大小依次为 $TSP > PM_{10} > PM_1 > PM_{2.5} > PM_4$。此外，为了得到最优的拟合模型，采用贝叶斯信息准则对拟合模型进行比较，BIC 值越小，模型越优，比较结果见表 3-8。

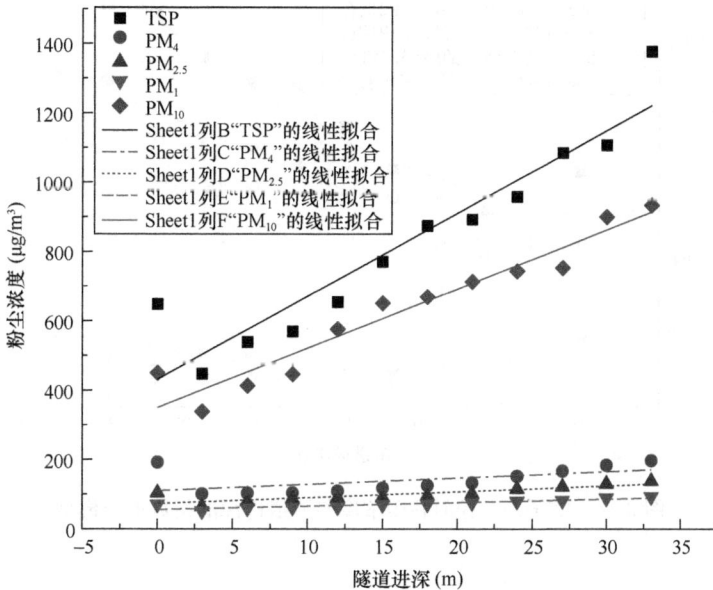

图 3-52 掌子面开挖时粉尘浓度与隧道进深的线性拟合模型

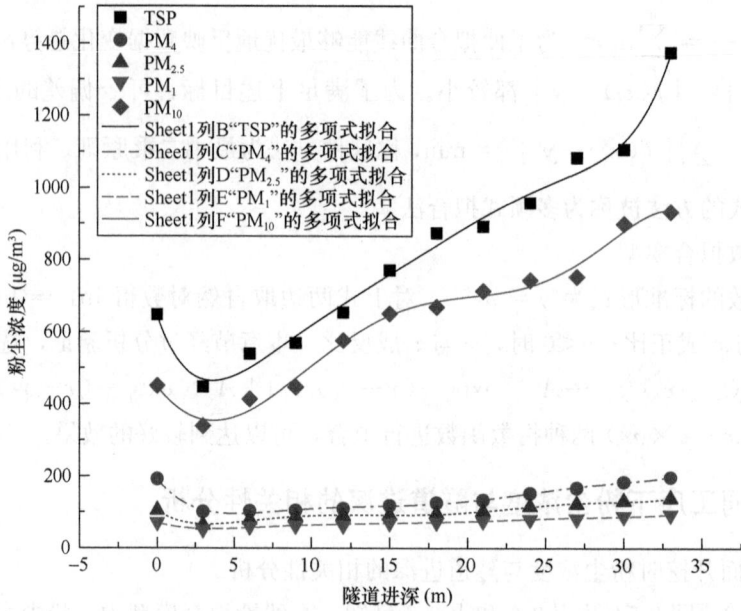

图 3-53　掌子面开挖时粉尘浓度与隧道进深的多项式拟合模型

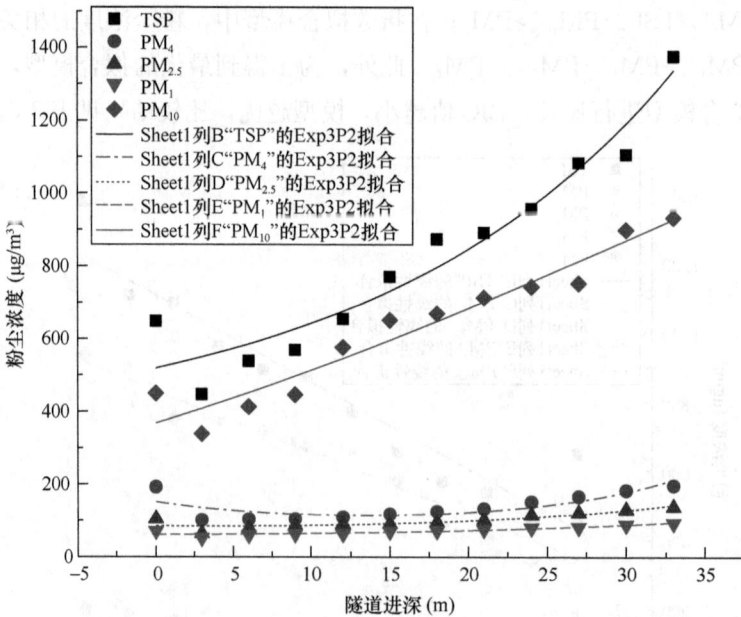

图 3-54　掌子面开挖时粉尘浓度与隧道进深的指数拟合模型

掌子面开挖时粉尘浓度与隧道进深线性拟合表 　　　表 3-5

方程	$Y=a+b\times x$				
参数名称	PM$_{2.5}$	PM$_{10}$	PM$_1$	PM$_4$	TSP
截距	73.3 ± 6.7	350.8 ± 28.1	55.9 ± 3.2	111.4 ± 17.5	431.6 ± 52.1
斜率	$1.7\pm0.000.3$	17.1 ± 1.4	$1.0\pm0.000.2$	$1.8\pm0.000.9$	23.9 ± 2.7
残差平方和	1527	26716	341	10399	92022
Pearson's r	0.84017	0.96617	0.89107	0.54007	0.94286
R 平方（COD）	0.7058	0.93348	0.794	0.29167	0.88899
调整后的 R 平方	0.67647	0.92683	0.7734	0.22084	0.87789

掌子面开挖时粉尘浓度与隧道进深多项式拟合表 　　　表 3-6

方程	$Y=B_1\times x^1+B_2\times x^2+B_3\times x^3+B_4\times x^4+B_5\times x^5+B_6\times x^6+K$				
参数名称	PM$_{2.5}$	PM$_{10}$	PM$_1$	PM$_4$	TSP
截距 K	103.7 ± 2.6	446.9 ± 28.8	70.3 ± 2.6	191.3 ± 4.6	643.9 ± 39.1
B_1	-28.5 ± 2.8	-53 ± 31.2	-11.6 ± 2.9	-52.3 ± 5	-122.8 ± 42.5
B_2	7.3 ± 0.8	7.9 ± 9.7	2.7 ± 0.8	10.4 ± 1.6	28.1 ± 13.2
B_3	-0.7 ± 0.1	-0.004 ± 1.2	-0.26 ± 0.2	-0.94 ± 0.2	-2.6 ± 1.6
B_4	0.03 ± 0.006	-0.03 ± 0.07	0.01 ± 0.006	0.04 ± 0.01	0.13 ± 0.09
B_5	-9.3 ± 1.6	0.001 ± 0.0018	-2.9 ± 1.6	-9.9 ± 2.9	-0.003 ± 0.002
B_6	8.6 ± 1.6	-1.7 ± 1.8	2.7 ± 1.7	8.7 ± 2.9	3.17 ± 2.5
残差平方和	34	4178	35	107	7742
R 平方（COD）	0.99341	0.9896	0.97862	0.99268	0.99066
调整后的 R 平方	0.9855	0.97711	0.95296	0.9839	0.97945

掌子面开挖时粉尘浓度与隧道进深指数拟合表 　　　表 3-7

方程	$Y=\exp(a+b\times x+c\times x^2)$				
参数名称	PM$_{2.5}$	PM$_{10}$	PM$_1$	PM$_4$	TSP
a	$4.4.\pm0.085$	5.9 ± 0.09	4.1 ± 0.06	5.02 ± 0.11	6.2 ± 0.095
b	-0.004 ± 0.011	0.03 ± 0.01	0.002 ± 0.007	-0.04 ± 0.01	0.017 ± 0.01
c	6.1 ± 3	-2.2 ± 2.7	3.5 ± 2.1	0.002 ± 4.4	3.2 ± 2.82
Reduced Chi-Sqr	100	2769	25.2	472	5531
R 平方（COD）	0.82681	0.93795	0.86282	0.71059	0.93995
调整后的 R 平方	0.78832	0.92417	0.83233	0.64628	0.9266

最优拟合模型分析表 　　　表 3-8

模型	RSS	N	Params	BIC	BIC 差异
线性拟合模型	26716.51857	12	2	95.95229	9.83808
多项式拟合模型	4178.96938	12	7	90.11421	0
指数拟合模型	24921.00922	12	3	101.90234	11.488

　　通过比较三种拟合方案，可知在掌子面开挖阶段，多项式拟合模型最优，其次是线性拟合模型，最后是指数拟合模型。因此，在一定的范围内，采用多项式拟合模型来描述粉尘浓度与隧道进深的函数关系更加恰当。由此可知，粉尘浓度的变化与隧道进深并非呈现单一的线性关系，而是受到多种因素影响的，例如施工周围环境、操作工艺与施工方法等因素。

2. 初期支护时粉尘浓度与隧道进深的相关性分析

由图 3-55～图 3-57 及表 3-9～表 3-11 可知，在初期支护阶段的线性拟合模型中，粉尘浓度与隧道进深的相关系数大小为 $PM_{2.5}>PM_{10}>TSP>PM_4>PM_1$；在多项式拟合模型中，粉尘浓度与隧道进深的拟合效果极好，相关系数均在 0.9 以上，粉尘浓度的相关系数大小依次为 $PM_4>PM_{10}>PM_1>PM_{2.5}>TSP$；在指数拟合模型中，粉尘浓度的相关系数大小依次为 $PM_{2.5}>PM_4>TSP>PM_{10}>PM_1$。在此阶段，依据贝叶斯信息准则对拟合模型进行比较的结果见表 3-12。

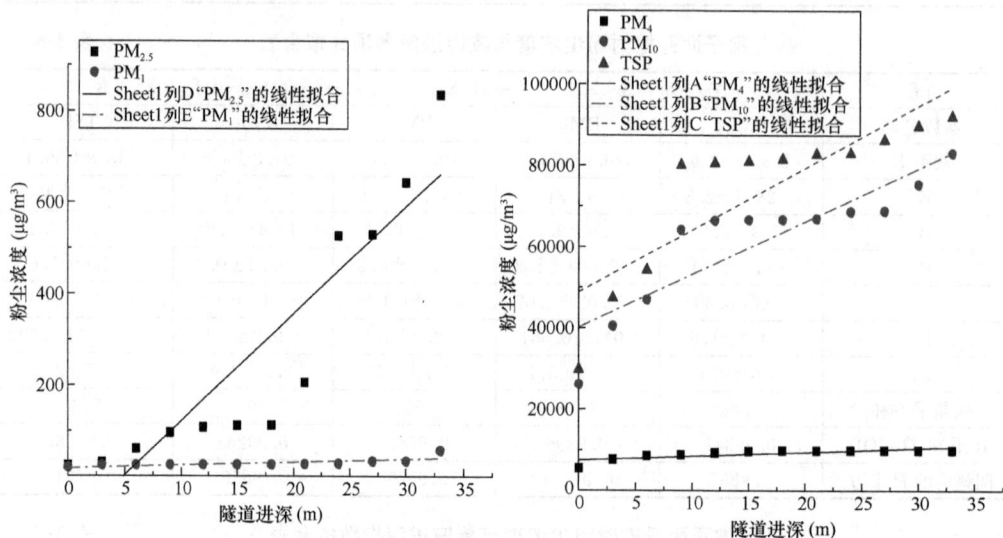

图 3-55　初期支护时粉尘浓度与隧道进深的线性拟合模型

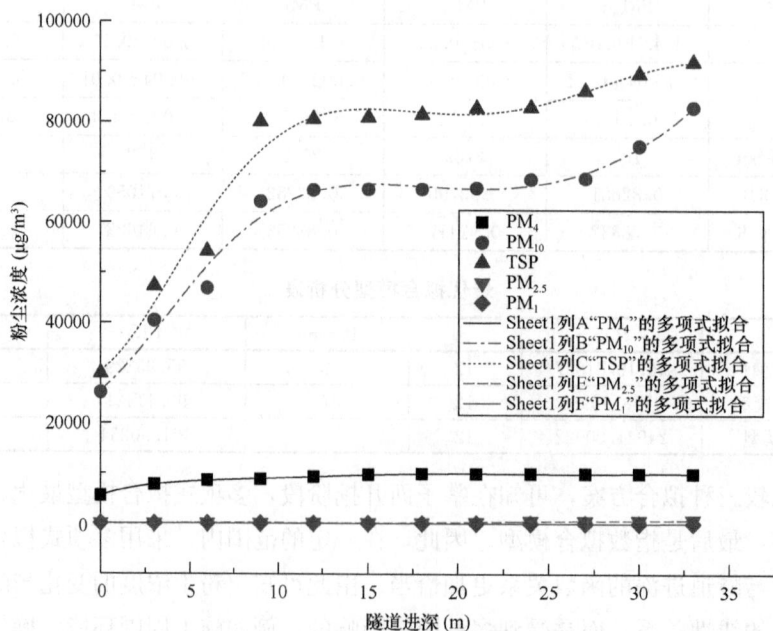

图 3-56　初期支护时粉尘浓度与隧道进深的多项式拟合模型

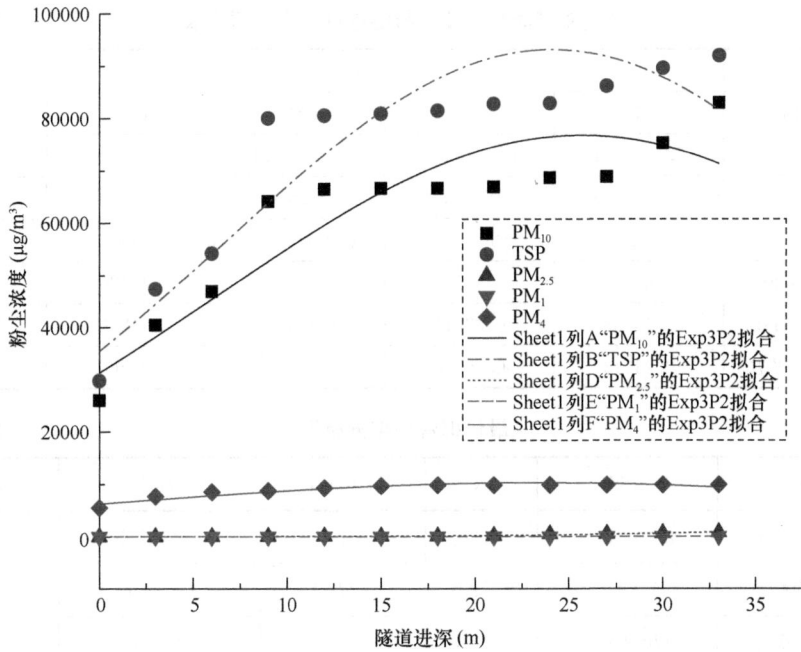

图 3-57 初期支护时粉尘浓度与隧道进深的指数拟合模型

初期支护时粉尘浓度与隧道进深的线性拟合表 表 3-9

方程	$Y=a+b\times x$				
参数名称	$PM_{2.5}$	PM_{10}	PM_1	PM_4	TSP
截距	-113.8 ± 67.2	40186.6 ± 4198	$18.6.\pm3.5$	7443.7 ± 442	431.6 ± 52.1
斜率	23.5 ± 3.4	1302.1 ± 215.5	0.7 ± 0.2	98.9 ± 22.7	23.9 ± 2.7
残差平方和	153082	5.98	420	6.62	1.11
Pearson's r	0.90701	0.88598	0.75816	0.80966	0.85428
R 平方（COD）	0.82267	0.78496	0.5748	0.65556	0.7298
调整后的 R 平方	0.80494	0.76346	0.53228	0.62111	0.70278

初期支护时粉尘浓度与隧道进深多项式拟合表 表 3-10

方程	$Y=B_1\times x^1+B_2\times x^2+B_3\times x^3+B_4\times x^4+B_5\times x^5+B_6\times x^6+K$				
参数名称	$PM_{2.5}$	PM_{10}	PM_1	PM_4	TSP
截距 K	30.8 ± 59.4	26527.4 ± 2772	20.5 ± 1.9	5526.6 ± 81.7	30489.7 ± 4432
B_1	-68.3 ± 64.5	2733.3 ± 3010	0.8 ± 2	1174.7 ± 88.7	2168.6 ± 4813.5
B_2	30.4 ± 20.1	602.9 ± 937.5	0.2 ± 0.6	194.8 ± 27.6	1139.8 ± 1498.7
B_3	-4.2 ± 2.4	-82.5 ± 114	-0.06 ± 0.08	18.1 ± 3.37	-143.6 ± 182.9
B_4	0.25 ± 0.14	3.9 ± 6.5	0.005 ± 0.004	-0.87 ± 0.19	6.78 ± 10.39
B_5	-0.006 ± 0.003	-0.08 ± 0.17	-1.5 ± 1.56	0.02 ± 0.0051	-0.14 ± 0.27
B_6	6.9 ± 3.7	6.68 ± 0.0017	1.8 ± 1.2	-1.91 ± 5.13	0.001 ± 0.003
残差平方和	17804	3.88	17.3	33700	9.92
R 平方（COD）	0.97938	0.98603	0.98249	0.99825	0.97585
调整后的 R 平方	0.95463	0.96927	0.96148	0.99615	0.94688

初期支护时粉尘浓度与隧道进深指数拟合表　　　　　　　　表 3-11

方程	$Y = \exp(a + b \times x + c \times x^2)$				
参数名称	PM$_{2.5}$	PM$_{10}$	PM$_1$	PM$_4$	TSP
a	$2.1. \pm 1.1$	10.5 ± 0.12	3.2 ± 0.13	8.7 ± 0.05	10.6 ± 0.12
b	0.2 ± 0.09	0.05 ± 0.01	-0.02 ± 0.02	0.04 ± 0.006	0.06 ± 0.014
c	-0.002 ± 0.001	-8.6 ± 3.7	0.001 ± 4.34	-7.8 ± 1.6	-8.6 ± 3.7
Reduced-Chi-Sqr	3991	5.1	18.9	248120	6.64
R 平方（COD）	0.95838	0.83611	0.82741	0.89329	0.85461
调整后的 R 平方	0.94913	0.79968	0.78906	0.86958	0.8223

最优拟合模型分析表　　　　　　　　表 3-12

模型	RSS	N	Params	BIC	BIC 差异
线性拟合模型	420.021436	12	2	50.11951	8.33461
多项式拟合模型	17.29387	12	7	24.2646	0
指数拟合模型	170.49052	12	3	41.7849	0

　　通过对三种拟合方案进行比较，可知在初期支护阶段，污染物浓度与隧道进深关系的多项式拟合模型的效果最优，其次是指数拟合模型，最后是线性拟合模型。即在一定区域内，初期支护阶段的粉尘浓度与隧道进深之间的关系更适合用多项式函数来表示。

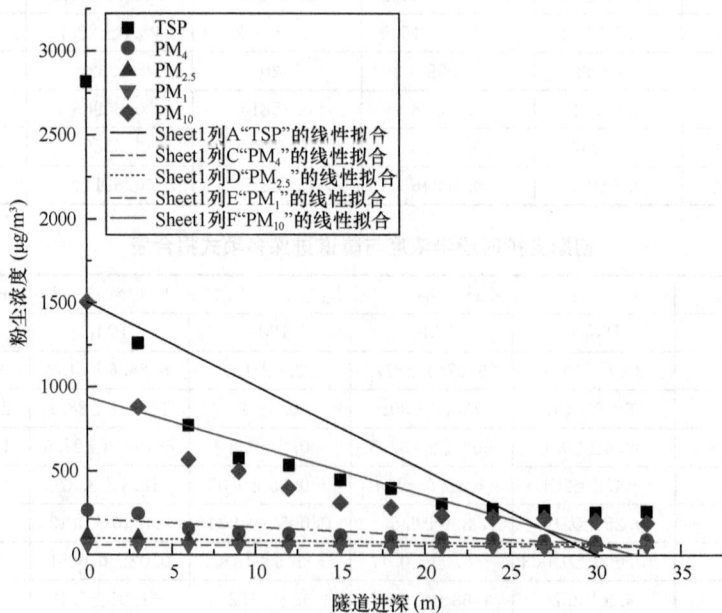

图 3-58　二次衬砌时粉尘浓度与隧道进深的线性拟合模型

3. 二次衬砌时粉尘浓度与隧道进深的相关性分析

二次衬砌时粉尘浓度与隧道进深线性拟合表　　表 3-13

方程	$Y = a + b \times x$				
参数名称	PM$_{2.5}$	PM$_{10}$	PM$_1$	PM$_4$	TSP
截距	99±4.5	938.5±128.5	58.6.±2.1	212.7±18.06	1507.2±281
斜率	−1.3±0.2	−29.06±6.6	−0.28±0.1	−4.86±0.9	−50.2±14.4
残差平方和	680.1	560190	153	11068	2.68
Pearson's r	−0.87305	−0.8124	−0.63737	−0.85626	−0.73958
R 平方（COD）	0.76222	0.66	0.40622	0.73118	0.54697
调整后的 R 平方	0.73844	0.626	0.34685	0.7065	0.50167

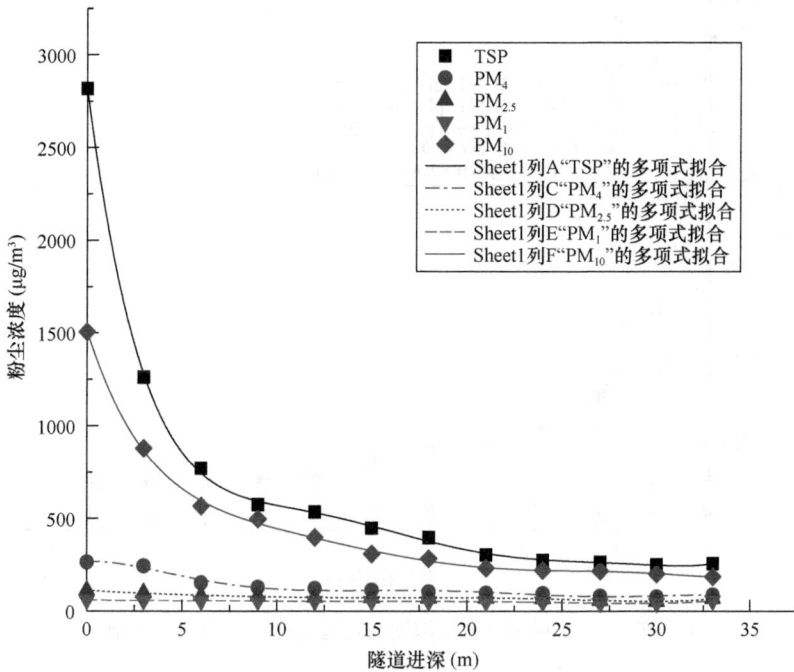

图 3-59　二次衬砌时粉尘浓度与隧道进深的多项式拟合模型

二次衬砌时粉尘浓度与隧道进深多项式拟合表　　表 3-14

方程	$Y = B_1 \times x^1 + B_2 \times x^2 + B_3 \times x^3 + B_4 \times x^4 + B_5 \times x^5 + B_6 \times x^6 + K$				
参数名称	PM$_{2.5}$	PM$_{10}$	PM$_1$	PM$_4$	TSP
截距 K	113.9±2.5	1508.6±20.4	60.7±0.95	268±11.7	2813±19.5
B_1	−7.1±2.7	−315.7±22.1	−1.7±1.03	4.5±12.7	−786±21.25
B_2	0.82±0.83	42.3±6.89	0.41±0.32	−7.8±3.9	114±6.6
B_3	−0.09±0.1	−3.19±0.84	−0.06±0.03	1.02±0.5	−8.6±0.8

续表

方程	$Y = B_1 \times x^1 + B_2 \times x^2 + B_3 \times x^3 + B_4 \times x^4 + B_5 \times x^5 + B_6 \times x^6 + K$				
参数名称	PM$_{2.5}$	PM$_{10}$	PM$_1$	PM$_4$	TSP
B_4	0.006±0.001	0.13±0.05	0.004±0.002	−0.055±0.02	0.34±0.04
B_5	−2.1±1.5	−0.0027±0.0012	−1.4±5.9	0.001±7.33	−0.006±0.001
B_6	2.6±1.5	2.2±1.3	1.7±5.9	−1.25±7.38	5.6±1.2
残差平方和	30.8	2103.3	4.59186	696.1	1935.6
R 平方（COD）	0.98923	0.99872	0.98225	0.98322	0.99967
调整后的 R 平方	0.97631	0.99719	0.96096	0.96308	0.99928

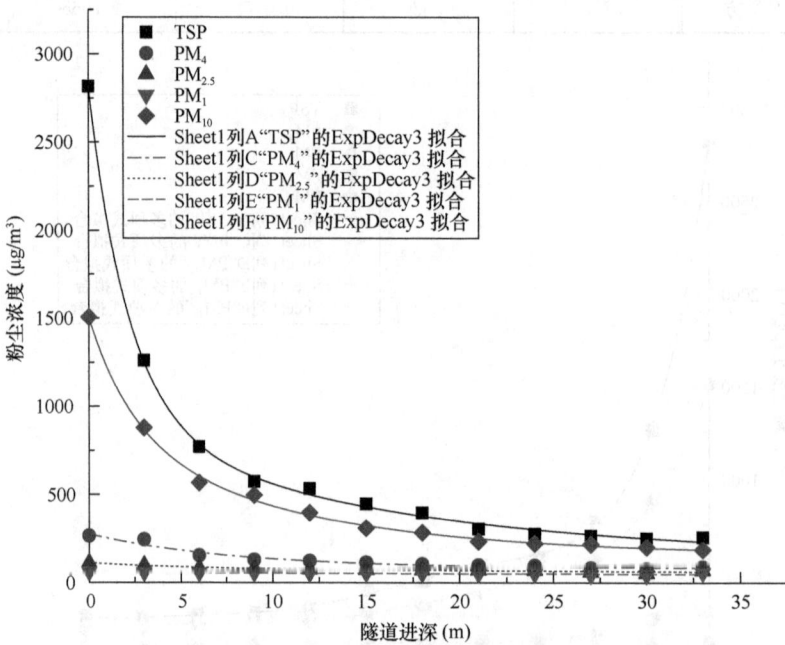

图 3-60　二次衬砌时粉尘浓度与隧道进深的指数拟合模型

二次衬砌时粉尘浓度与隧道进深指数拟合表　　　　　表 3-15

方程	$Y = y_0 + A_1 \times \exp[-(x-x_0)/t_1] + A_2 \times \exp[-(x-x_0)/t_2] + A_3 \times \exp[-(x-x_0)/t_3]$				
参数名称	PM$_{2.5}$	PM$_{10}$	PM$_1$	PM$_4$	TSP
y_0	52.5±1509.6	160.1±227.3	49.3±39	82.8±29.9	152.7±179.6
x_0	0.66±4.2	0.13±2.1	2.4±2.7	0.16	0.06±1.39
A_1	19.7±2.12	593±5.3	3.4±1.6	63.4±4.86	1014
t_1	3.9±47.1	2.3±3.03	14.2±1.9	7.75	2.1±14326
A_2	17.7±1.38	332.6±4.4	2.68	63.4±8	824
t_2	24.9±414311	10±168060	14.2±3.5	7.75	2.15±17625

方程	$Y = y_0 + A_1 \times \exp[-(x - x_0)/t_1] + A_2 \times \exp[-(x - x_0)/t_2] + A_3 \times \exp[-(x - x_0)/t_3]$				
参数名称	$PM_{2.5}$	PM_{10}	PM_1	PM_4	TSP
A_3	19.3	376	3.5±1.14	62.4±1.04	774±7.4
t_3	24.7±374057	10±148557	14.2±1.8	7.75	14.5±16.5
Reduced-Chi-Sqr	59.85	821	34	443	1257
R平方（COD）	0.91629	0.998	0.46677	0.95725	0.99915
调整后的R平方	0.76981	0.99451	0.46638	0.88243	0.99766

由图 3-58～图 3-60 及表 3-13～表 3-15 可知在二次衬砌阶段的线性拟合模型中，粉尘浓度与隧道进深的相关性大小为 $PM_{2.5} > PM_4 > PM_{10} > TSP > PM_1$；在多项式拟合模型中，粉尘浓度与隧道进深的拟合效果极好，相关系数均在 0.9 以上，粉尘浓度的相关系数大小依次为 $TSP > PM_{10} > PM_{2.5} > PM_4 > PM_1$；在指数拟合模型中，粉尘浓度的相关系数大小依次为 $TSP > PM_{10} > PM_4 > PM_{2.5} > PM_1$。在此阶段，依据贝叶斯信息准则对拟合模型进行比较的结果见表 3-16。

最优拟合模型分析表 表 3-16

模型	RSS	N	Params	BIC	BIC 差异
线性拟合模型	560190.64555	12	2	136.46823	54.59258
多项式拟合模型	2103.3207	12	7	81.87565	0
指数拟合模型	3287.32239	12	8	89.71922	7.84358

通过对三种拟合方案进行比较，可知在二次衬砌阶段，污染物浓度与隧道进深的多项式拟合模型的效果最优，其次是指数拟合模型，最后是线性拟合模型。即在一定区域内，初期支护阶段的粉尘浓度与隧道进深之间的关系更适合用多项式函数来表示。

3.3.3 施工时间与粉尘浓度的相关性分析

1. 掌子面开挖时施工时间与粉尘浓度的相关性分析

掌子面开挖时施工时间与粉尘浓度的线性拟合表 表 3-17

方程	$Y = a + b \times x$				
参数名称	$PM_{2.5}$	PM_{10}	PM_1	PM_4	TSP
截距	23.8±33.7	56.9±51.4	35.5±1.2	15.1±45.1	431.1±79.6
斜率	5.7±0.9	12.3±1.4	0.28±0.03	8.5±1.3	20.1±2.2
残差平方和	12263	28550	16.7	21928	68329
Pearson's r	0.93893	0.96796	0.96586	0.94967	0.97316
R平方(COD)	0.88159	0.93694	0.93289	0.90187	0.94703
调整后的R平方	0.85791	0.92433	0.91947	0.88225	0.93644

掌子面开挖时施工时间与粉尘浓度的多项式拟合表　　　　　　表 3-18

方程	$Y=B_1\times x^1+B_2\times x^2+B_3\times x^3+B_4\times x^4+B_5\times x^5+K$				
参数名称	$PM_{2.5}$	PM_{10}	PM_1	PM_4	TSP
截距 K	74 ± 29.9	122.3 ± 9.3	35.7 ± 0.3	92.7 ± 10.5	393 ± 67
B_1	10.8 ± 15.6	-34 ± 4.8	0.73 ± 0.16	14.7 ± 5.5	37 ± 35
B_2	-1.3 ± 1.9	6.3 ± 0.6	-0.065 ± 0.019	-2.4 ± 0.7	0.93 ± 4.5
B_3	0.05 ± 0.09	-0.3 ± 0.02	0.003 ± 9.1	0.13 ± 0.03	-0.14 ± 0.2
B_4	0.03 ± 0.006	0.006 ± 5.37	-7.2 ± 1.7	-0.003 ± 6.04	0.0042 ± 0.004
B_5	-9.3 ± 1.6	-4.35 ± 3	5.4 ± 1.14	1.79 ± 4	-3.43 ± 2.5
残差平方和	34	87.35	0.08962	110	4502
R 平方（COD）	0.99341	0.99981	0.99964	0.99951	0.99651
调整后的 R 平方	0.94807	0.99884	0.99784	0.99704	0.97906

掌子面开挖时施工时间与粉尘浓度的指数拟合表　　　　　　表 3-19

方程	$Y=\exp(a+b\times x+c\times x^2)$				
参数名称	$PM_{2.5}$	PM_{10}	PM_1	PM_4	TSP
a	3.8 ± 0.5	4.8 ± 0.3	3.6 ± 0.04	4.3 ± 0.3	6.2 ± 0.19
b	0.05 ± 0.02	0.04 ± 0.02	0.005 ± 0.003	0.04 ± 0.01	0.03 ± 0.011
c	-2.5 ± 3	-1.98 ± 2	3.12 ± 4.4	-2.5 ± 1.6	-9.7 ± 1.4
Reduced-Chi-Sqr	1455	3778	3.14338	876	16151
R 平方（COD）	0.94379	0.96662	0.94957	0.9843	0.94992
调整后的 R 平方	0.91568	0.92922	0.92435	0.97646	0.92488

由图 3-61～图 3-63 及表 3-17～表 3-19 可知，在掌子面开挖阶段的线性拟合模型

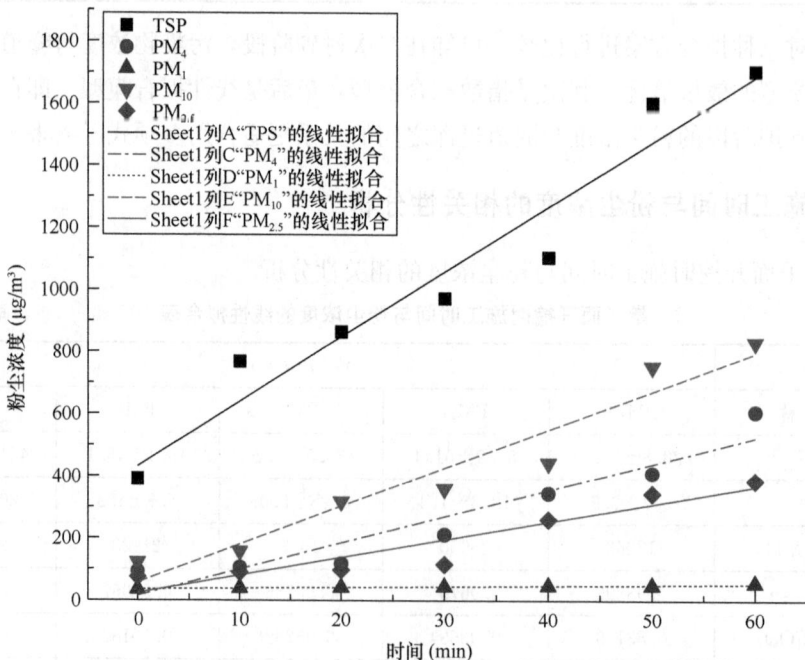

图 3-61　掌子面开挖时施工时间与粉尘浓度的线性拟合模型

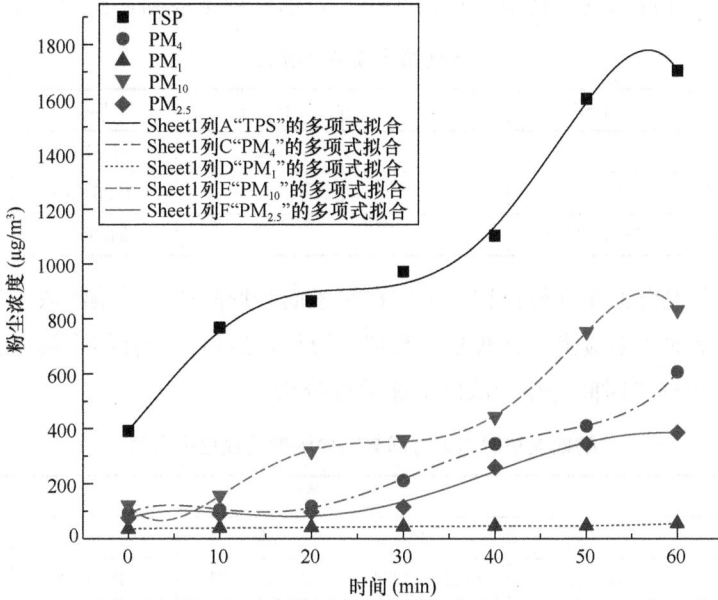

图 3-62 掌子面开挖时施工时间与粉尘浓度的多项式拟合模型

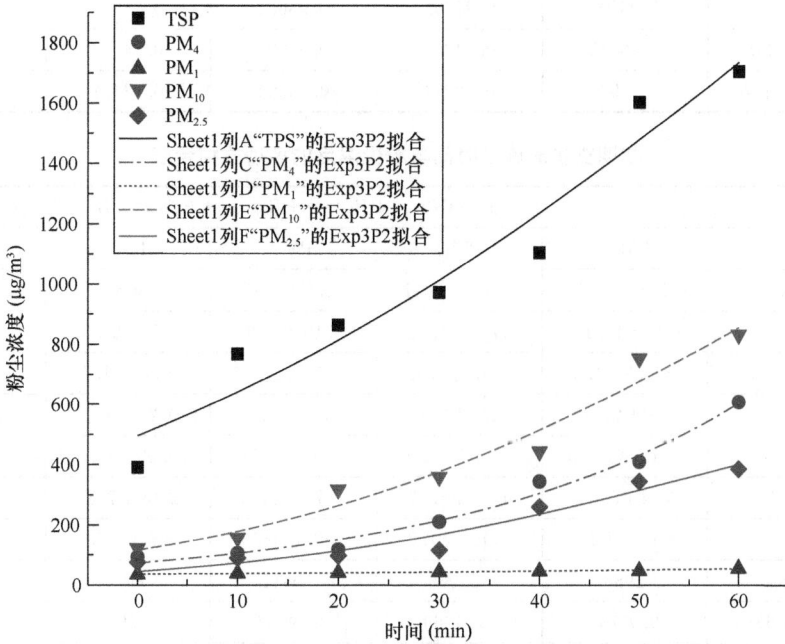

图 3-63 掌子面开挖时施工时间与粉尘浓度的指数拟合模型

中，粉尘浓度与施工时间的相关系数大小为 $TSP > PM_{10} > PM_1 > PM_4 > PM_{2.5}$；在多项式拟合模型中，粉尘浓度与施工时间的拟合效果极好，粉尘浓度的相关系数大小依次为 $PM_{10} > PM_1 > PM_4 > TSP > PM_{2.5}$；在指数拟合模型中，粉尘浓度的相关系数大小依次为 $PM_4 > PM_{10} > TSP > PM_1 > PM_{2.5}$。此外，为了得到最优的拟合模型，用贝叶斯信息准则对拟合模型进行比较，其中 BIC 值越小，表示模型越准确，比较结果见表 3-20。

最优拟合模型分析表 表 3-20

模型	RSS	N	Params	BIC	BIC 差异
线性拟合模型	12263.18821	7	2	58.11686	3.26916
多项式拟合模型	896.4091	7	6	47.58878	0
指数拟合模型	5821.69629	7	3	54.8477	7.25892

通过对三种拟合方案进行比较，可知在掌子面开挖阶段，污染物浓度与施工时间的多项式拟合模型的效果最优，其次是指数拟合模型，最后是线性拟合模型。

2. 初期支护施工时间与粉尘浓度的相关性分析

初期支护时施工时间与粉尘浓度的线性拟合表 表 3-21

方程	$Y=a+b\times x$				
参数名称	PM$_{2.5}$	PM$_{10}$	PM$_1$	PM$_4$	TSP
截距	141.7±21	51610±2193	23.3±0.31	6665±346	64104±1454
斜率	4±0.29	188±30	0.07±0.004	30±4.85	199±20
残差平方和	8425	8.92	1.81	2.22	3.92
Pearson's r	0.98207	0.91795	0.98632	0.91979	0.96556
R 平方(COD)	0.96445	0.84262	0.97282	0.84602	0.9323
调整后的 R 平方	0.95937	0.82014	0.96894	0.82402	0.92262

初期支护时施工时间与粉尘浓度的多项式拟合表 表 3-22

方程	$Y=B_1\times x^1+B_2\times x^2+B_3\times x^3+B_4\times x^4+B_5\times x^5+B_6\times x^6+K$				
参数名称	PM$_{2.5}$	PM$_{10}$	PM$_1$	PM$_4$	TSP
截距 K	106±38.6	50525±5027	23.9±0.17	5530±59	65443±965
B_1	12±14.1	1700±1842	0.15±0.06	250±21.9	368±353
B_2	−0.5±1.3	−136±166	−0.014±0.005	−10±1.9	−31.1±32
B_3	0.014±0.04	4.4±5.7	5.65±1.9	0.24±0.07	1.17±1.09
B_4	−1.69±6.8	−0.06±0.08	−9.7±3.1	−0.003±0.001	−0.017±0.017
B_5	8.4±5.04	4.36±6.57	−7.4±2.3	2.05±7.83	1.103±1.26
B_6	−1.25±1.3	−1.1±1.8	−2.1±6.3	−5.6±2.2	−2.42±3.5
残差平方和	2988	5.06	0.0611	7197	1.86
R 平方(COD)	0.98739	0.91069	0.99908	0.9995	0.99678
调整后的 R 平方	0.94956	0.64275	0.99634	0.99801	0.98712

初期支护时施工时间与粉尘浓度的指数拟合表 表 3-23

方程	$Y=\exp(a+b\times x+c\times x^2)$				
参数名称	PM$_{2.5}$	PM$_{10}$	PM$_1$	PM$_4$	TSP
a	4.8±0.22	10.8±0.06	3.16±0.009	8.7±0.06	11±0.03
b	0.03±0.006	0.003±0.002	0.001±3.5	0.008±0.002	0.002±0.001

方程	$Y=\exp(a+b\times x+c\times x^2)$				
参数名称	PM$_{2.5}$	PM$_{10}$	PM$_1$	PM$_4$	TSP
c	-1.23 ± 3.8	-5.1 ± 1.5	7.3 ± 2.6	-2.9 ± 1.68	3.5 ± 7.9
Reduced-Chi-Sqr	2218	1.47	0.08569	271616	5.6
R平方(COD)	0.94384	0.84366	0.99229	0.88718	0.9417
调整后的R平方	0.92511	0.79155	0.98972	0.84957	0.92226

由图 3-64～图 3-66 及表 3-21～表 3-23 可知，在初期支护阶段的线性拟合模型中，粉尘浓度与施工时间的相关系数大小为 PM$_1$＞PM$_{2.5}$＞TSP＞PM$_4$＞PM$_{10}$；在多项式拟合模型中，粉尘浓度与施工时间的拟合效果极好，粉尘浓度的相关系数大小依次为 PM$_4$＞PM$_1$＞TSP＞PM$_{2.5}$＞PM$_{10}$；在指数拟合模型中，粉尘浓度的相关系数大小依次为 PM$_1$＞PM$_{2.5}$＞TSP＞PM$_4$＞PM$_{10}$。此外，为了得到最优的拟合模型，依据贝叶斯信息准则对拟合模型进行比较，结果见表 3-24。

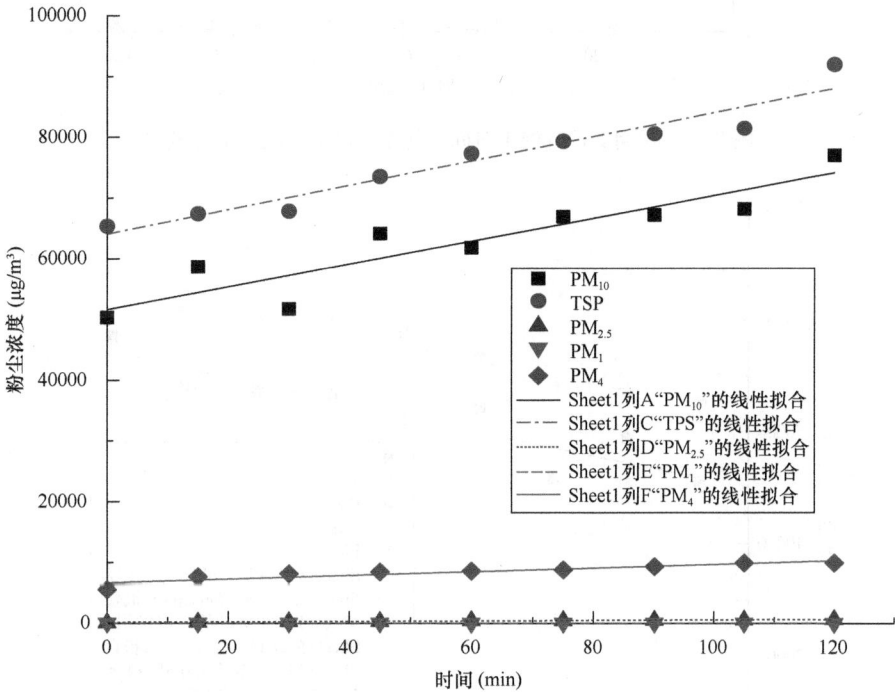

图 3-64　初期支护时施工时间与粉尘浓度的线性拟合模型

最优拟合模型分析表　　　　　　　　　　　　　　　　　表 3-24

模型	RSS	N	Params	BIC	BIC 差异
线性拟合模型	2.22	9	2	119.35	0.6
多项式拟合模型	7197.46789	9	7	118.05	0.7
指数拟合模型	1.6297	9	3	117.7	0

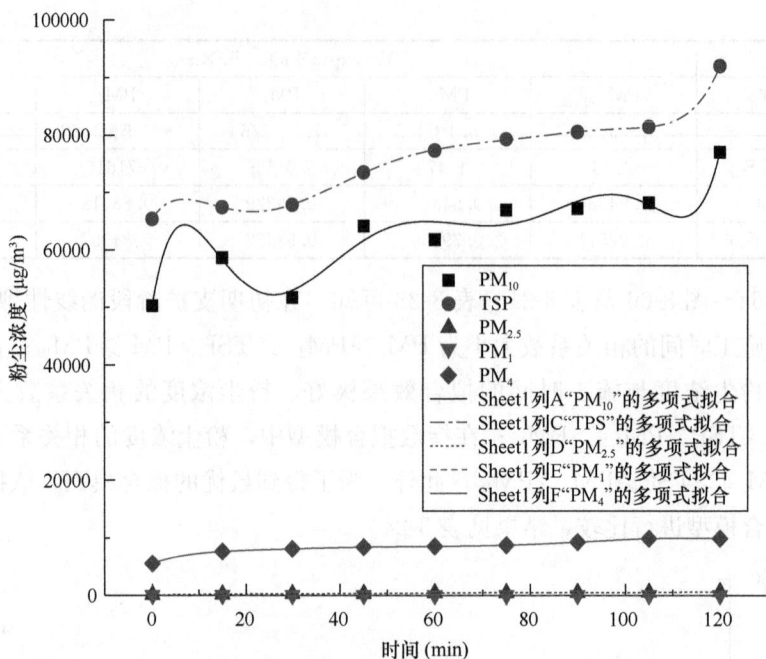

图 3-65　初期支护时施工时间与粉尘浓度的多项式拟合模型

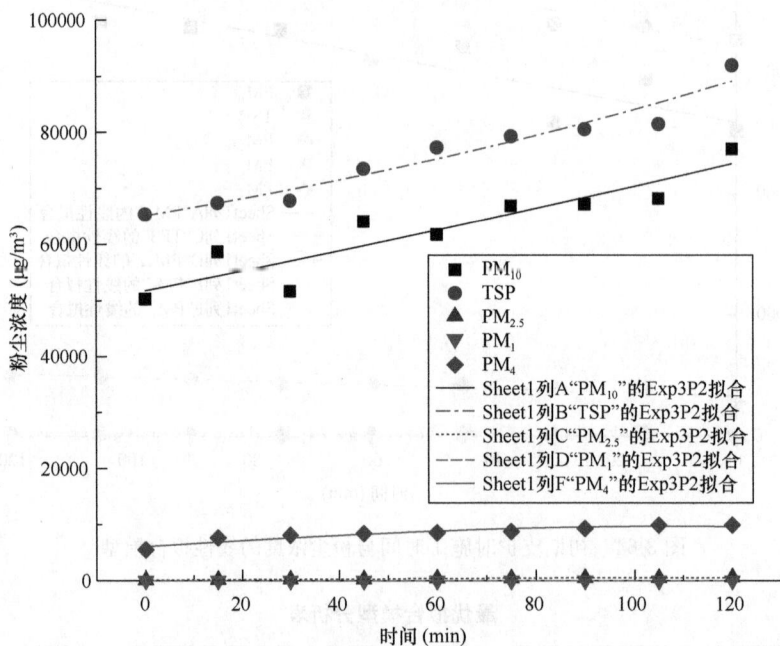

图 3-66　初期支护时施工时间与粉尘浓度的指数拟合模型

　　通过对三种拟合方案进行比较，可知在初期支护阶段，污染物浓度与施工时间的指数拟合模型的效果最优，其次是多项式拟合模型，最后是线性拟合模型。

3. 二次衬砌时施工时间与粉尘浓度的相关性分析

二次衬砌时施工时间与粉尘浓度的线性拟合表 表 3-25

方程	$Y=a+b\times x$				
参数名称	$PM_{2.5}$	PM_{10}	PM_1	PM_4	TSP
截距	-43.9 ± 32.8	-2056 ± 910	43.2 ± 3	-408 ± 204	-2803 ± 1231
斜率	50.7 ± 5.8	948 ± 161	6.5 ± 0.6	219 ± 36	1287 ± 219
残差平方和	14305	1.09	130.5	552025	2
Pearson's r	0.9566	0.91154	0.97511	0.91634	0.91198
R 平方(COD)	0.91509	0.83091	0.95084	0.83968	0.8317
调整后的 R 平方	0.90296	0.80675	0.94382	0.81677	0.80766

二次衬砌时施工时间与粉尘浓度的多项式拟合表 表 3-26

方程	$Y=B_1\times x^1+B_2\times x^2+B_3\times x^3+B_4\times x^4+B_5\times x^5+B_6\times x^6+K$				
参数名称	$PM_{2.5}$	PM_{10}	PM_1	PM_4	TSP
截距 K	532 ± 187	6688 ± 20190	61.3 ± 69.5	1477 ± 4463	7366 ± 27659
B_1	-1067 ± 375	-15339 ± 40327	-46 ± 138.7	-3304 ± 8914	-17064 ± 55245
B_2	845 ± 266	13115 ± 28620	44.4 ± 98.4	2821 ± 6326	14836 ± 39208
B_3	-308 ± 89	-5242 ± 9608	-16.3 ± 33	-1120 ± 2123	-5998 ± 13162
B_4	56.3 ± 15.4	1043 ± 1651	2.9 ± 5.7	221 ± 365	1200 ± 2263
B_5	-4.97 ± 1.3	-98.7 ± 140	-0.26 ± 0.5	-20.8 ± 31	-113 ± 192
B_6	0.17 ± 0.04	3.5 ± 4.7	0.009 ± 0.02	0.74 ± 1.03	4 ± 6.4
残差平方和	222	2.57	30.5	125766	4.83
R 平方(COD)	0.99868	0.96041	0.98853	0.96347	0.95959
调整后的 R 平方	0.99471	0.84164	0.95412	0.8539	0.83836

二次衬砌时施工时间与粉尘浓度的指数拟合表 表 3-27

方程	$Y=\exp(a+b\times x+c\times x^2)$				
参数名称	$PM_{2.5}$	PM_{10}	PM_1	PM_4	TSP
a	2.5 ± 0.69	0.38 ± 2.9	3.63 ± 0.06	-0.6 ± 2.24	0.234 ± 2.83
b	0.74 ± 0.2	2.02 ± 0.8	0.2 ± 0.023	1.96 ± 0.62	2.15 ± 0.77
c	-0.03 ± 0.015	-0.12 ± 0.05	-0.01 ± 0.002	-0.12 ± 0.04	-0.135 ± 0.05
Reduced-Chi-Sqr	1103	767355	6.85	33415	1.24
R 平方(COD)	0.9607	0.92918	0.98452	0.94177	0.93788
调整后的 R 平方	0.9476	0.90557	0.97937	0.92236	0.91718

由图 3-67～图 3-69 及表 3-25～表 3-27 可知，在二次衬砌阶段的线性拟合模型中，

粉尘浓度与隧道进深的相关系数大小为 $PM_1 > PM_{2.5} > PM_4 > TSP > PM_{10}$；在多项式拟合模型中，粉尘浓度与施工时间的拟合效果极好，粉尘浓度的相关系数大小依次为 $PM_{2.5} > PM_1 > PM_4 > PM_{10} > TSP$；在指数拟合模型中，粉尘浓度的相关系数大小依次为 $PM_1 > PM_{2.5} > PM_4 > TSP > PM_{10}$。此外，为了得到最优的拟合模型，用贝叶斯信息准则对拟合模型进行比较，结果见表 3-28。

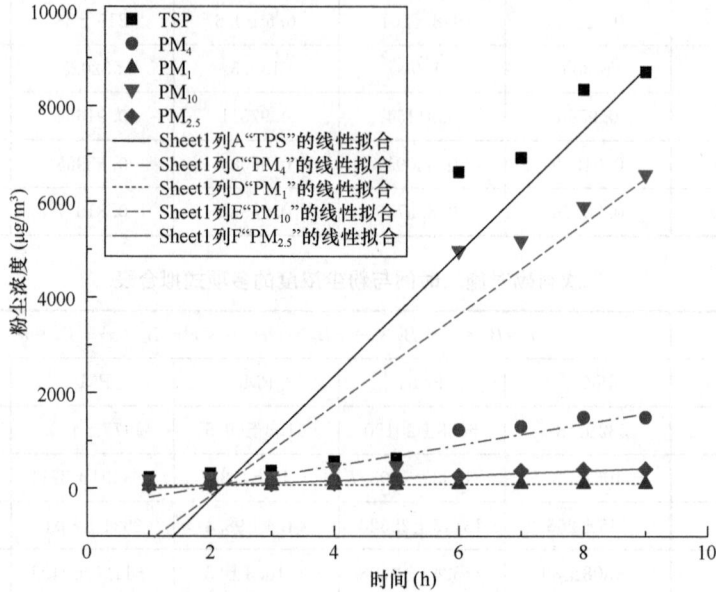

图 3-67 二次衬砌时施工时间与粉尘浓度的线性拟合模型

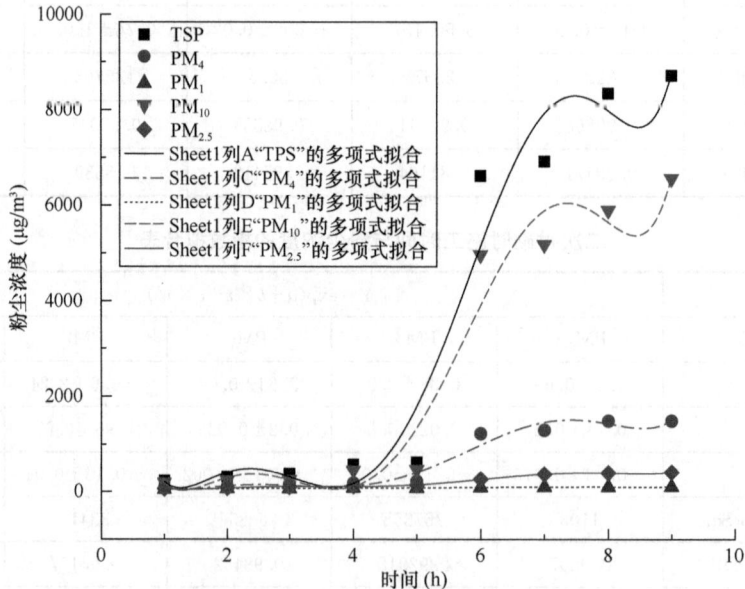

图 3-68 二次衬砌时施工时间与粉尘浓度的多项式拟合模型

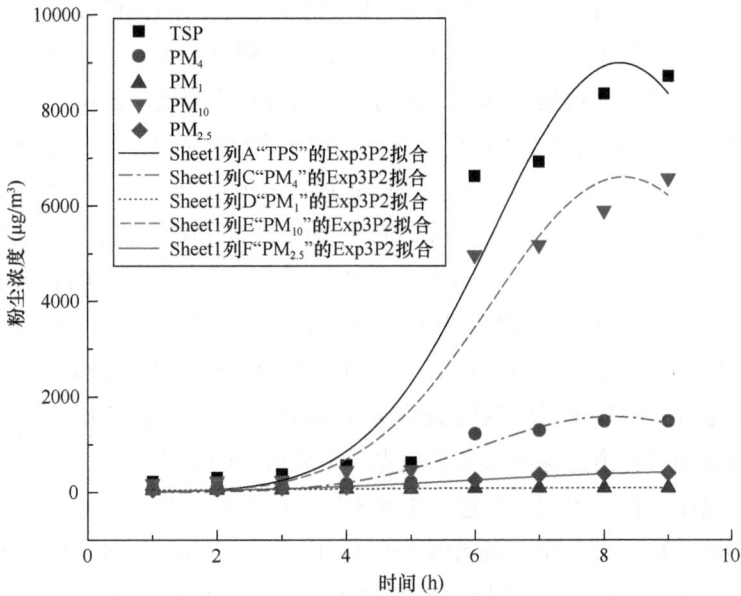

图 3-69　二次衬砌时施工时间与粉尘浓度的指数拟合模型

最优拟合模型分析表 表 3-28

模型	RSS	N	Params	BIC	BIC 差异
线性拟合模型	14305.55	9	2	72.9	—
多项式拟合模型	2229.46789	9	7	71.5	—
指数拟合模型	6620.86578	9	3	68.1	0

　　通过对三种拟合方案进行比较，可知在二次衬砌阶段，污染物浓度与施工时间的指数拟合模型的效果最优，其次是多项式拟合模型，最后是线性拟合模型。

3.4　本章小结

　　本章通过理论分析、实地测试、数值模拟相结合的方法，以西安市某大型地下综合空间建设工程中的暗挖隧道为例，对掌子面开挖、初期支护、二次衬砌这三个主要施工工序下的粉尘浓度进行测试，研究了黄土隧道施工中粉尘浓度随着隧道进深以及施工时长的变化情况。同时，基于气固两相流理论，运用 ANSYS19.0 软件对隧道二次衬砌阶段粉尘 $PM_{2.5}$ 的运移规律进行模拟，与实测结果进行对比分析。此外，还运用了指数拟合函数、线性拟合函数以及多项式拟合函数分析了粉尘浓度与隧道进深以及施工时间的相关关系，得出了两者之间的最优数学模型，获得了暗挖工程土方施工期扬尘产尘规律，主要结论如下：

　　（1）对黄土隧道在不同施工工序下粉尘的产生来源、形成因素、排放特征、主要危害进行理论分析，并探讨了隧道施工中粉尘的受力情况，为后续的数值模拟奠定基础。

（2）通过对隧道施工中主要工序下粉尘浓度进行测试，得到了隧道施工时粉尘的基本组成特征、粉尘浓度随隧道进深的变化情况以及各粉尘浓度的波动范围。在掌子面开挖阶段，TSP 浓度的波动范围为 $447\sim1376\mu g/m^3$，PM_{10} 为 $339\sim933\mu g/m^3$，PM_1 为 $52\sim93\mu g/m^3$、$PM_{2.5}$ 为 $64\sim138\mu g/m^3$、PM_4 为 $101\sim197\mu g/m^3$；在初期支护阶段：TSP 浓度的波动范围为 $29843\sim92018\mu g/m^3$、PM_{10} 为 $26104\sim83005\mu g/m^3$、PM_4 为 $5527\sim9931\mu g/m^3$、PM_1 为 $20\sim57\mu g/m^3$、$PM_{2.5}$ 为 $24\sim835\mu g/m^3$；在二次衬砌阶段，TSP 浓度的范围为 $251\sim2817\mu g/m^3$、PM_{10} 为 $187\sim1506\mu g/m^3$、PM_1 为 $45\sim61\mu g/m^3$、PM_4 为 $79\sim265\mu g/m^3$、$PM_{2.5}$ 为 $54\sim113\mu g/m^3$。初期支护阶段粉尘浓度最大，污染最为严重，在此阶段粉尘浓度随着隧道进深的增加呈现递增趋势。在掌子面开挖阶段以及二次衬砌阶段，粉尘浓度随着隧道进深的增加呈现先减小后增加的规律。

（3）通过测试分析，得到了隧道施工期不同工序的施工时间以及不同工序下粉尘浓度随施工时间的变化情况。掌子面开挖所需施工时间为 1h，初期支护施工时间为 2h，二次衬砌施工时间为 9h，各阶段粉尘浓度均随着施工时间的增加呈现递增趋势。在掌子面开挖阶段，TSP 浓度增加了 $1304\mu g/m^3$，PM_{10} 浓度增加了 $709.6\mu g/m^3$，PM_4 浓度增加了 $514\mu g/m^3$，$PM_{2.5}$ 浓度增加了 $309.8\mu g/m^3$，PM_1 浓度增加了 $19.6\mu g/m^3$；在初期支护阶段，TSP 浓度增加了 $26623\mu g/m^3$，PM_{10} 浓度增加了 $27034\mu g/m^3$，PM_4 浓度增加了 $4500\mu g/m^3$，$PM_{2.5}$ 浓度增加了 $5365\mu g/m^3$，PM_1 浓度增加了 $8.3\mu g/m^3$；在二次衬砌阶段，TSP 浓度增加了 $8492\mu g/m^3$，PM_{10} 浓度增加了 $6388\mu g/m^3$，PM_4 浓度增加了 $1411\mu g/m^3$，$PM_{2.5}$ 浓度增加了 $351\mu g/m^3$，PM_1 浓度增加了 $50\mu g/m^3$。

（4）通过测试分析，得到粉尘浓度在不同施工阶段的大小、不同进深条件下所占的百分比，以及不同进深条件下各粉尘的具体浓度值。同时，分析了不同施工工序下各粉尘浓度所占的百分比值。最后，分析了不同施工工序下各颗粒物的贡献值，其中 PM_1、$PM_{2.5}$、PM_4 对 TSP 的贡献值在二次衬砌阶段较大，而 PM_{10} 对 TSP 的贡献值在初期支护阶段较大。

（5）通过数值模拟，得到了二次衬砌阶段粉尘 $PM_{2.5}$ 的运移规律，得到了此阶段隧道内流场的分布情况。风速在隧道洞口最大，沿隧道的掘进方向，风速逐渐减少。隧道内的空气流线沿着隧道内壁呈现"内螺旋"形状。粉尘浓度随着隧道进深的增加呈现逐渐减小的趋势，与实测结果基本吻合。其中，隧道中心粉尘浓度下降较快，两侧浓度下降较慢。最后，分析了实测结果与模拟结果出现差异的原因。

（6）为了进一步分析研究粉尘浓度分布规律与隧道进深的关系，通过指数拟合、线性拟合、多项式拟合建立两者之间的数学模型，并计算出了两者在不同数学模型下相关系数的大小，以及评估了相关性强弱。结果表明，在一定的范围内，不同施工工序下粉尘浓度与隧道进深的相关性较强，且发现两者之间的关系用多项式函数来描述最为准确，相关系数均在 0.9 以上。

（7）通过不同拟合函数分析了粉尘浓度与施工时间的关系，计算并得出了粉尘浓度与施工时间在不同数学模型下的相关系数大小。并用贝叶斯信息准则对拟合模型进行比较，从而确定了隧道施工不同阶段粉尘浓度与施工时间的最优数学模型。结果表明，在掌子面开挖过程中，粉尘浓度与施工时间用多项式函数来表示结果最优；而在二次衬砌以及初期支护阶段，粉尘浓度与施工时间用指数函数来表示能达到较好的拟合效果。

第四章　工程土方施工扬尘对城市环境的
影响及控制研究

建筑施工扬尘对人类和环境影响严重，尽管政府有关部门已经出台了相关管理条例，由于施工单位要承担巨大的经济成本，再加上建设单位对于施工单位的工期进度有要求，就会导致施工现场的管理水平参差不齐，部分施工单位并不能严格地达到相关管理条例的要求。因此，施工单位对扬尘监测的抵触心理在所难免，这也增加了选取典型建筑工程的难度。另外，对于扬尘监测数据的采集必须在施工工地内部进行，复杂的作业环境会存在一定的危险性，必须有施工单位安全员陪同，以防发生意外，这也导致数据采集的难度增大。

综上所述，建筑工程的选择必须考虑多方面因素，做好前期的调研，与施工单位的合理沟通，场地内环境的勘察等均是必不可少的。做出合理的选择后，一份细致的监测设计方案显得尤为重要。

4.1　工程选择与监测方案设计

1. 建筑工程选择标准

建筑工程的选择，首先需要明确建筑工程的类型，根据用途可划分为多种类型，例如：行政办公、民用住宅、商业综合、交通中心等。虽然建筑工程类型有所不同，但其三大施工阶段均是相似的，本章节所研究的是土方施工阶段，因此对建筑工程类型并不做过多细分要求。

其次，建筑形式也是环境污染的影响因素之一，建筑工程常采用的结构类型有钢结构、砖混结构、钢筋混凝土结构等，相比较而言，钢筋混凝土结构在施工过程中扬尘污染较为明显，因此，本章节所选择的研究对象是以钢筋混凝土结构为主的建筑工程。

在此基础上，为更准确地描述建筑施工过程中关于扬尘的排放情况，监测工地在选择上要有典型性，并且尽可能排除不确定因素的干扰。因此，在选择建筑工程时，必须要充分考虑以下五个因素：

（1）建筑工程的独一性。独一性包含两方面内容：其一，选择的建筑工程周边不应再出现其他的施工工地，以免其他建筑的施工扬尘扩散造成干扰；其二，选择的建筑工程附近不应出现造成环境污染的其他尘源，例如：火力发电厂、制钢厂、棉纺织厂等，此类工业场所在生产过程中必会产生大量扬尘，可能对本章节的数据监测结果产生干扰。

（2）施工阶段的单一性。前面提到建筑施工阶段可划分为土方施工阶段、主体结构施工阶段以及室内装修施工阶段，单一性指的是在建筑施工过程中同一个时间段内只进行一个阶段的施工内容，若多个施工阶段同时进行，监测的数据不能单纯反映本章节所研究的土方施工阶段，研究的结论则不具有代表性。

（3）建筑工地布局的规整性。建筑工地的规整程度、面积大小以及基坑深度均会直接影响到监测的最终结果，在选择过程中尽可能选取面积和深度适中、布局合理（矩形为宜）的建筑工地进行监测。

（4）监测点的可布置性。监测点的布置是数据是否准确的关键，监测点数量和位置的选取均有严格规定，能否在施工场地布置准确合理的监测点也是选择建筑工程的标准之一。

（5）现场监测的可操作性及安全性。建筑工地的环境相对复杂与艰苦，尤其是土方施工阶段基坑开挖、建筑渣土的堆放及清运，都存在着一定的安全风险，扬尘监测工作必须在工地内部进行开展，因此数据采集的前提是必须保证监测工作者以及仪器本身的安全性。除此之外，监测时不可对施工单位作业造成干扰，要保证其原有的工作进度。

综合上述五个因素，本次研究选择了西安市某地下隧道及综合体工程作为研究对象。

2. 建筑工程概况

上述所选择的某地下隧道及综合体工程（以下简称本项目）位于西安市高新区，本项目为 PPP 项目，含市政工程和房建工程。本项目由地下隧道工程和北区广场工程两大部分组成，总出土量约为 50 万 m^3。

地下隧道工程分为主隧道和匝道两部分，主隧道平面呈"日"字形，由环形隧道和两个连接通道组成，隧道总长 2373.9m。匝道设置五处，总长度为 1414.5m。

北区广场为商业、休闲、娱乐、停车于一体的地下三层空间综合体。地下一层为商业娱乐休闲加车库，地下二、三层为地下车库，总建筑面积 $34655m^2$，如图 4-1 所示。

经与建设单位沟通协商后，确定的监测区域为北区广场南侧的电力管沟。该项目正

图 4-1　施工场地平面结构示意图

处于土方施工阶段，计划开挖东西方向长度约为 182m，南北方向长度约为 20m，深度约为 18m，计划总出土量约为 4 万 m^3。经过现场初步勘察，现已开挖东西方向长度约为 160m，南北方向长度约为 16m，深度约为 15m，现已出土量约为 2.4 万 m^3。

土方基坑为标准基坑，施工现场内道路均为钢板硬化路面，并配有专人负责对路面进行清理打扫。场区内还配有车辆清洗点、办公室、工人宿舍、主体结构加工区以及材料堆放区。施工场地平面结构示意图如图 4-2 所示。

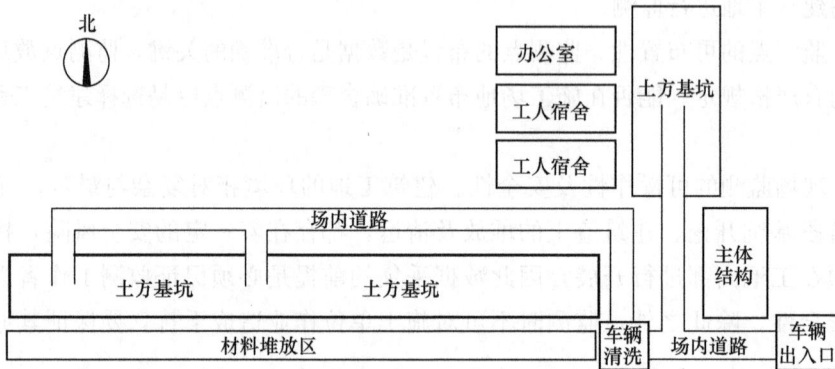

图 4-2　施工场地平面结构示意图

3. 监测方案设计

（1）监测方法选择

获取建筑施工扬尘的排放浓度一般有两种方法：实际监测法和排放因子法。实际监测法需要大量的人力物力，耗费时间。排放因子法是利用排放因子与活动水平结合来计算污染物的排放浓度，此方法简单易行，但是建筑工程处于不同的施工阶段，操作强度不同，仅凭单一的排放因子不能准确地表达出扬尘排放强度。美国 EPA 在后续更新的 AP-42 文件中，提出了"单元操作"（unit operation）方法，建议把施工过程划分成若干个操作单元。由于各个地区环境差异巨大，依旧不能准确得出该地区的扬尘排放浓度。

实际监测法具体有上风向-下风向法、暴露浓度剖面法、面源四维通量法和 BP 神经网络模型四种建筑施工扬尘监测方法。本章节选择了综合以上方法，在划分成若干个操作单元的基础上进行实际监测上风向-下风向扬尘浓度，同时记录气象因子数据，建立基于气象因子的土方施工扬尘浓度预测模型。本方法的优点在于尽量归避由于下风向监测点位置缺陷导致采集数据不够全面充分，模型不精确、局限性大的问题。

（2）监测仪器介绍

本研究所使用的监测仪器有 Testo 416 型风速仪（a）、手持式激光测距仪（b）、Testo 温湿度测量仪（c）以及美国 MetOne 831 大气颗粒物浓度监测仪（d）。上述仪器如图 4-3 所示。Testo 416 型风速仪用于记录监测区域风速，手持式激光测距仪用于测量基坑长度与深度以及确定监测点位置，Testo 温湿度测量仪用于记录监测区域温度和

(a) Testo 416型风速仪

(b) 手持式激光测距仪

(c) Testo温湿度测量仪

(d) 美国MetOne 831大气颗粒物浓度监测仪

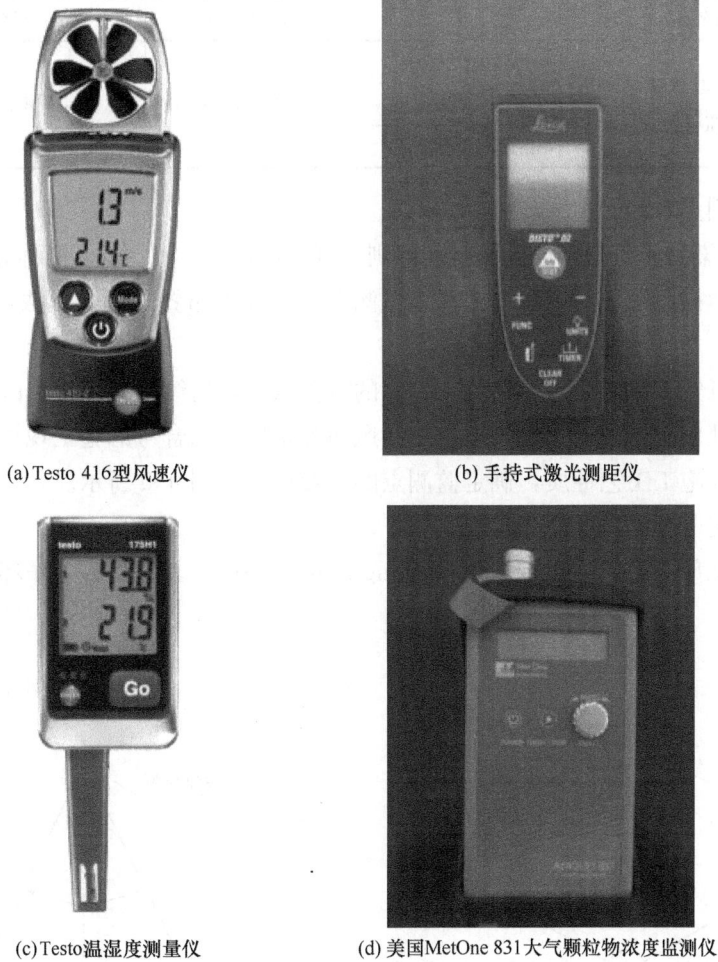

图 4-3　监测仪器

相对湿度，美国 MetOne 831 大气颗粒物浓度监测仪可以同时监测粒径小于 $1.0\mu m$、$2.5\mu m$、$4.0\mu m$、$10\mu m$ 的四种不同粒径悬浮颗粒（符合中国相关空气质量标准）。各仪器具体参数见表 4-1。

监测仪器参数　　　　　　　　　　　　　　　表 4-1

仪器名称	用途	量程范围	设备精度
Testo 416 型风速仪	风速测量	$1\sim20m/s$	最小分辨率为 0.1m/s
手持式激光测距仪	距离测量	$0\sim120m$	最小分辨率为 1.0cm
Testo 温湿度测量仪	相对湿度测量	$0\sim100\%$	最小分辨率为 0.1
	温度测量	$-22\sim55℃$	
美国 MetOne 831 大气颗粒物浓度监测仪	PM_1浓度监测	$0\sim1000\mu g/m^3$	最小分辨率为 $0.1\mu g/m^3$
	$PM_{2.5}$浓度监测		

仪器名称	用途	量程范围	设备精度
美国 MetOne 831 大气颗粒物浓度监测仪	PM$_4$ 浓度监测	0～1000μg/m³	最小分辨率为 0.1μg/m³
	PM$_{10}$ 浓度监测		
	TSP 浓度监测		

（3）监测点布置

《大气污染物无组织排放监测技术导则》HJ/T 55—2000（以下简称导则）中第 9.2 条较为详细地推荐了无组织排放源污染监测点和参照点布置原则与方法，具体如图 4-4 所示。

由导则可知，风向是选取监测点位置的重要依据，后续在介绍气象因子时将进行细致描述，此处仅简要说明，监测地点主导风向为东风。综合考虑施工现场的规模、地形复杂程度以及施工工艺性质，确定监测点的位置布置如图 4-5 所示。

（4）确定监测区域与监测时间

美国劳工部提出"呼吸带"（Breathing Zone）一词，其定义为工作环境中劳动者双

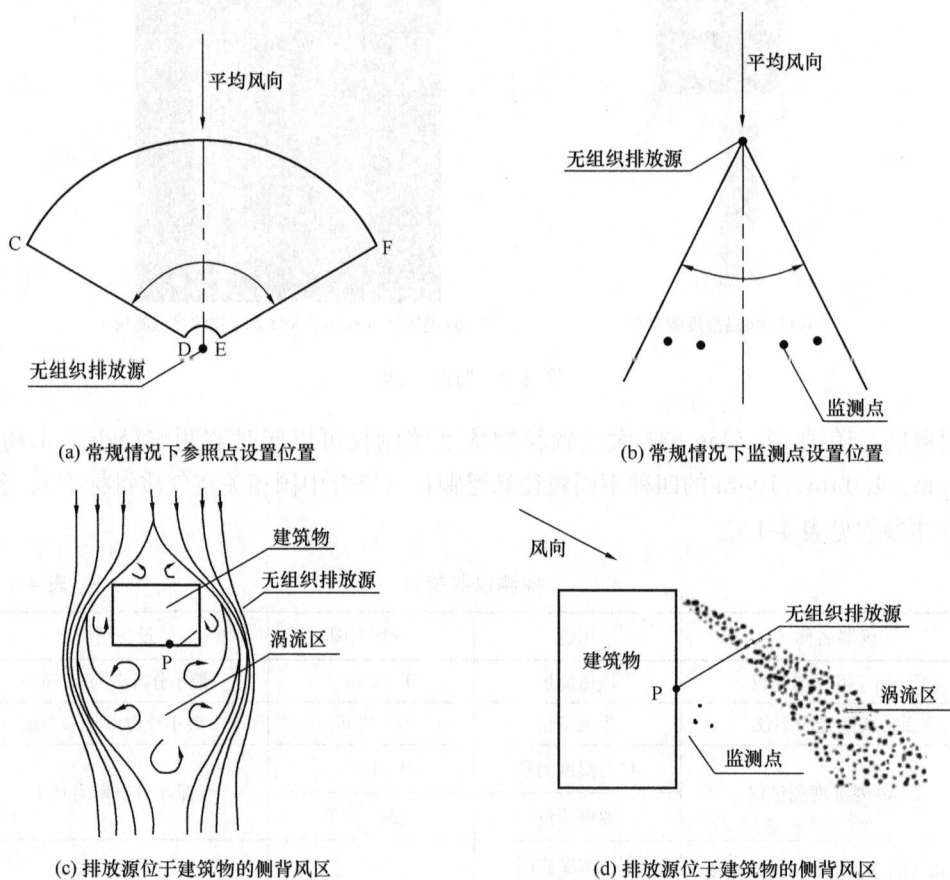

(a) 常规情况下参照点设置位置

(b) 常规情况下监测点设置位置

(c) 排放源位于建筑物的侧背风区

(d) 排放源位于建筑物的侧背风区

图 4-4　监测点和参照点布置位置（一）

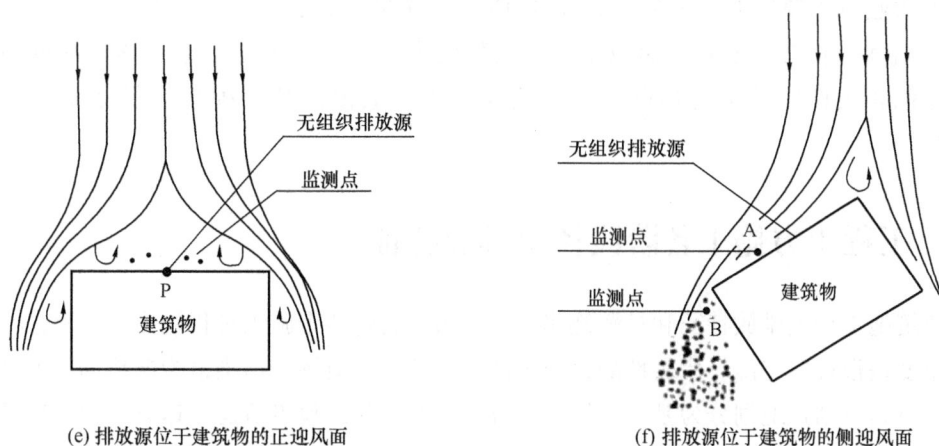

(e) 排放源位于建筑物的正迎风面   (f) 排放源位于建筑物的侧迎风面

图 4-4 监测点和参照点布置位置（二）

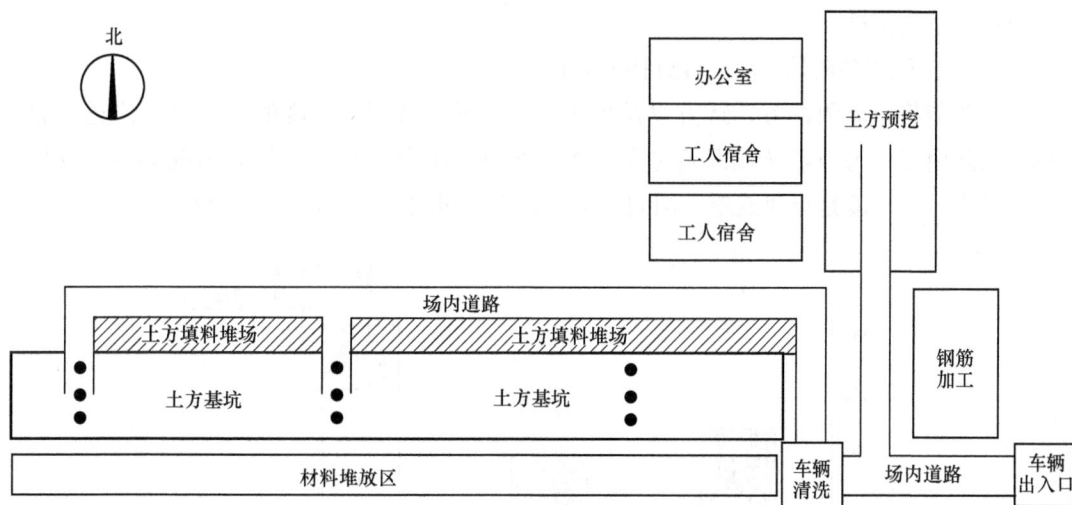

图 4-5 监测点布置示意图

肩前方的半球形区域内的空气。在中国，呼吸带的高度通常被认为是 0.5~1.5m，也就是人的口鼻处相对于脚底的高度。因此，在监测过程中，大气颗粒物浓度监测仪应设置在距离施工地面高度约 1.5m 处。由于受监测条件的影响，本次监测采用单点监测法逐一记录扬尘浓度值。温度、相对湿度以及风速等环境信息则在一段时间内数据趋于稳定后记录。

根据建设单位的施工进度安排，本章节确定总体监测时间为 9~11 月。建筑施工扬尘往往受到自然条件的影响，例如：温度、相对湿度、风速、风向、降雨量以及地质条件等。施工单位会根据当天天气状况（如雨雪天气、沙尘暴天气、空气质量等级过低等因素）暂停施工，一般为取消当日与下一个自然日的土方工作安排。施工单位进行土方施工时间为每日 20 点至次日凌晨 5 点，工程扬尘监测时间与施工单位的施工时间保持一致，根据施工强度和渣土车运行时间，在监测点进行连续监测。

本次监测主要针对土方施工扬尘中 $PM_{2.5}$、PM_{10} 以及 TSP 浓度进行记录，并同时记录温度、相对湿度和风速数据。这些数据为下一步分析土方施工扬尘浓度与气象因子间相关性研究奠定基础，也为建立扬尘排放浓度估算模型提供必要的理论支持。

4.2 工程土方施工各阶段扬尘排放特征

建筑施工扬尘排放特征和扩散规律十分复杂，若将整个施工过程视为一个整体，从宏观角度是很难探究出有代表性的特征规律。本章节针对扬尘污染最为严重的土方施工阶段，将其更细致地划分为基坑开挖（挖方）阶段、建筑垃圾清运（运方）阶段以及土方回填和均匀压实（填方）阶段三个阶段。通过对前期监测得到的扬尘浓度数据进行处理，从 $PM_{2.5}$、PM_{10} 以及 TSP 三个方面分析各阶段的扬尘浓度特征，为接下来的研究分析打下坚实基础。

1. 土方施工各阶段 $PM_{2.5}$ 排放特征分析

本章节将所监测挖方、运方以及填方阶段上风向 $PM_{2.5}$ 浓度值、净浓度值进行整理，剔除由于人为因素导致误差过大的个别数据，取其平均值，汇总情况如图 4-6 所示。其中，净浓度是指建筑施工期间工地上、下主风向监测点扬尘的浓度差。

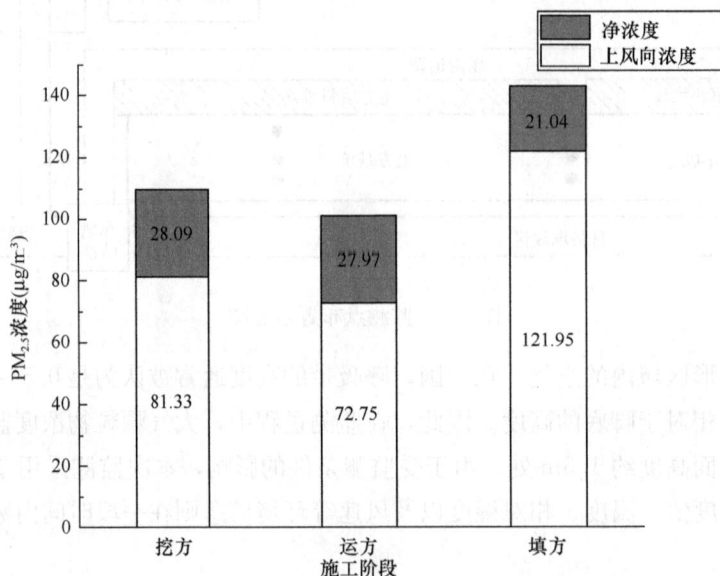

图 4-6 土方施工各阶段 $PM_{2.5}$ 浓度值对比

由图 4-6 可知，土方施工挖方阶段上风向 $PM_{2.5}$ 浓度值为 $81.33\mu g/m^3$，下风向 $PM_{2.5}$ 浓度值为 $109.42\mu g/m^3$，$PM_{2.5}$ 净浓度值（即下风向与上风向浓度值）为 $28.09\mu g/m^3$；运方阶段上风向 $PM_{2.5}$ 浓度值为 $72.75\mu g/m^3$，下风向 $PM_{2.5}$ 浓度值为 $100.72\mu g/m^3$，$PM_{2.5}$ 净浓度值为 $27.97\mu g/m^3$；填方阶段上风向 $PM_{2.5}$ 浓度值为

$121.95\mu g/m^3$，下风向 $PM_{2.5}$ 浓度值为 $142.99\mu g/m^3$，$PM_{2.5}$ 净浓度值为 $21.04\mu g/m^3$。

综上，土方施工阶段上风向 $PM_{2.5}$ 浓度值大小对比为：填方＞挖方＞运方；下风向 $PM_{2.5}$ 浓度值大小对比为：填方＞挖方＞运方；$PM_{2.5}$ 净浓度值大小对比为：挖方＞运方＞填方。

分析其原因，静止状态的扬尘颗粒物受到外力作用会迫使其改变这种状态，若扬尘颗粒物所受的外力总和大于扬尘颗粒物起扬的临界起锚力，便会造成环境污染，在风场力的作用下，扬尘开始扩散，造成二次污染。

在建筑施工过程中，扬尘颗粒所受的外力来源主要有：挖掘设备、打桩设备、渣土装载、运载设备以及环境风场等。按照颗粒物起扬的方式不同，扬尘可划分成两个类别。第一类为主动扬尘，例如：土方施工阶段使用的机械设备挖掘土方，渣土车的倾倒、装土过程导致颗粒物起扬；第二类为被动扬尘，例如：车轮碾压，打桩设备振动，环境风场导致颗粒物起扬。

根据上述分类，挖方阶段的活动属于主动扬尘，挖掘和装土过程直接给予土质颗粒外力，使其由静止到运动，发生卷扬，此阶段活动最为剧烈，因此监测出 $PM_{2.5}$ 净浓度值最大。运方阶段的活动属于被动扬尘，原本静止的土质颗粒受到车轮经过产生的摩擦力、剪切力实现起扬，此过程易造成扬尘颗粒粒径和自身质量的逐渐减小，活动强度低于主动扬尘，因此监测的 $PM_{2.5}$ 净浓度值大小也次之。填方阶段的活动也属于被动扬尘，与运方阶段不同的是，机械设备的振动是此阶段的主要原因，填土以及均匀压实过程一直通有大量的水以保证土质黏稠，便于压实，这本是不利于扬尘的，但是打桩设备上粘有的渣土经过振动作用破坏了原有平衡，导致扬尘的产生，此阶段活动强度最低，因此测得 $PM_{2.5}$ 净浓度值也最低。

针对填方阶段，上、下主风向位置监测的 $PM_{2.5}$ 浓度值最大，污染最为严重，结论与上述分析并不相符，考虑到填方阶段的活动是在白天进行，此时间段车辆相比较于凌晨有明显的增多，汽车尾气中的 $PM_{2.5}$ 对监测结果造成了严重影响，导致监测数据存在偏差，直接造成结论不准确。

综上所述，产生土方施工扬尘的根本原因是外力的作用，影响土方施工各阶段 $PM_{2.5}$ 浓度的主要因素是施工强度的不同，即外力性质及大小的不同。

2. 土方施工各阶段 PM_{10} 排放特征分析

将所监测挖方、运方以及填方阶段上风向的 PM_{10} 浓度值、净浓度值数据进行整理，取其平均值，汇总情况如图 4-7 所示。

由图 4-7 可知，土方施工挖方阶段上风向 PM_{10} 浓度值为 $378.07\mu g/m^3$，下风向 PM_{10} 浓度值为 $465.22\mu g/m^3$，PM_{10} 净浓度值为 $87.15\mu g/m^3$；运方阶段上风向 PM_{10} 浓度值为 $319.77\mu g/m^3$，下风向 PM_{10} 浓度值为 $400.27\mu g/m^3$，PM_{10} 净浓度值为 $80.50\mu g/m^3$；填方阶段上风向 PM_{10} 浓度值为 $296.83\mu g/m^3$，下风向 PM_{10} 浓度值为 $332.71\mu g/m^3$，PM_{10} 净浓度值为 $35.88\mu g/m^3$。

综上，土方施工阶段上风向 PM_{10} 浓度值大小对比为：挖方＞运方＞填方；下风向

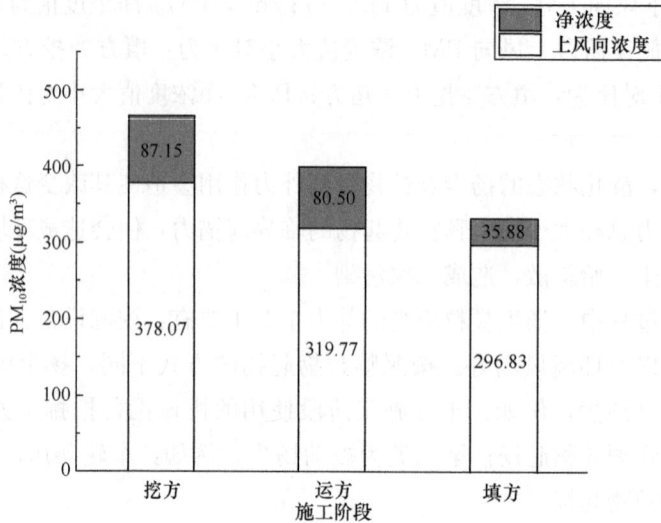

图 4-7 土方施工各阶段 PM_{10} 浓度值对比

PM_{10} 浓度值大小对比为：挖方＞运方＞填方；PM_{10} 净浓度值大小对比为：挖方＞运方＞填方。

　　分析其原因与上述 $PM_{2.5}$ 浓度值的分析过程相同，这里将不再赘述。需要说明的是，PM_{10} 浓度的监测结果显示，无论是上、下风向的监测值还是净浓度值均表明：挖方＞运方＞填方，与 $PM_{2.5}$ 浓度值的监测结果不同。考虑到土方工程施工排放的扬尘中大粒径颗粒物占多数，土方施工扬尘中 PM_{10} 和 TSP 对城市环境大气中 PM_{10} 和 TSP 的贡献能力占绝对优势[1]，监测到施工现场的 PM_{10} 浓度值远大于 $PM_{2.5}$ 浓度值。白天车辆虽有增多，但是由于汽车尾气排放对 PM_{10} 浓度值造成的影响远不及对 $PM_{2.5}$ 浓度值造成的影响大，因此填方阶段的 PM_{10} 浓度值虽有误差，但不至于影响整体趋势，即挖方＞运方＞填方。

　　3. 土方施工各阶段 TSP 排放特征分析

　　将所监测挖方、运方以及填方阶段上风向的 TSP 浓度值、净浓度值数据进行整理，取其平均值，汇总情况如图 4-8 所示。

　　由图 4-8 可知，土方施工挖方阶段上风向 TSP 浓度值为 $531.59\mu g/m^3$，下风向 TSP 浓度值为 $771.48\mu g/m^3$，TSP 净浓度值为 $239.89\mu g/m^3$；运方阶段上风向 TSP 浓度值为 $431.17\mu g/m^3$，下风向 TSP 浓度值为 $621.29\mu g/m^3$，TSP 净浓度值为 $190.12\mu g/m^3$；填方阶段上风向 TSP 浓度值为 $338.93\mu g/m^3$，下风向 TSP 浓度值为 $399.89\mu g/m^3$，TSP 净浓度值为 $60.96\mu g/m^3$。

　　综上，土方施工阶段上风向 TSP 浓度值大小对比为：挖方＞运方＞填方；下风向 TSP 浓度值大小对比为：挖方＞运方＞填方；TSP 净浓度值大小对比为：挖方＞运方＞填方。相比较前述的 $PM_{2.5}$ 和 PM_{10} 浓度值，TSP 浓度监测值在土方施工各阶段差距更为显著。

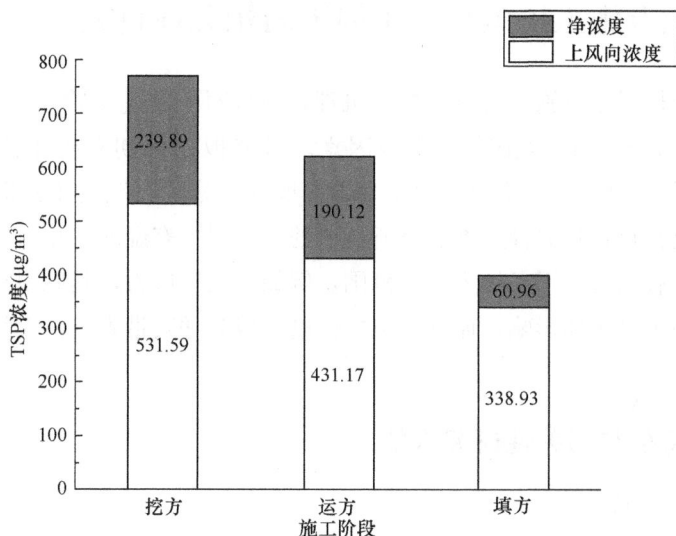

图 4-8　土方施工各阶段 TSP 浓度值对比

　　渣土车运输过程往往有肉眼可见的大量扬尘，一般认为运方阶段应该是造成扬尘污染最为严重的，这与本章节结论并不相符。因此，本章节也根据施工现场的实际情况分析了原因：现场使用的渣土车使用液压盖板代替篷布（图 4-9），以保证运土过程中的密闭性，防止渣土撒落，造成扬尘污染。再者，渣土车从基坑到出场的道路硬化后，均铺设钢板(图 4-10)，并且配有专门人员进行清理，以确保车轮经过不会引起大量扬尘。以上措施显然有利于减少运方阶段扬尘，避免造成大量的被动扬尘污染，值得大力推广。

图 4-9　液压盖板式渣土车

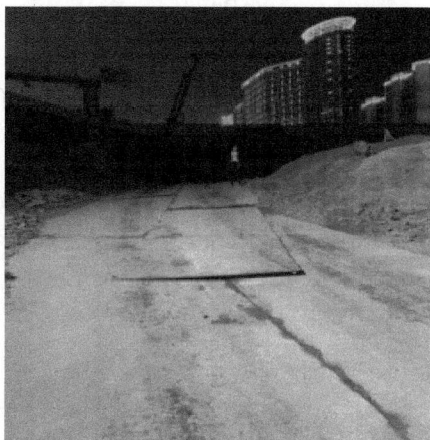

图 4-10　铺设钢板的硬化路面

4.3　工程土方施工扬尘与气象因子间相关性研究

前文已经分析了土方施工阶段的扬尘机理，并且对土方施工阶段做了细致的划分，本章节将研究土方施工扬尘浓度的影响因素。研究拟在前期对扬尘浓度值（PM$_{2.5}$、PM$_{10}$与TSP）和气象因子的监测和记录基础上展开，分阶段地具体分析土方施工扬尘与气象因子间是否存在相关性。本研究所选取的气象因子有温度、相对湿度、风向与风速，并没有将所有的气象因子纳入研究范围，例如：大气压力，其原因是大气压力的变化主要是受高空垂直距离影响，而本章节的监测区域为呼吸带附近，大气压力的变化并不明显。

4.3.1　气候特征与相关性研究方法

1. 西安市气候特征

西安市平原地区属暖温带半湿润大陆性季风气候，冷暖干湿四季分明。冬季寒冷、风速低，夏季炎热多雨，多大风天气。

（1）温度

西安市地区年平均温度 13.0～13.7℃，最冷月（1月）平均温度 −1.2～0℃，最热月（7月）平均温度 26.3～26.6℃。根据西安泾河国家基准气候站数据汇总，西安市 2018 年各月平均干球温度如图 4-11 所示。

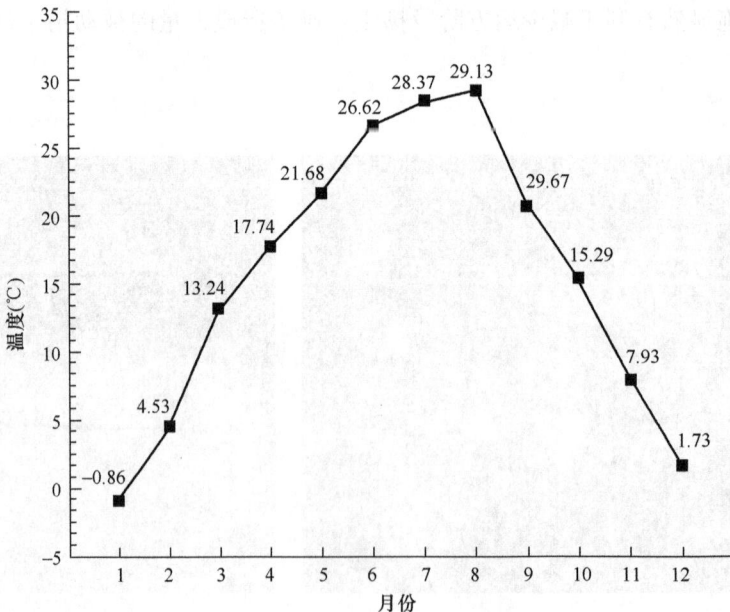

图 4-11　西安市 2018 年各月平均干球温度

（2）相对湿度

西安市地区年平均降水量522.4～719.5mm，由北向南递增。年平均相对湿度70％左右，一般来说，7月、9月为两个明显降水高峰月。根据西安泾河国家基准气候站数据汇总，西安市2018年各月平均相对湿度如图4-12所示。

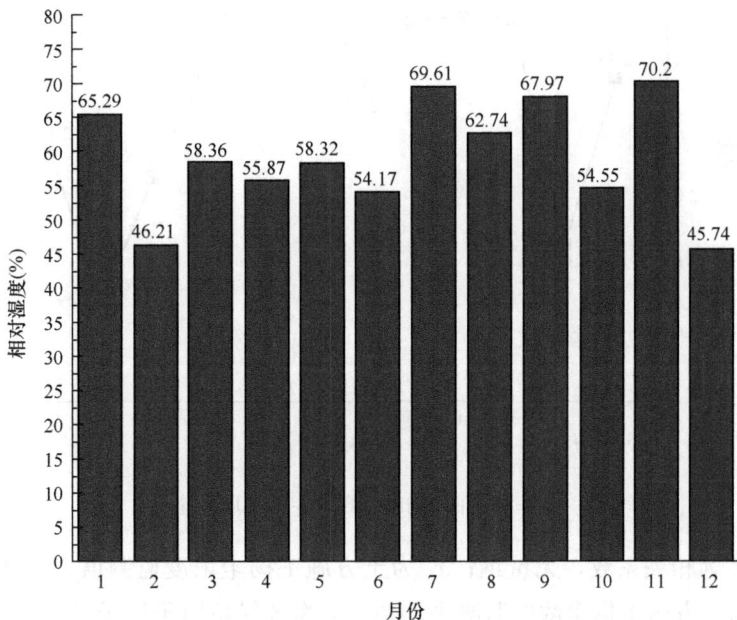

图4-12 西安市2018年各月平均相对湿度

（3）风速及风向

西安市各地区年主导风向存在差异，西安市区为东北风，周至、鄠邑为西风，高陵、临潼为东北风，长安为东南风，蓝田为西北风。根据西安泾河国家基准气候站数据汇总，西安市2018年各月平均风速如图4-13所示。本章节在监测采样期间记录，风速范围在0.4～2.6m/s，平均风速在1.1m/s左右，与西安泾河国家基准气候站有较大出入，主要原因是研究所选取建筑工程周围存在建筑物、植被，基坑四周有1.5m的挡板，静风频率较高，对平均风速产生了较大影响。主导风向也受周围建筑环境的影响，以东风为主，北风和东北风次之。

2. 相关性研究方法

为了探究土方施工扬尘浓度的影响因素，本章节采用线性回归分析的方法，研究各气象因子与土方施工扬尘之间的关系，即二元变量相关分析。借助相关系数 R[85] 来评估气象因子与土方施工扬尘浓度之间是否存在相关性，其理论计算公式（4-1）如下所示：

$$R = \frac{\sum_{i=1}^{n}(x_i - \bar{x})(y_i - \bar{y})}{\sqrt{\sum_{i=1}^{n}(x_i - \bar{x})^2 \sum_{i=1}^{n}(y_i - \bar{y})^2}} \tag{4-1}$$

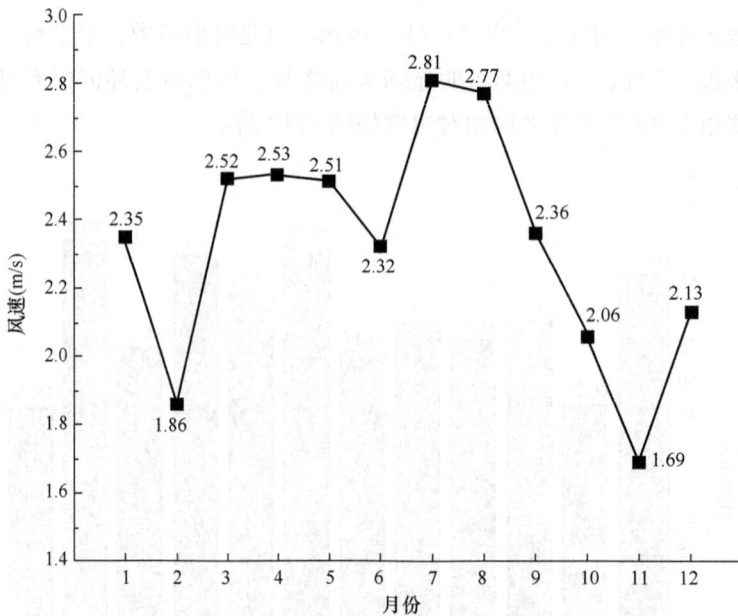

图 4-13　西安市 2018 年各月平均风速

式中：R 为相关系数，无量纲；x_i 为土方施工扬尘浓度监测值；y_i 为各气象因子记录值；x 为土方施工扬尘浓度监测平均值；y 为各气象因子记录平均值；n 表示样本个数。需要注意的是：相关研究中，样本数量一般要大于 30（样本内部同性质越小，样本容量需要越大）。

相关系数 R 具有以下几点特性（表 4-2）：

（1）$|R| \leqslant 1$；

（2）$0 < |R| < 1$ 时，表示 x 与 y 存在一定的线性关系；

（3）当 $R > 0$，随着 x 的增加，y 随之增大；随着 x 的减小，y 随之减小；

（4）当 $R < 0$，随着 x 的增加，y 随之减小；随着 x 的减小，y 随之增大；

（5）若 $R = 0$，说明 x 与 y 之间不存在线性关系；

（6）若 $R = 1$，可以认为 x 与 y 之间存在精确的线性关系。

相关系数值的含义　　　　　　　　　　　　　　　　　　　　　　　　　　表 4-2

相关系数的大小	一般解释	相关系数的大小	一般解释
0.8～1.0	非常强的关系	0.2～0.4	弱关系
0.6～0.8	强关系	0.0～0.2	弱关系或无关系
0.4～0.6	中等关系		

仅通过相关系数还不能充分说明总体的真实相关关系，为判断样本相关系数对总体相关程度的代表性，需要对相关系数进行显著性检验，以此来减少第一类错误和第二类错误。其中，通常情况下，α 水平代表第一类错误，其指的是零假设为真却被错误拒绝

的概率[86]；第二类错误指的是零假设为假却被错误接受的概率。显著性检验则是事先对总体（随机变量）的参数或总体分布形式做出一个假设，再利用样本信息来判断这个假设（备则假设）是否合理，即判断总体的真实情况与原假设是否有显著性差异[87]。针对本研究出现的问题具体分析便是施工现场监测的扬尘浓度值与各气象参数值虽然存在相关关系，但是可能是由于数据不具有代表性，样本容量小或者小概率事件的发生所造成的。

综上所述，对相关系数 R 进行显著性检验是非常必要的，若线性回归得到的相关性在统计上表现为显著，则认为样本数据之间的相关性能够代表总体，反之亦然。

4.3.2 挖方阶段扬尘与气象因子间相关性研究

根据上述相关性分析理论，针对土方施工挖方阶段，分别探究扬尘浓度（包括 $PM_{2.5}$、PM_{10} 以及 TSP 浓度值）与各气象因子（温度、相对湿度以及风速）间的相关性。其中，浓度值是指建筑施工期间工地下主风向监测点的扬尘浓度值。

1. 挖方阶段扬尘与温度间相关性

根据施工现场挖方阶段监测到的 $PM_{2.5}$、PM_{10}、TSP 浓度值与同一时刻现场记录的温度值进行线性拟合分析，绘制得到的关系曲线如图 4-14～图 4-16 所示。

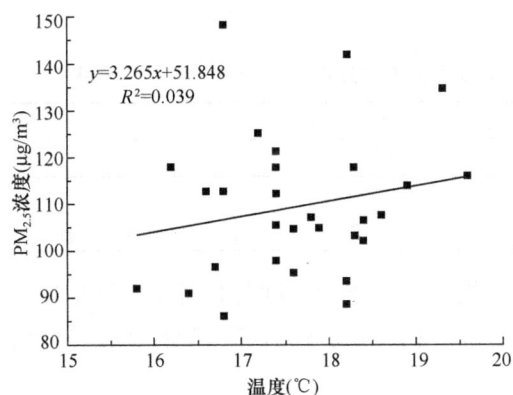

图 4-14 挖方阶段 $PM_{2.5}$ 浓度与温度线性拟合

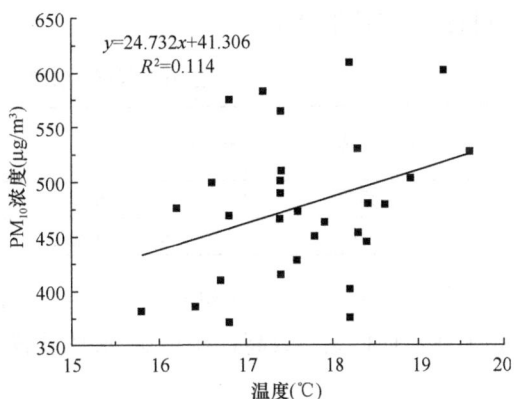

图 4-15 挖方阶段 PM_{10} 浓度与温度线性拟合

对挖方阶段 $PM_{2.5}$、PM_{10}、TSP 浓度值与温度值进行线性拟合分析后得到的具体参数及分析结论汇总于表 4-3。

挖方阶段扬尘浓度与温度相关性分析   表 4-3

参数名称	挖方阶段扬尘与温度		
	$PM_{2.5}$	PM_{10}	TSP
相关系数	0.198	0.287	0.263
显著性	\	\	\

注：\ 表示斜率没有显著不同于零。

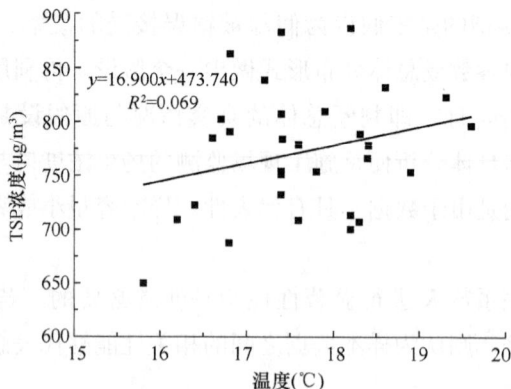

图 4-16 挖方阶段 TSP 浓度与温度线性拟合

从上述图表可以看出，挖方阶段扬尘浓度与温度均呈现正相关性，但是相关系数极低，且这种相关性并不具有显著性。

2. 挖方阶段扬尘与相对湿度间相关性

根据施工现场挖方阶段监测到的 $PM_{2.5}$、PM_{10}、TSP 浓度值与同一时刻现场记录的相对湿度值进行线性拟合分析，绘制得到的关系曲线如图 4-17～图 4-19 所示。对挖方阶段 $PM_{2.5}$、PM_{10}、TSP 浓度值与相对湿度值进行线性拟合分析得到的具体参数及分析结论汇总于表 4-4。

挖方阶段扬尘浓度与相对湿度相关性分析 表 4-4

参数名称	挖方阶段扬尘与相对湿度		
	$PM_{2.5}$	PM_{10}	TSP
相关系数	0.688	0.751	0.820
显著性	0.01 水平显著	0.01 水平显著	0.01 水平显著

从图 4-17～图 4-19 和表 4-4 中可以看出，挖方阶段扬尘强度与相对湿度均呈现正相关性，且相关系数高，在 0.01 水平显著。此外，相关系数随着扬尘颗粒物粒径的增大而增大。

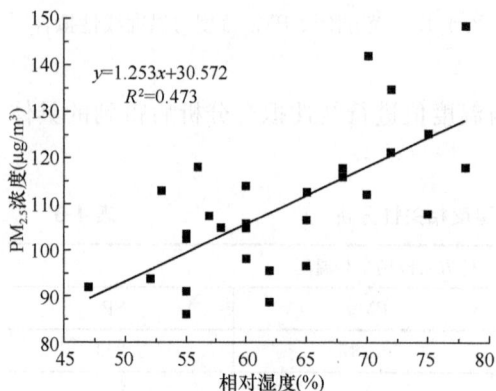

图 4-17 挖方阶段 $PM_{2.5}$ 浓度与相对湿度线性拟合

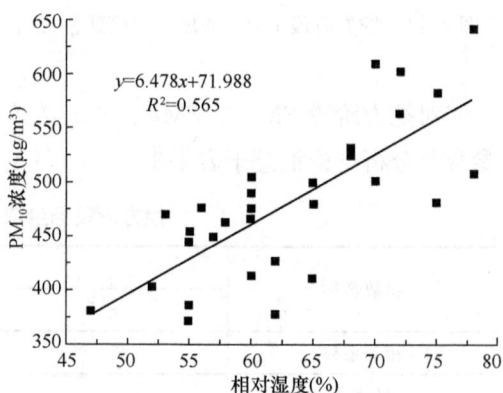

图 4-18 挖方阶段 PM_{10} 浓度与相对湿度线性拟合

3. 挖方阶段扬尘和风速间相关性

根据施工现场挖方阶段监测到的 $PM_{2.5}$、PM_{10}、TSP 浓度值与同一时刻现场记录的风速值进行线性拟合分析，绘制得到的关系曲线如图 4-20～图 4-22 所示。

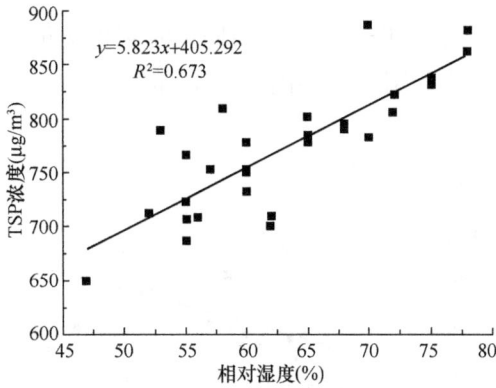

图 4-19 挖方阶段 TSP 浓度与相对湿度线性拟合

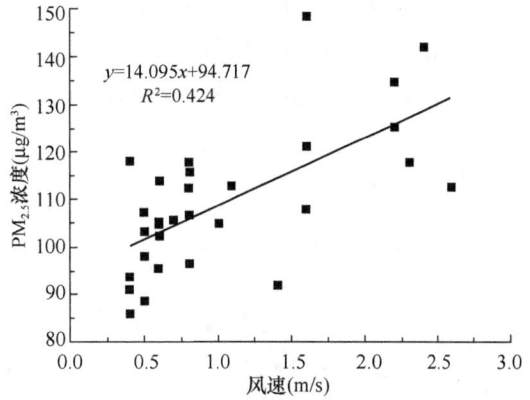

图 4-20 挖方阶段 $PM_{2.5}$ 浓度与风速线性拟合

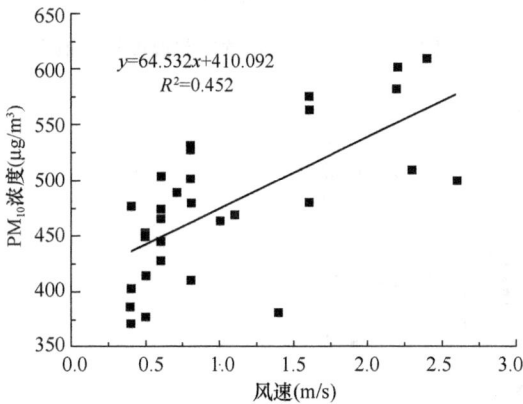

图 4-21 挖方阶段 PM_{10} 浓度与风速线性拟合

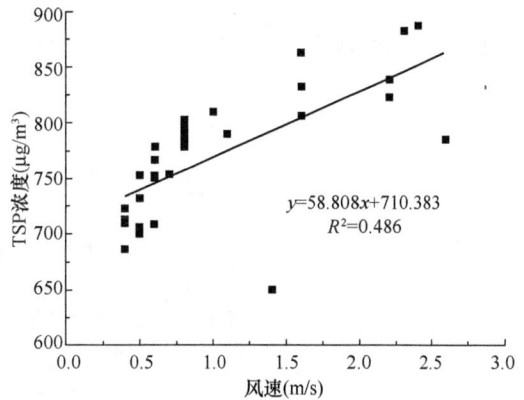

图 4-22 挖方阶段 TSP 浓度与风速线性拟合

对挖方阶段 $PM_{2.5}$、PM_{10}、TSP 浓度值与风速值进行线性拟合分析得到的具体参数及分析结论汇总于表 4-5。

挖方阶段扬尘浓度与风速相关性分析 表 4-5

参数名称	挖方阶段扬尘与风速		
	$PM_{2.5}$	PM_{10}	TSP
相关系数	0.652	0.672	0.679
显著性	0.01 水平显著	0.01 水平显著	0.01 水平显著

从图 4-20～图 4-22 和表 4-5 可以看出，挖方阶段扬尘浓度与风速均呈现正相关性，且相关系数较高，在 0.01 水平显著。此外，相关系数随着扬尘颗粒物粒径的增大而增

大，但增幅相对并不明显。

4.3.3 运方阶段扬尘与气象因子间相关性研究

1. 运方阶段扬尘与温度间相关性

根据施工现场运方阶段监测到的 $PM_{2.5}$、PM_{10}、TSP 浓度值与同一时刻现场记录的温度值进行线性拟合分析，绘制得到的关系曲线如图 4-23～图 4-25 所示。

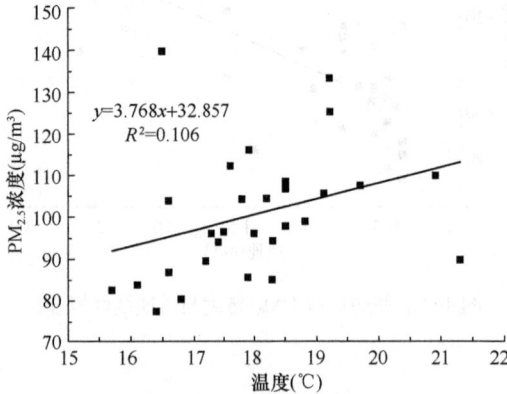

图 4-23 运方阶段 $PM_{2.5}$ 浓度与温度线性拟合

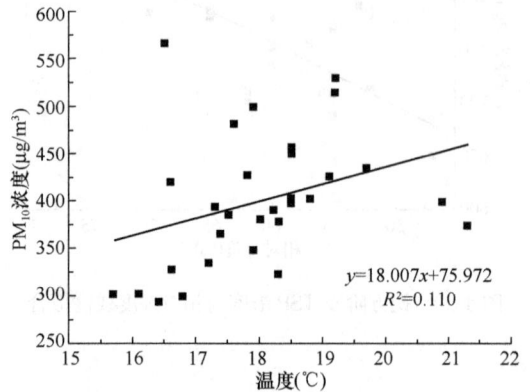

图 4-24 运方阶段 PM_{10} 浓度与温度线性拟合

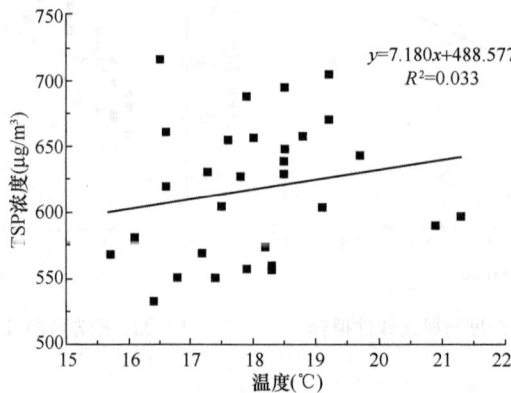

图 4-25 运方阶段 TSP 浓度与温度线性拟合

对运方阶段 $PM_{2.5}$、PM_{10}、TSP 浓度值与温度值进行线性拟合分析得到的具体参数及分析结论汇总于表 4-6。

运方阶段扬尘浓度与温度相关性分析   表 4-6

参数名称	运方阶段扬尘与温度		
	$PM_{2.5}$	PM_{10}	TSP
相关系数	0.326	0.332	0.182
显著性	\	\	\

注：\ 表示斜率没有显著不同于零。

从图 4-23～图 4-25 和表 4-6 中可以看出，运方阶段扬尘浓度与温度均呈现正相关性，但是相关系数较低，且这种相关性并没有显著性。

2. 运方阶段扬尘与相对湿度间的相关性

根据施工现场运方阶段监测到的 $PM_{2.5}$、PM_{10}、TSP 浓度值与同一时刻现场记录的相对湿度值进行线性拟合分析，绘制得到的关系曲线如图 4-26～图 4-28 所示。对运方阶段 $PM_{2.5}$、PM_{10}、TSP 浓度值与相对湿度值进行线性拟合分析得到的具体参数及分析结论汇总于表 4-7。

运方阶段扬尘浓度与相对湿度相关性分析 表 4-7

参数名称	运方阶段扬尘与相对湿度		
	$PM_{2.5}$	PM_{10}	TSP
相关系数	0.695	0.792	0.805
显著性	0.01 水平显著	0.01 水平显著	0.01 水平显著

从图 4-26～图 4-28 和表 4-7 中可以看出，运方阶段扬尘与相对湿度均呈现正相关性，且相关系数高，在 0.01 水平显著。此外，相关系数随着扬尘颗粒物粒径的增大而增大，尤其是从 $PM_{2.5}$ 到 PM_{10} 的增幅较为明显。

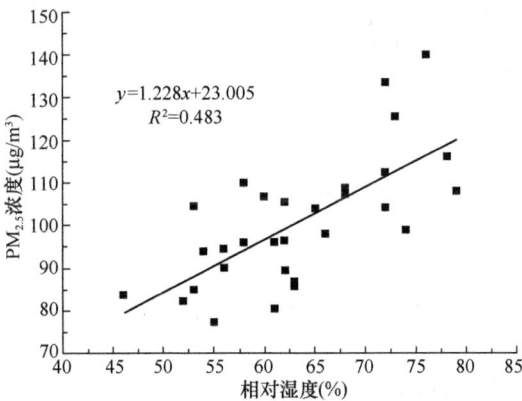

图 4-26 运方阶段 $PM_{2.5}$ 浓度与相对湿度线性拟合

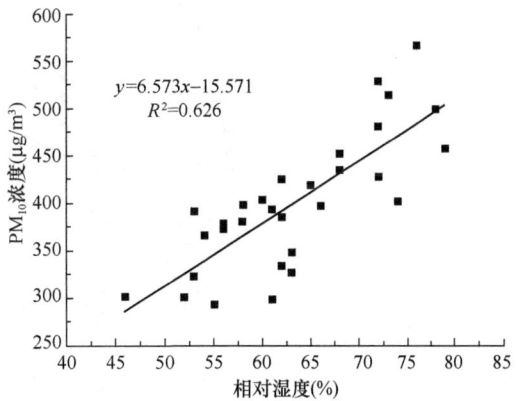

图 4-27 运方阶段 PM_{10} 浓度与相对湿度线性拟合

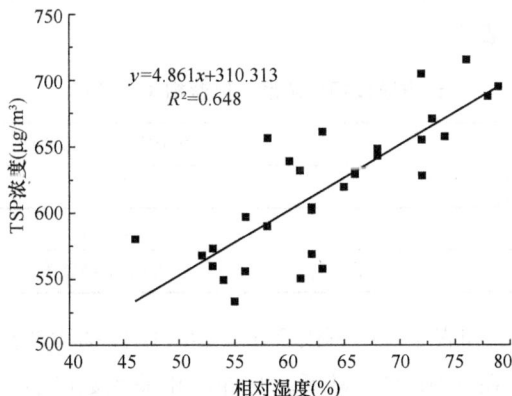

图 4-28 运方阶段 TSP 浓度与相对湿度线性拟合

3. 运方阶段扬尘与风速相关性

根据施工现场运方阶段监测到的 $PM_{2.5}$、PM_{10}、TSP 浓度值与同一时刻现场记录风速值进行线性拟合分析，绘制得到的关系曲线如图 4-29～图 4-31 所示。

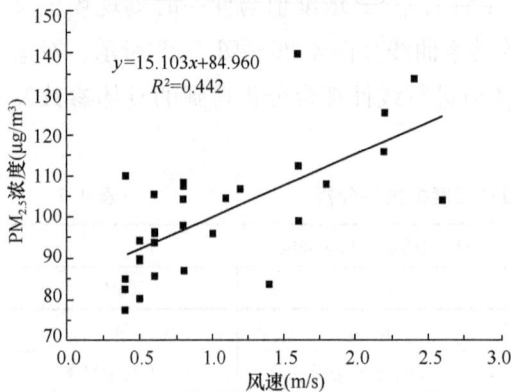

图 4-29　运方阶段 $PM_{2.5}$ 浓度与风速线性拟合　　图 4-30　运方阶段 PM_{10} 浓度与风速线性拟合

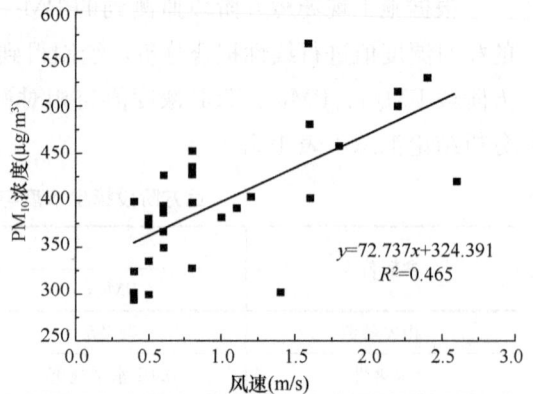

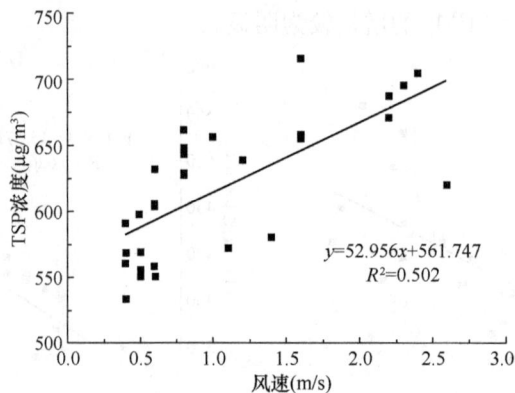

图 4-31　运方阶段 TSP 浓度与风速线性拟合

对运方阶段 $PM_{2.5}$、PM_{10}、TSP 浓度值与风速值进行线性拟合分析，得到的具体参数及分析结论汇总于表 4-8。

运方阶段扬尘浓度与风速相关性分析　　　　　　　　　表 4-8

参数名称	运方阶段扬尘与风速		
	$PM_{2.5}$	PM_{10}	TSP
相关系数	0.665	0.682	0.709
显著性	0.01 水平显著	0.01 水平显著	0.01 水平显著

从图 4-29～图 4-31 和表 4-8 中可以看出，运方阶段扬尘浓度与风速均呈现正相关性，且相关系数较高，在 0.01 水平显著。此外，相关系数随着扬尘颗粒物粒径的增大而增大，但增幅相对并不明显。

4.3.4 填方阶段扬尘与气象因子间相关性研究

1. 填方阶段扬尘与温度间的相关性

根据施工现场填方阶段监测到的 $PM_{2.5}$、PM_{10}、TSP 浓度值与同一时刻现场记录的温度值进行线性拟合分析，绘制得到的关系曲线如图 4-32～图 4-34 所示。对填方阶段 $PM_{2.5}$、PM_{10}、TSP 浓度值与温度值进行线性拟合分析，得到的具体参数及分析结论汇总于表 4-9。

填方阶段扬尘浓度与温度相关性分析 表 4-9

参数名称	填方阶段扬尘与温度		
	$PM_{2.5}$	PM_{10}	TSP
相关系数	0.185	0.484	0.311
显著性	\	0.01 水平显著	\

注：\ 表示斜率没有显著不同于零。

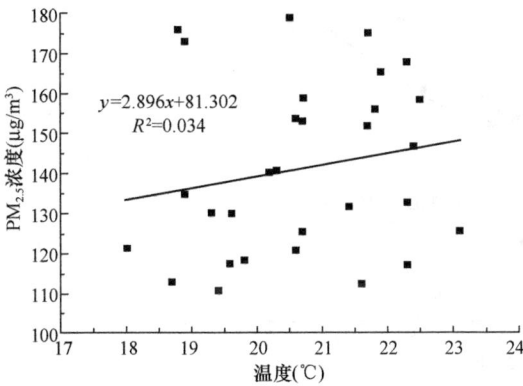

图 4-32 填方阶段 $PM_{2.5}$浓度与温度线性拟合

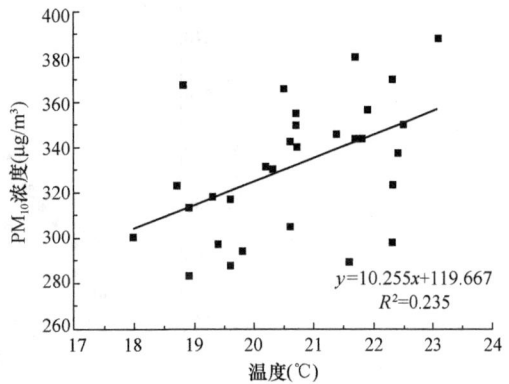

图 4-33 填方阶段 PM_{10}浓度与温度线性拟合

从图 4-32～图 4-34 和表 4-9 中可以看出，填方阶段扬尘与温度均呈现正相关性，但相关系数较低。其中 $PM_{2.5}$、TSP 浓度与温度并没有显著性，而 PM_{10} 浓度与温度在 0.01 水平显著。

2. 填方阶段扬尘与相对湿度间的相关性

根据施工现场填方阶段监测到的 $PM_{2.5}$、PM_{10}、TSP 浓度值与同一时刻现场记录的相对湿度值进行

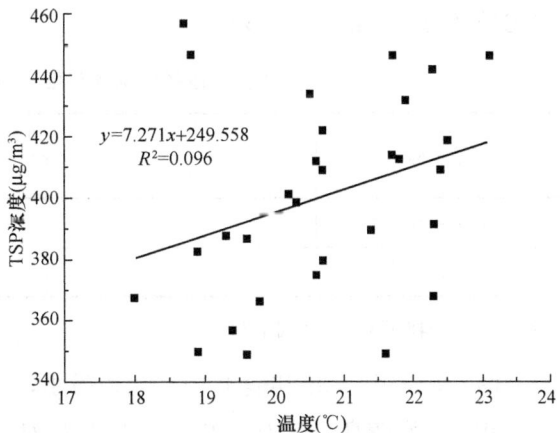

图 4-34 填方阶段 TSP 浓度与温度线性拟合

线性拟合分析，绘制得到的关系曲线如图 4-35～图 4-37 所示。

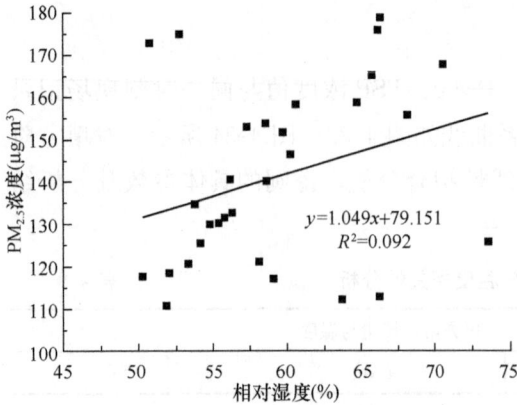

图 4-35　填方阶段 $PM_{2.5}$ 浓度与相对湿度线性拟合

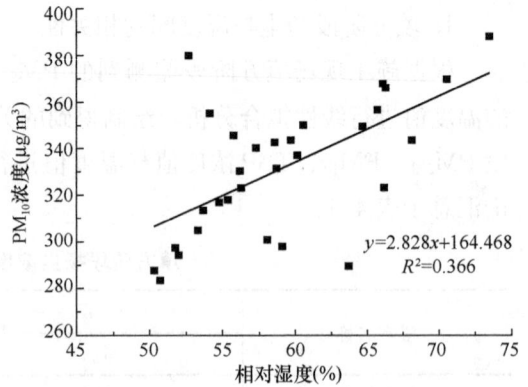

图 4-36　填方阶段 PM_{10} 浓度与相对湿度线性拟合

图中公式：$y=1.049x+79.151$　$R^2=0.092$

图中公式：$y=2.828x+164.468$　$R^2=0.366$

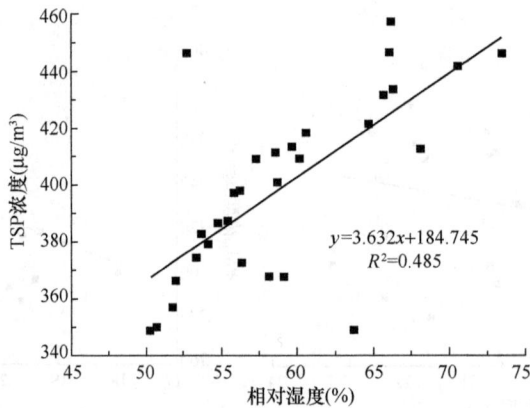

图中公式：$y=3.632x+184.745$　$R^2=0.485$

图 4-37　填方阶段 TSP 浓度与相对湿度线性拟合

对填方阶段 $PM_{2.5}$、PM_{10}、TSP 浓度值与相对湿度值进行线性拟合分析，得到的具体参数及分析结论汇总于表 4-10。

填方阶段扬尘浓度与相对湿度相关性分析　　　　　　表 4-10

参数名称	填方阶段扬尘与相对湿度		
	$PM_{2.5}$	PM_{10}	TSP
相关系数	0.303	0.605	0.697
显著性	\	0.01 水平显著	0.01 水平显著

注：\ 表示斜率没有显著不同于零。

从图 4-35～图 4-37 和表 4-10 中可以看出，填方阶段扬尘与相对湿度均呈现正相关性，且相关系数较高。其中，$PM_{2.5}$ 浓度与相对湿度并没有显著性，而 PM_{10}、TSP 浓度与相对湿度在 0.01 水平显著。此外，相关系数随着扬尘颗粒物粒径的增大而增大。

3. 填方阶段扬尘与风速间相关性

根据施工现场填方阶段监测到的 $PM_{2.5}$、PM_{10}、TSP 浓度值与同一时刻现场记录的风速值进行线性拟合分析,绘制得到的关系曲线如图 4-38～图 4-40 所示。对填方阶段 $PM_{2.5}$、PM_{10}、TSP 浓度值与风速值进行线性拟合分析,得到的具体参数及分析结论汇总于表 4-11。

填方阶段扬尘浓度值与风速相关性分析   表 4-11

参数名称	填方阶段扬尘与风速		
	$PM_{2.5}$	PM_{10}	TSP
相关系数	0.363	0.627	0.734
显著性	0.05 水平显著	0.01 水平显著	0.01 水平显著

从图 4-38～图 4-40 和表 4-11 中可以看出,填方阶段扬尘与风速均呈现正相关性,且相关系数较高,$PM_{2.5}$ 浓度与风速在 0.05 水平显著,PM_{10}、TSP 浓度与风速在 0.01 水平显著。相关系数随着扬尘颗粒物粒径的增大而增大,增幅较明显。

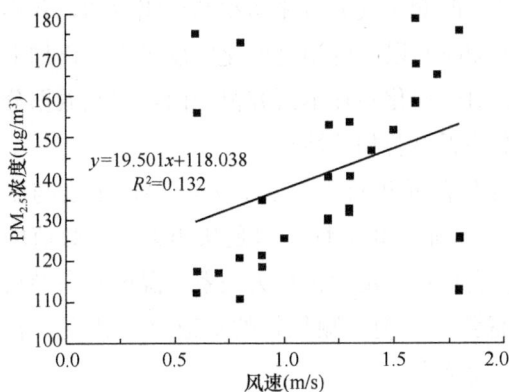

图 4-38 填方阶段 $PM_{2.5}$ 浓度与风速线性拟合

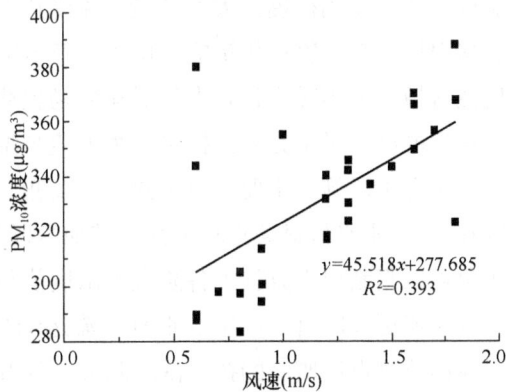

图 4-39 填方阶段 PM_{10} 浓度与风速线性拟合

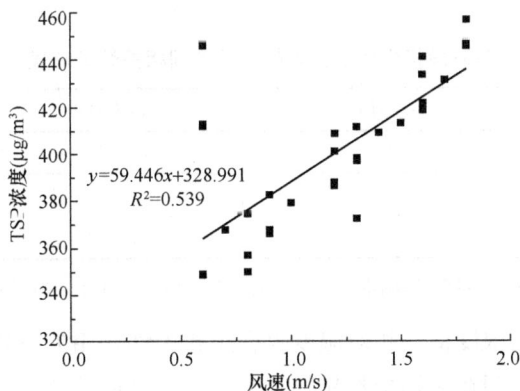

图 4-40 填方阶段 TSP 浓度与风速线性拟合

4.3.5 土方施工扬尘影响因素分析

1. 土方施工扬尘关于温度的影响分析

对土方施工各阶段的扬尘浓度值与温度间的相关性作了详细的数据分析，汇总结果见表 4-12。

各阶段扬尘浓度值与温度间相关性汇总表 表 4-12

扬尘项目	挖方阶段	运方阶段	填方阶段
$PM_{2.5}$	0.198	0.326	0.185
PM_{10}	0.287	0.332	0.484**
TSP	0.263	0.182	0.311

注：** 表示在 0.01 的水平下，斜率显著不同于零。

由表 4-12 可以看出，土方施工各阶段的浓度值与温度存在正相关性且相关系数较低，除填方阶段 PM_{10} 浓度与温度在 0.01 水平显著外，其他均无显著性。分析其原因，温度影响的作用机理是大气环境气流受热上升，改变大气的对流运动和环流运动，并不直接对扬尘颗粒物产生影响。由于本章节的监测时间段内的温度变化幅度极小，再加上监测区域是人体呼吸带，大气对流层扬尘浓度值的变化不在本研究范围内，因此数据分析得出的结论是土方施工扬尘净浓度值与温度并无显著相关性。

填方阶段施工主要在白天进行，温度的变化差异相对于夜晚更大，PM_{10} 浓度与温度在 0.01 水平呈显著正相关性。其他阶段虽没有显著相关性，但是从相关性系数值的正负可以判断出土方施工各阶段的浓度值与温度存在一定的正相关关系。温度升高导致大气对流更加旺盛，产生的垂直湍流运动也越强，有利于颗粒物的扩散[88]，因此，在下风向监测点所监测的扬尘浓度随温度的升高而增大。

2. 土方施工扬尘关于相对湿度的影响分析

对土方施工各阶段的扬尘浓度值与相对湿度间的相关性作了详细的数据分析，汇总结果见表 4-13。

各阶段扬尘浓度值与相对湿度间相关性汇总表 表 4-13

扬尘项目	挖方阶段	运方阶段	填方阶段
$PM_{2.5}$	0.688**	0.695**	0.303*
PM_{10}	0.751**	0.792**	0.605**
TSP	0.820**	0.805**	0.697**

注：* 表示在 0.05 的水平下，斜率显著不同于零；** 表示在 0.01 的水平下，斜率显著不同于零。

土方施工各阶段的浓度值与相对湿度存在正相关性，相关系数高且显著。分析其原因，相对湿度的影响机理在于扬尘颗粒物与水分子的碰撞结合，形成体积更大、质量更大的颗粒微团，微团扩散的距离有限，相对而言更利于沉降。同时，在相同的温度与压力条件下，相对湿度越高，说明空气中的水分子含量也越高，水分子与扬尘颗粒物碰撞结合形成大颗粒微团的概率也更大，更易于聚集。就监测结果而言，下风向的扬尘浓度值随相对湿度的增大也有明显增大趋势。

从颗粒物粒径角度分析，粒径越大，扬尘浓度与相对湿度间相关系数越大。原因在于，相同相对湿度条件下，相较于细颗粒物（$PM_{2.5}$），大体积的颗粒物（PM_{10}、TSP）与水分子碰撞概率更大，更易于聚集而发生沉降。因此，扬尘浓度与相对湿度间相关系数大小为：$TSP > PM_{10} > PM_{2.5}$。

3. 土方施工扬尘关于风速的影响分析

上述对土方施工各阶段的扬尘浓度值与风速间的相关性作了详细的数据分析，汇总结果见表 4-14。

各阶段扬尘浓度值与风速间相关性汇总表　　　　　　　　表 4-14

扬尘项目	挖方阶段	运方阶段	填方阶段
$PM_{2.5}$	0.652**	0.665**	0.363*
PM_{10}	0.657**	0.682**	0.627**
TSP	0.697**	0.709**	0.734**

注：* 表示在 0.05 的水平下，斜率显著不同于零；** 表示在 0.01 的水平下，斜率显著不同于零。

土方施工各阶段的浓度值与风速存在正相关性，相关系数较高且显著。分析其原因，风速的影响有两种，分别为扩散与二次起扬。扬尘颗粒物沿主风向方向运动，在一定范围内，风速的增大导致扬尘往下风向扩散，导致监测结果增大，虽有利于缓解施工现场内部的扬尘污染，但是颗粒物扩散至周围环境，对整个城市造成严重污染。随着风速的增大，当风场力大于扬尘起扬的起锚力（此时的风速称为风速阈值）时，原本静止的颗粒物发生起扬，或者正在沉降的颗粒物再次卷扬，原本的扬尘颗粒和新的扬尘颗粒一起向下风向扩散，导致监测结果增大，此过程既不利于缓解施工现场内部的扬尘污染，又污染整个城市环境。因此，无论风速是否超过风速阈值，土方施工扬尘净浓度值与风速都呈现出显著的正相关性。

综上所述，土方施工扬尘与气象因子中的温度几乎无显著相关性，而与相对湿度和风速均呈现出显著的正相关性。

4.4　工程土方施工扬尘排放浓度预测模型

上一章节就土方施工扬尘与气象因子间的相关性问题进行了细致研究，本章节在相关性研究的基础上，确定了影响土方施工扬尘的主要气象因子，使用多元线性回归分析的方法，建立土方施工扬尘排放浓度预测模型，借助模型可得到土方扬尘浓度的估算值。

多元线性回归是早已提出的数理统计方法，它是指研究一个因变量和多个自变量之间关系的回归模型。记因变量为 y，m 个自变量因素的 n 组观测值为（x_{1i}, x_{2i}, L, x_{mi},

$y_i)(i=1, 2, \cdots, n)$，则多元线性回归表达式为：

$$y = a_1 + a_2 x_1 + a_3 x_2 + L + a_{m+1} x_m \tag{4-2}$$

采用最小二乘法估计模型参数 a_1、a_2、a_3、L、a_{m+1}，然后对模型参数进行统计检验。在此过程中，筛选出合适的自变量是正确进行多元回归预测的前提之一，根据相关性分析，本章节筛选出的自变量有温度、相对湿度和风速。

建立出土方施工扬尘排放浓度预测模型，再通过判定系数 R^2 检验、回归方程显著性 F 检验、回归系数显著性 T 检验以及残差分析验证模型的精确性。

4.4.1 挖方阶段扬尘排放浓度预测模型

1. 挖方阶段 $PM_{2.5}$ 排放浓度预测模型

将挖方阶段监测的 $PM_{2.5}$ 浓度值作为 $y_{wPM_{2.5}}$，同时记录的气象因子（温度、相对湿度、风速）数据分别作为 x_m，对所有数据进行多元线性逐步回归分析，剔除不显著变量温度。

挖方阶段 $PM_{2.5}$ 多元线性回归模型　　　表 4-15

Model	B	Std. Error	t	Sig.
常数	48.764	17.234	2.829	0.009
相对湿度	0.836	0.307	2.723	0.011
风速	7.725	3.647	2.118	0.044
概述	$R^2=0.548$	$F=16.396$		Sig. $F=0.000$

从表 4-15 可以看出，模型的判定系数 R^2 为 0.548，F 统计量的观察值为 16.396，概率 p 值为 0.000，在显著性水平为 0.05 的情形下，可以认为：挖方阶段 $PM_{2.5}$ 排放浓度与相对湿度和风速之间存在线性关系，此模型成立。

回归模型中，常数项为 48.764，相对湿度、风速的偏回归系数分别为 0.836 和 7.725，经 T 检验，概率 p 值分别 0.011 和 0.044，在显著性水平为 0.05 的情形下，均有显著性意义。因此，建立的挖方阶段 $PM_{2.5}$ 排放浓度预测模型方程为：

$$y_{wPM_{2.5}} = 48.764 + 0.836x_1 + 7.725x_2 \tag{4-3}$$

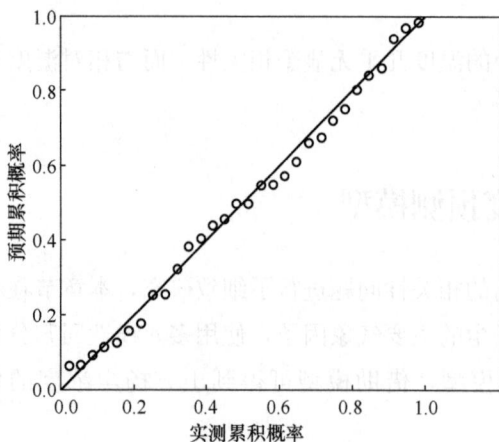

图 4-41 挖方阶段 $PM_{2.5}$ 的回归标准化正态 P-P 图

式中：$y_{wPM_{2.5}}$——挖方阶段 $PM_{2.5}$ 排放浓度，$\mu g/m^3$；

x_1——相对湿度，%；

x_2——风速，m/s。

图 4-41 给出了观测值的残差分布与假设的正态分布的比较，由图 4-41 可知

标准化残差散点分布靠近直线，可判断出标准化残差呈正态分布，进一步说明建立的多元线性回归模型有意义。

2. 挖方阶段 PM_{10} 排放浓度预测模型

将挖方阶段监测的 PM_{10} 浓度值作为 $y_{wPM_{10}}$，同时记录的气象因子（温度、相对湿度、风速）数据分别作为 x_m，对所有数据进行多元线性逐步回归分析，剔除不显著变量温度。

挖方阶段 PM_{10} 多元线性回归模型　　　　　　表 4-16

Model	B	Std. Error	t	Sig.
常数	178.927	71.031	2.519	0.018
相对湿度	4.204	1.265	3.323	0.003
风速	32.486	15.032	2.161	0.040
概述	$R^2=0.611$	$F=21.180$		Sig. $F=0.000$

从表 4-16 可以看出，模型的判定系数 R^2 为 0.611，F 统计量的观察值为 21.180，概率 p 值为 0.000，在显著性水平为 0.05 的情形下，可以认为：挖方阶段 PM_{10} 排放浓度与相对湿度和风速之间存在线性关系，此模型成立。

回归模型中，常数项为 178.927，相对湿度、风速的偏回归系数分别为 4.204 和 32.486，经 T 检验，概率 p 值分别为 0.003 和 0.040，在显著性水平为 0.05 的情形下，均有显著性意义。因此，建立挖方阶段 PM_{10} 排放浓度预测模型方程为：

$$y_{wPM_{10}} = 178.927 + 4.204x_1 + 32.486x_2 \tag{4-4}$$

式中：$y_{wPM_{10}}$ ——挖方阶段 PM_{10} 排放浓度，$\mu g/m^3$；

　　　x_1——相对湿度，%；

　　　x_2——风速，m/s。

由图 4-42 可知，标准化残差呈正态分布，说明建立的多元线性回归模型有意义。

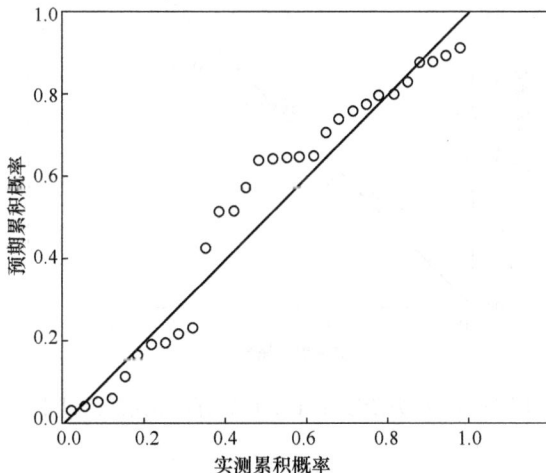

图 4-42　挖方阶段 PM_{10} 的回归标准化正态 P-P 图

3. 挖方阶段 TSP 排放浓度预测模型

将挖方阶段监测的 TSP 浓度值作为 y_{wTSP}，同时记录的气象因子（温度、相对湿度、风速）数据分别作为 x_m，对所有数据进行多元线性逐步回归分析，剔除不显著变量温度。

挖方阶段 TSP 多元线性回归模型   表 4-17

Model	B	Std. Error	t	Sig.
常数	463.029	52.612	8.801	0.000
相对湿度	4.499	0.937	4.800	0.000
风速	24.518	11.134	2.202	0.036
概述	$R^2=0.723$	$F=35.225$		Sig. $F=0.000$

从表 4-17 可以看出，模型的判定系数 R^2 为 0.723，F 统计量的观察值为 35.225，概率 p 值为 0.000，在显著性水平为 0.05 的情形下，可以认为：挖方阶段 TSP 排放浓度与相对湿度和风速之间存在线性关系，此模型成立。

回归模型中，常数项为 463.029，相对湿度、风速的偏回归系数分别为 4.499 和 24.518，经 T 检验，概率 p 值分别为 0.000 和 0.036，在显著性水平为 0.05 的情形下，均有显著性意义。因此，建立的挖方阶段 TSP 排放浓度预测模型方程为：

$$y_{wTSP} = 463.029 + 4.499x_1 + 24.518x_2 \tag{4-5}$$

式中：y_{wTSP} ——挖方阶段 TSP 排放浓度，$\mu g/m^3$；

      x_1 ——相对湿度，%；

      x_2 ——风速，m/s。

由图 4-43 可知，标准化残差呈正态分布，说明建立的多元线性回归模型有意义。

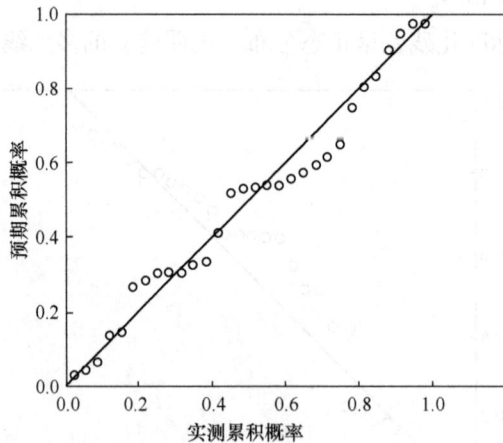

图 4-43   挖方阶段 TSP 的回归标准化正态 P-P 图

4.4.2 运方阶段扬尘排放浓度预测模型

1. 运方阶段 $PM_{2.5}$ 排放浓度预测模型

将运方阶段监测的 $PM_{2.5}$ 浓度值作为 $y_{yPM_{2.5}}$，同时记录的气象因子（温度、相对湿度、风速）数据分别作为 x_m，对所有数据进行多元线性逐步回归分析，剔除不显著变量温度。

运方阶段 $PM_{2.5}$ 多元线性回归模型 表 4-18

Model	B	Std. Error	t	Sig.
常数	40.067	15.772	2.540	0.017
相对湿度	0.815	0.279	2.919	0.007
风速	8.737	3.584	2.437	0.022
概述	$R^2=0.576$	$F=18.351$		Sig. $F=0.000$

从表 4-18 可以看出，模型的判定系数 R^2 为 0.576，F 统计量的观察值为 18.351，概率 p 值为 0.000，在显著性水平为 0.05 的情形下，可以认为：运方阶段 $PM_{2.5}$ 排放浓度与相对湿度和风速之间存在线性关系，此模型成立。

回归模型中，常数项为 40.067，相对湿度、风速的偏回归系数分别为 0.815 和 8.737，经 T 检验，概率 p 值分别为 0.007 和 0.022，在显著性水平为 0.05 的情形下，均有显著性意义。因此，建立的运方阶段 $PM_{2.5}$ 排放浓度预测模型方程为：

$$y_{yPM_{2.5}} = 40.067 + 0.815x_1 + 8.737x_2 \tag{4-6}$$

式中，$y_{yPM_{2.5}}$——运方阶段 $PM_{2.5}$ 排放浓度，$\mu g/m^3$；

x_1——相对湿度，%；

x_2——风速，m/s。

图 4-44 给出了观测值的残差分布与假设的正态分布的比较，由图可知标准化残差散点分布靠近直线，可判断出标准化残差呈正态分布，进一步说明建立的多元线性回归模型有意义。

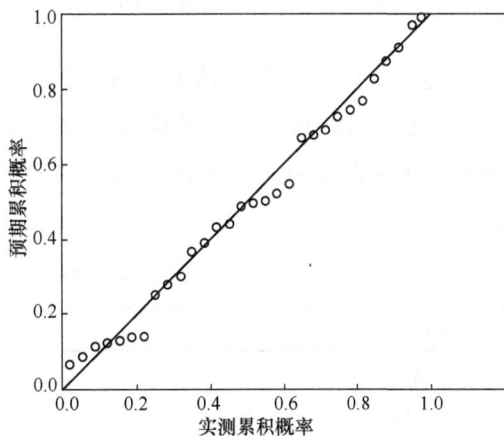

图 4-44 运方阶段 $PM_{2.5}$ 的回归标准化正态 P-P 图

2. 运方阶段 PM_{10} 排放浓度预测模型

将运方阶段监测的 PM_{10} 浓度值作为 $y_{yPM_{10}}$，同时记录的气象因子（温度、相对湿度、风速）数据分别作为 x_m，对所有数据进行多元线性逐步回归分析，剔除不显著变量温度。

运方阶段 PM_{10} 多元线性回归模型 表 4-19

Model	B	Std. Error	t	Sig.
常数	50.687	63.340	0.800	0.413
相对湿度	4.966	1.121	4.432	0.000
风速	33.928	14.395	2.357	0.026
概述	$R^2=0.690$	$F=30.086$		Sig. $F=0.000$

从表 4-19 可以看出，模型的判定系数 R^2 为 0.690，F 统计量的观察值为 30.086，概率 p 值为 0.000，在显著性水平为 0.05 的情形下，可以认为：运方阶段 PM_{10} 排放浓度与相对湿度和风速之间存在线性关系，此模型成立。

回归模型中，常数项为 50.687，相对湿度、风速的偏回归系数分别为 4.966 和 33.928，经 T 检验，概率 p 值分别为 0.000 和 0.026，在显著性水平为 0.05 的情形下，均有显著性意义。因此，建立的运方阶段 PM_{10} 排放浓度预测模型方程为：

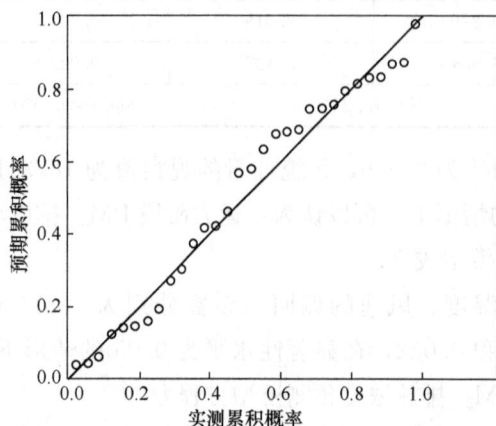

图 4-45 运方阶段 PM_{10} 的回归标准化正态 P-P 图

$$y_{yPM_{10}} = 50.687 + 4.966x_1 + 33.928x_2$$

$$(4-7)$$

式中，$y_{yPM_{10}}$——运方阶段 PM_{10} 排放浓度，$\mu g/m^3$；

　　　x_1——相对湿度，%；

　　　x_2——风速，m/s。

由图 4-45 可知，标准化残差呈正态分布，说明建立的多元线性回归模型有意义。

3. 运方阶段 TSP 排放浓度预测模型

将运方阶段监测的 TSP 浓度值作为 y_{yTSP}，同时记录的气象因子（温度、相对湿度、风速）数据分别作为 x_m，对所有数据进行多元线性逐步回归分析，剔除不显著变量温度。

运方阶段 TSP 多元线性回归模型　　　　　　　　　　　　　　　表 4-20

Model	B	Std. Error	t	Sig.
常数	360.174	44.130	8.162	0.000
相对湿度	3.652	0.781	4.678	0.000
风速	24.531	10.029	2.546	0.017
概述	$R^2=0.716$	$F=34.014$		Sig. $F=0.000$

从表 4-20 可以看出，模型的判定系数 R^2 为 0.716，F 统计量的观察值为 34.014，概率 p 值为 0.000，在显著性水平为 0.05 的情形下，可以认为：运方阶段 TSP 排放浓度与相对湿度和风速之间存在线性关系，此模型成立。

回归模型中，常数项为 360.174，相对湿度、风速的偏回归系数分别为 3.652 和 24.531，经 T 检验，概率 p 值分别为 0.000 和 0.017，在显著性水平为 0.05 的情形下，均有显著性意义。因此，建立的运方阶段 TSP 排放浓度预测模型方程为：

$$y_{yTSP} = 360.174 + 3.652x_1 + 24.531x_2$$

$$(4-8)$$

式中，y_{yTSP}——运方阶段 TSP 排放浓度，$\mu g/m^3$；

x_1——相对湿度，%；

x_2——风速，m/s。

由图 4-46 可知，标准化残差呈正态分布，说明建立的多元线性回归模型有意义。

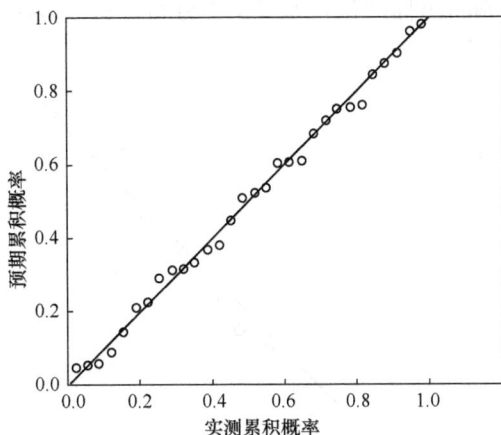

图 4-46　运方阶段 TSP 的回归标准化正态 P-P 图

4.4.3　填方阶段扬尘排放浓度预测模型

1. 填方阶段 $PM_{2.5}$ 排放浓度预测模型

将填方阶段监测的 $PM_{2.5}$ 浓度值作为 $y_{tPM_{2.5}}$，同时记录的气象因子（温度、相对湿度、风速）数据分别作为 x_m，对所有数据进行多元线性逐步回归分析，剔除不显著变量温度和相对湿度。

填方阶段 $PM_{2.5}$ 多元线性回归模型　　　　　　　　　　表 4-21

Model	B	Std. Error	t	Sig.
常数	118.038	11.826	9.981	0.000
风速	19.501	9.462	2.061	0.049
概述	$R^2 = 0.132$		$F = 4.247$	Sig. $F = 0.049$

从表 4-21 可以看出，模型的判定系数 R^2 为 0.132，F 统计量的观察值为 4.247，概率 p 值为 0.049，在显著性水平为 0.05 的情形下，可以认为：填方阶段 $PM_{2.5}$ 排放浓度与风速之间存在线性关系，此模型成立。需要注意的是，前文分析讨填方阶段 $PM_{2.5}$ 受到其他因素的影响，该模型的判定系数较低，表明该模型与数据之间拟合程度虽显著但不理想。

回归模型中，常数项为 118.038，风速的偏回归系数为 19.501，经 T 检验，概率 p 值分别为 0.000 和 0.049，在显著性水平为 0.05 的情形下，均有显著性意义。因此，建立的填方阶段 $PM_{2.5}$ 排放浓度预测模型方程为：

$$y_{tPM_{2.5}} = 118.038 + 19.501x_1 \tag{4-9}$$

式中，$y_{tPM_{2.5}}$——填方阶段 $PM_{2.5}$ 排放浓度，$\mu g/m^3$；

x_1——风速，m/s。

图 4-47 给出了观测值的残差分布与假设的正态分布的比较，由图可知标准化残差散点分布靠近直线，可判断出标准化残差呈正态分布，进一步说明建立的多元线性回归模型有意义。

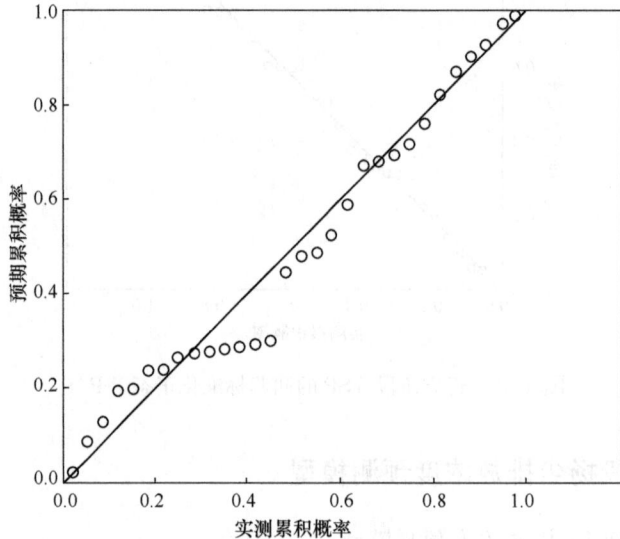

图 4-47　填方阶段 $PM_{2.5}$ 的回归标准化正态 P-P 图

2. 填方阶段 PM_{10} 排放浓度预测模型

将填方阶段监测的 PM_{10} 浓度值作为 $y_{tPM_{10}}$，同时记录的气象因子（温度、相对湿度、风速）数据分别作为 x_m，对所有数据进行多元线性逐步回归分析，剔除不显著变量相对湿度。

填方阶段 PM_{10} 多元线性回归模型　　　　　表 4-22

Model	B	Std. Error	t	Sig.
常数	114.061	57.390	1.987	0.057
风速	40.634	9.639	2.914	0.007
温度	8.194	2.812	4.215	0.000
概述	$R^2=0.538$	$F=15.742$		Sig. $F=0.000$

从表 4-22 可以看出，模型的判定系数 R^2 为 0.538，F 统计量的观察值为 15.742，概率 p 值为 0.000，在显著性水平为 0.05 的情形下，可以认为：填方阶段 PM_{10} 排放浓度与温度和风速之间存在线性关系，此模型成立。

回归模型中，常数项为 114.061，温度、风速的偏回归系数分别为 8.194 和 40.634，经 T 检验，概率 p 值分别为 0.000 和 0.007，在显著性水平为 0.05 的情形下，均有显著性意义。因此，建立的填方阶段 PM_{10} 排放浓度预测模型方程为：

$$y_{t\text{PM}_{10}} = 114.061 + 40.634x_1 + 8.194x_2 \qquad (4\text{-}10)$$

式中，$y_{t\text{PM}_{10}}$ ——填方阶段 PM_{10} 排放浓度，$\mu\text{g/m}^3$；

$\quad\quad x_1$ ——风速，m/s；

$\quad\quad x_2$ ——温度，℃。

由图 4-48 可知，标准化残差呈正态分布，说明建立的多元线性回归模型有意义。

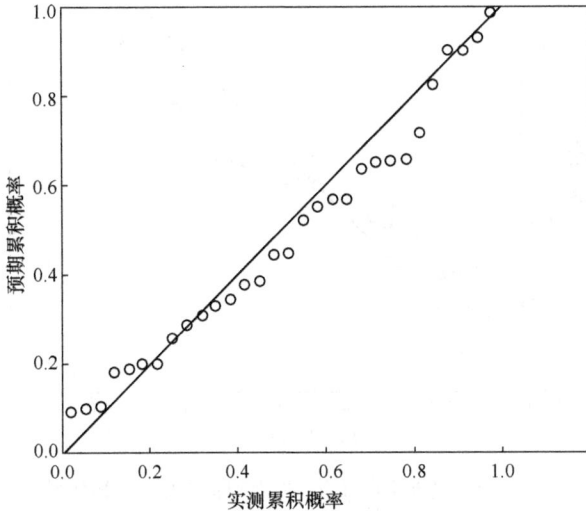

图 4-48 填方阶段 PM_{10} 的回归标准化正态 P-P 图

3. 填方阶段 TSP 排放浓度预测模型

将填方阶段监测的 TSP 浓度值作为 $y_{t\text{TSP}}$，同时记录的气象因子（温度、相对湿度、风速）数据分别作为 x_m，对所有数据进行多元线性逐步回归分析，剔除不显著变量温度。

填方阶段 TSP 多元线性回归模型   表 4-23

Model	B	Std. Error	t	Sig.
常数	231.961	38.934	5.958	0.000
相对湿度	2.037	0.779	2.616	0.014
风速	39.689	12.100	3.280	0.003
概述	$R^2 = 0.632$	$F = 23.193$		Sig. $F = 0.000$

从表 4-23 可以看出，模型的判定系数 R^2 为 0.632，F 统计量的观察值为 23.193，概率 p 值为 0.000，在显著性水平为 0.05 的情形下，可以认为：填方阶段 TSP 排放浓度与相对湿度和风速之间存在线性关系，此模型成立。

回归模型中，常数项为 231.961，相对湿度、风速的偏回归系数分别为 2.037 和 39.689，经 T 检验，概率 p 值分别 0.014 和 0.003，在显著性水平为 0.05 的情形下，均有显著性意义。因此，建立的填方阶段 TSP 排放浓度预测模型方程为：

$$y_{t\text{TSP}} = 231.961 + 2.037x_1 + 39.689x_2 \qquad (4\text{-}11)$$

式中，y_{tTSP}——填方阶段 TSP 排放浓度，$\mu g/m^3$；

    x_1——相对湿度，%；

    x_2——风速，m/s。

由图 4-49 可知，标准化残差呈正态分布，说明建立的多元线性回归模型有意义。

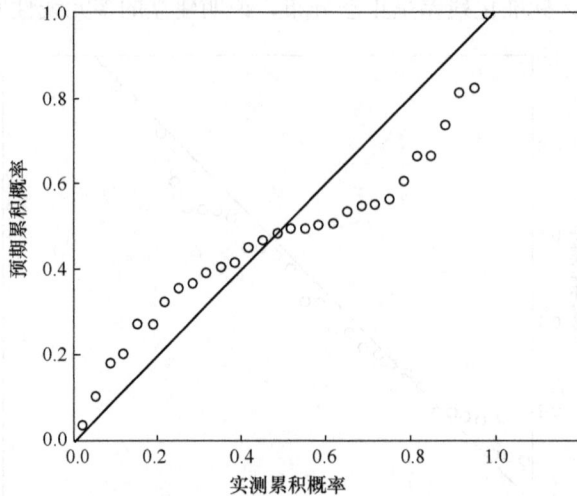

图 4-49　填方阶段 TSP 的回归标准化正态 P-P 图

4.5　工程土方施工扬尘对城市环境的影响与控制研究

前文已经对土方施工阶段的扬尘机理以及扬尘浓度的影响因素作了细致的研究，本章节建立在上述研究结论的基础上，从土方施工扬尘对城市环境的影响、降尘抑尘的措施评价以及扬尘控制的方案三个角度展开深入研究，并优化和设计出更实用、更高效的防治措施。

4.5.1　土方施工扬尘对城市环境的影响

为贯彻《中华人民共和国环境保护法》和《中华人民共和国大气污染防治法》，由环境保护部、国家质量监督检验检疫总局联合发布的《环境空气质量标准》GB 3095—2012 于 2016 年 1 月 1 日起在全国实施[89]。

标准对环境空气功能区质量要求作了详细说明，其中部分规定详见表 4-24。

环境空气部分污染物项目浓度限值　　　　　　　　　　　　　　表 4-24

序号	污染物项目	平均时间	浓度限值		单位
			一级	二级	
1	颗粒物（粒径小于等于 2.5μm）	年平均	15	35	$\mu g/m^3$
		24 小时平均	35	75	$\mu g/m^3$

序号	污染物项目	平均时间	浓度限值		单位
			一级	二级	
2	颗粒物（粒径小于等于10μm）	年平均	40	70	$\mu g/m^3$
		24小时平均	50	150	$\mu g/m^3$
3	颗粒物（粒径小于等于100μm）	年平均	80	200	$\mu g/m^3$
		24小时平均	120	300	$\mu g/m^3$

注：一级浓度限值适用于一类区：自然保护区、风景名胜区和其他需要特殊保护的区域；二级浓度限值适用于二类区：居住区、商业交通居民混合区、文化区、工业区和农村区域。

本章节所研究的对象是位于西安市高新区的某地下隧道及综合体工程，监测时间横跨2019年第三季度和第四季度。查阅西安市生态环境局公布的《西安市2019年第三季度环境质量状况》与《西安市2019年第四季度环境质量状况》，结果显示：三季度全市颗粒物（PM$_{2.5}$）季平均浓度值为$25\mu g/m^3$，日平均浓度值范围在$6\sim57\mu g/m^3$之间，无超标样本；三季度全市颗粒物（PM$_{10}$）季平均浓度值为$53\mu g/m^3$，日平均浓度值范围在$11\sim112\mu g/m^3$之间，无超标样本。

四季度全市颗粒物（PM$_{2.5}$）季平均浓度值为$73\mu g/m^3$，日平均浓度值范围在$9\sim269\mu g/m^3$之间，最大超标倍数为2.59倍，全市超标样本数为30个，超标率32.6%；四季度全市颗粒物（PM$_{10}$）季平均浓度值为$115\mu g/m^3$，日平均浓度值范围在$19\sim296\mu g/m^3$之间，最大超标倍数为0.97倍。全市超标样本数为24个，超标率为26.1%。

1. 土方施工扬尘平均值对城市环境的影响

本建筑项目施工现场下风向监测点扬尘浓度的实际监测数据显示，挖方阶段：颗粒物（PM$_{2.5}$）浓度值范围在$86\sim148.4\mu g/m^3$之间，平均浓度值为$109.4\mu g/m^3$；颗粒物（PM$_{10}$）浓度值范围在$371.6\sim642.2\mu g/m^3$之间，平均浓度值为$480.7\mu g/m^3$；颗粒物（TSP）浓度值范围在$687\sim887.3\mu g/m^3$之间，平均浓度值为$771.5\mu g/m^3$。

运方阶段：颗粒物（PM$_{2.5}$）浓度值范围在$77.5\sim139.7\mu g/m^3$之间，平均浓度值为$100.7\mu g/m^3$；颗粒物（PM$_{10}$）浓度值范围在$293.4\sim566.1\mu g/m^3$之间，平均浓度值为$400.3\mu g/m^3$；颗粒物（TSP）浓度值范围在$532.9\sim715.7\mu g/m^3$之间，平均浓度值为$621.3\mu g/m^3$。

填方阶段：颗粒物（PM$_{2.5}$）浓度值范围在$110.6\sim180.3\mu g/m^3$之间，平均浓度值为$143\mu g/m^3$；颗粒物（PM$_{10}$）浓度值范围在$294.3\sim415.2\mu g/m^3$之间，平均浓度值为$332.7\mu g/m^3$；颗粒物（TSP）浓度值范围在$348.9\sim457.1\mu g/m^3$之间，平均浓度值为$399.9\mu g/m^3$。

单从上述数据可以看出，土方施工扬尘实际监测浓度值均超过国家标准二级年平均浓度限值和西安市三、四季度平均浓度值，其各浓度具体比值见表4-25～表4-27。

施工现场 $PM_{2.5}$ 平均值与二级浓度限值、市季度平均值比值　　　表 4-25

扬尘（$PM_{2.5}$）比值	挖方阶段	运方阶段	填方阶段
实测平均值/二级浓度限值（年）	3.1	2.9	4.1
实测平均值/三季度平均值	4.4	4.0	5.7
实测平均值/四季度平均值	1.5	1.4	2.0

施工现场 PM_{10} 平均值与二级浓度限值、市季度平均值比值　　　表 4-26

扬尘（PM_{10}）比值	挖方阶段	运方阶段	填方阶段
实测平均值/二级浓度限值（年）	6.9	5.7	4.8
实测平均值/三季度平均值	9.1	7.6	6.3
实测平均值/四季度平均值	4.2	3.5	2.9

施工现场 TSP 平均值与二级浓度限值　　　表 4-27

扬尘（TSP）比值	挖方阶段	运方阶段	填方阶段
实测平均值/二级浓度限值（年）	3.9	3.1	2.0

由表 4-25～表 4-27 可知，施工现场的 $PM_{2.5}$ 在填方阶段污染最为严重，实测平均值是国家标准二级年平均浓度限值的 4.1 倍，是西安市第三季度平均值的 5.7 倍，是西安市第四季度平均值的 2.0 倍。在本书第 4.2 章节 $PM_{2.5}$ 排放特征分析到填方阶段由于受外界影响，监测到的浓度值偏高，因此，这里的比值最大也是出现在填方阶段。

施工现场的 PM_{10} 浓度比值最大出现在挖方阶段，实测平均值是国家标准二级年平均浓度限值的 6.9 倍，是西安市第三季度平均值的 9.1 倍，是西安市第四季度平均值的 4.2 倍。相比 $PM_{2.5}$ 比值结果，PM_{10} 比值最小出现在填方阶段，也远高于 $PM_{2.5}$ 比值，可见 PM_{10} 的污染显得格外严重。施工现场的 TSP 浓度值在挖方阶段超标严重，实测平均值是国家标准二级年平均浓度限值的 3.9 倍。

挖方阶段 PM_{10} 实际监测浓度平均值与西安市第三季度 PM_{10} 平均浓度值比值高达 9.1，运方阶段 $PM_{2.5}$ 实际监测浓度平均值与西安市第四季度 $PM_{2.5}$ 平均浓度值比值最小也有 1.4。可见，土方施工的任何阶段，产生的扬尘对城市环境都有严重的影响，尤其是挖方阶段的 PM_{10} 污染最为严重。

综上所述，建筑施工过程造成的扬尘污染非常严重，特别是挖方阶段，必须做出针对性的防治措施。扬尘以中心点向四周的模式进行扩散，扬尘扩散半径随着其浓度的增大而增大，尤其是下风向区域扬尘堆积更为明显，施工人员的健康和周围环境危害巨大。因此，施工过程中采取相应的降尘抑尘措施就显得尤为重要。

2. 基于气象因子的土方施工扬尘对城市环境的影响

关于气象因子的相关性的研究已得出土方施工扬尘与相对湿度和风速均有显著的正相关性，本小节在这一结论的基础上，选择环境污染最为严重的挖方阶段，以此来代表整个土方施工阶段，结合相对湿度和风速进行更深层次的扬尘对城市环境的影响研究。图 4-50～图 4-52 分别是以相对湿度和风速作为双 y 轴，实测 $PM_{2.5}$、PM_{10}、TSP 浓度值与国家标准二级年平均浓度限值的比值作为 x 轴的双折线图。

由图 4-50 可以看出，实测 $PM_{2.5}$ 浓度值与国家标准二级年平均浓度限值的比值最小为 2.46，对应的相对湿度为 55%，风速为 0.4m/s；比值的最大值为 4.24，对应的相对湿度为 78%，风速为 1.6m/s。相对湿度最低的 52%，并不是对应最小的比值；风速最大的 2.6m/s，也不是对应最大的比值。可见，单一的相对湿度或者风速并不能单独决定实测 $PM_{2.5}$ 浓度值与国家标准二级年平均浓度限值的比值大小。

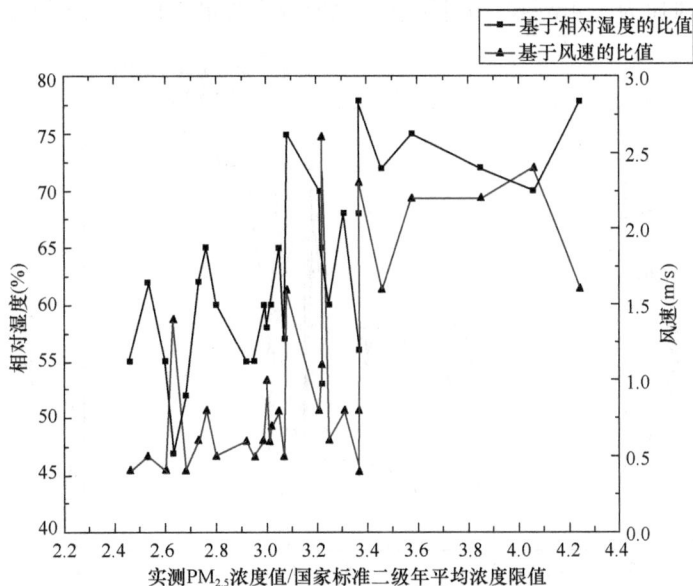

图 4-50 $PM_{2.5}$ 浓度与国家标准二级年平均浓度限值比值图

由图 4-51 可以看出，实测 PM_{10} 浓度值与国家标准二级年平均浓度限值的比值最小为 5.31，对应的相对湿度为 55%，风速为 0.4m/s；比值的最大值为 8.70，对应的相对

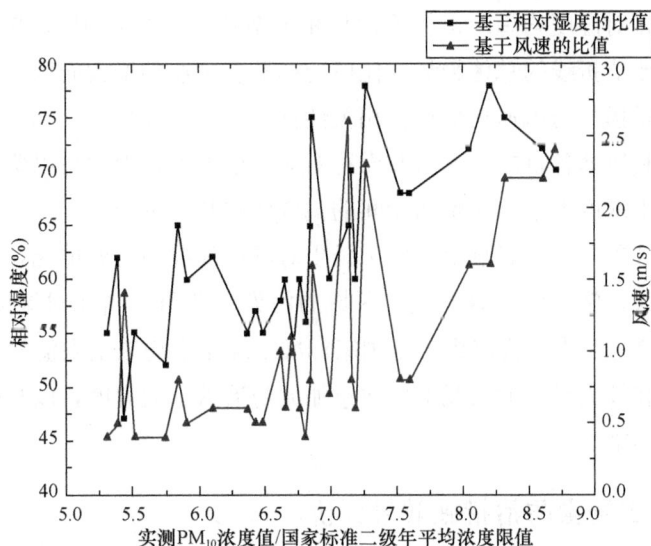

图 4-51 PM_{10} 浓度与国家标准二级年平均浓度限值比值图

湿度为 70%，风速为 2.4m/s。其中，相对湿度最高的 78% 和风速最大的 2.6m/s，并不是对应最大的比值。因此，实测 PM_{10} 浓度值与国家标准二级年平均浓度限值的比值大小同样取决于相对湿度和风速的共同作用。

由图 4-52 可以看出，实测 TSP 浓度值与国家标准二级年平均浓度限值的比值最小为 3.25，对应的相对湿度为 47%，风速为 1.4m/s；比值的最大值为 4.44，对应的相对湿度为 70%，风速为 2.4m/s。相对湿度和风速分别为最大值时，比值并非为最大值。

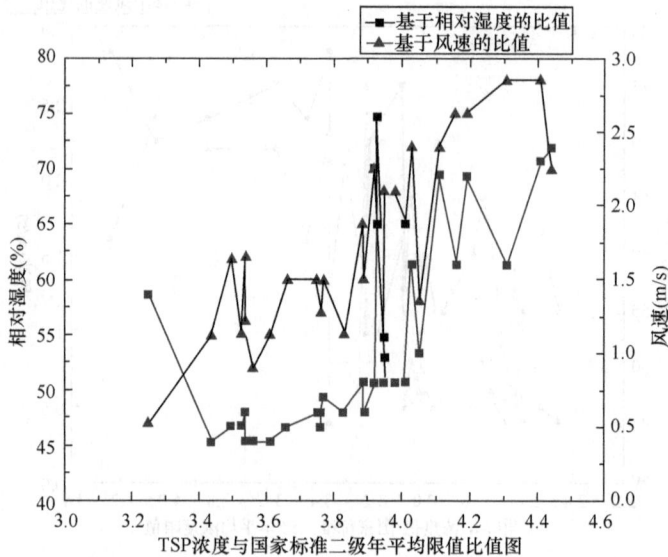

图 4-52　TSP 浓度与国家标准二级年平均浓度限值比值图

单看基于相对湿度比值折线的总体趋势，$PM_{2.5}$、PM_{10} 和 TSP 浓度值与国家标准二级年平均浓度限值的比值随着相对湿度的增大而增大，这一结论也验证了前文研究的挖方阶段扬尘与相对湿度均呈现正相关性且相关系数高，在 0.01 水平显著相关。再观察基于相对湿度比值折线的总体趋势，比值同样随着风速的增大而增大，结论也符合前文研究的挖方阶段扬尘与风速均呈现正相关性且相关系数较高，在 0.01 水平显著相关。但是，相对湿度和风速各自的最大值并没有对应比值最大，因此可以确定单一的气象因子并不能决定扬尘浓度大小，而是两者间的耦合作用共同决定。

综上所述，气象因子会影响土方施工扬尘对城市环境的污染情况，规律是随着相对湿度和风速的增大，施工扬尘对下风向区域的污染更严重。当相对湿度为 70%，风速为 2.4m/s 时，PM_{10} 污染最为严重，是国家标准二级年平均浓度限值的 8.70 倍。因此，在较高相对湿度和较大风速的情况下应注意加大防治措施的力度，以减少施工扬尘对下风向区域的环境污染。

4.5.2　土方施工扬尘防治措施效果评价

相同的建筑工程也存在不同的管理力度，所导致的扬尘排放量也会产生很大的差异，如果施工单位严格按照扬尘控制的相关管理条例进行施工，对建筑扬尘采取相应的控制措施，那么对工地附近环境带来的影响在常规条件下是可以接受的。但是由于控制扬尘必须要承担经济方面的成本，因此，施工单位所采取的控制手段力度各有不同，防治效果也自然而然相差巨大。

1. 扬尘防治措施定性评价

本章节总结了六种常见的扬尘防治措施，分析了各个降尘抑尘的原理，明确了措施使用的方式方法和注意事项，从各个措施的优势和弊端入手，进行了扬尘防治措施的定性评价。

（1）工地围挡（图 4-53）

工地围挡即城市建筑工地外围围蔽、遮挡物。根据市政施工围挡标准化管理的规定，在确保安全和不影响正常交通的前提下，建筑工程施工现场四周必须按相关规定设置连续、密封的硬质围挡。在市区主干道、市容景观道路以及机场、码头、车站广场等交通地段，必须设置高度不低于 2.5m 的围挡，在其他一般路段要求设置高度不低于 1.8m 的围挡。对于施工工期大于 30 日的工程作业面，围挡应采用

图 4-53 工地围挡

固定式砌体或者固定式夹芯压型钢板；对于施工工期小于等于 30 日的工程作业面，应采用移动式全塑注水围挡，相邻移动式全塑注水围挡使用固定螺杆连接成整体。其中，对于多层、高层建筑还应该采取安全防护措施。

工地围挡的作用在于让整个施工环境处在一个相对封闭的状态，确保行人避开施工过程中存在的一些危险，例如：飞溅的火花、砂石，裸露的钢筋、电缆等。围挡对于降尘、抑尘的作用在于扬尘颗粒向周围扩散过程中遇到围挡，由于重力作用会发生沉降，并且气流也会发生回流，将部分扬尘颗粒带回施工现场，从而一定程度上防止了对周围环境的污染。同时，在一定程度上，也有利于降低施工所带来的噪声污染。

此措施的优势在于阻挡围挡高度下的施工扬尘扩散至周围环境，但是根据施工现场的实际扬尘情况，扬尘的高度远高于工地围挡的高度。若强行提高工地围挡的高度会存在以下问题：性价比低，将资金投入工地围挡的制造相比较投入其他从源头防治的措施，收益更低；存在安全隐患，围挡过高，倒塌的可能性更大；施工难度大，大面积的围挡无论从运输还是搭建都存在难度。综上所述，工地围挡措施控制扬尘扩散的能力相对有限，更大的作用在于防止发生安全事故和提高美观度。

（2）洒水抑尘（图 4-54）

洒水抑尘，顾名思义是在建筑施工过程中对地面道路进行各种洒水措施，其原理是通过洒水使地面松散土壤表面含水量增加，土壤表面的黏合力也随之增大，进而形成一

图 4-54　洒水抑尘

层泥皮，这对土壤的抗侵蚀性有明显提升[90]。土壤抗侵蚀性对施工现场车轮碾压所引起的扬尘有很好的抑制作用，除此之外，在炎热干燥的天气还能改善施工现场的微气候，给施工人员带来舒适感，一举两得。但是，需要注意的是，在冬季气温极低的情况下，地面洒水容易出现结冰现象而造成安全事故。

洒水频率需要根据气候条件、土壤性质以及建筑施工强度来确定，温度相对较高的情况下，土壤水分蒸发强烈，至少保证日洒水 3 次以上，可根据施工强度来增加次数。洒水量应根据建筑施工区域的面积来确定。一般来说，洒水频率越高，洒水量越大，抑尘效果也越明显。但随之而来的，是用水成本也会相应提高，因此应综合考虑。

此措施的优势在于有效提高土壤的抗侵蚀性，对扬尘源进行抑制，能明显减少施工区域的产尘量；其弊端在于受气候干燥和温度的影响较大，措施有效的持续时间不能保证，并且会存在路面泥泞的情况。综上所述，洒水抑尘措施在多数情况下对扬尘的防治效果良好。

（3）道路硬化（图 4-55）

土地裸露是尘土飞扬的主要原因之一，工程车辆行驶在未硬化的路面，土质颗粒物在车轮摩擦力和剪切力的作用下发生起扬，从而产生了扬尘污染。建筑施工现场道路应当采用混凝土进行硬化处理，在加工区、材料区、办公区、工人宿舍等区域可以使用场地硬化铺装材料，施工场地内的主干道要经常打扫清理。

此措施的优势在于相比较未硬化道路而言，硬化道路能明显减少被动扬尘的产生。在运方阶段，扬尘主要由车辆行驶过程中对地面扬尘颗粒物的外力作用所致。弊端在于需要投入人力及时进行路面清理，否则被动扬尘更加突出。综上所述，道路硬化措施对于扬尘的防治效果良好。

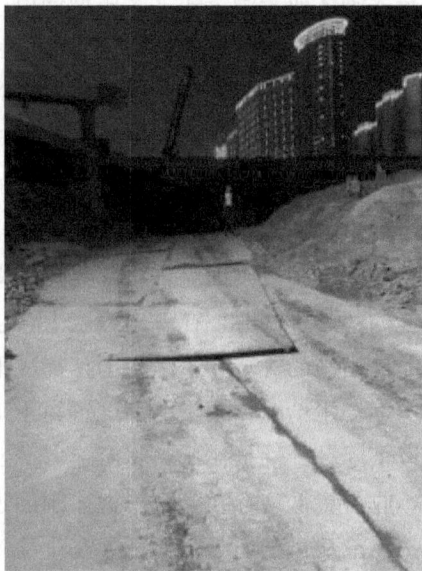

图 4-55　道路硬化

（4）喷雾降尘（图 4-56）

喷雾降尘是一种将水分散成雾滴喷向尘源，以此来捕捉和抑制扬尘的方法。其原理是利用高压泵对水进行加压形成水滴气体两相流，经过高压管路，借助高压喷嘴雾化，形成由微米级（$1\sim150\mu m$）的颗粒物组成的细致水雾，细小的水雾颗粒表面张力几乎为零，容易吸附空气中扬尘颗粒物，聚合形成大体积大质量的颗粒微团，从而因自然重力原因沉降到地面，以此达到降尘的目的。

此措施与洒水抑尘措施原理较为相似，均是通过增大湿度的方法来降尘。两者的区别在于喷雾降尘的作用面是空中区域，其优势在于更具有针对性，适合在某一扬尘严重的施工工序单独采用，并且水资源利用率高、经济实用、可操控性强，其缺点是作用范围有限。综上所述，喷雾降尘措施有良好的防治效果，喷雾降尘与洒水抑尘措施结合使用效果更佳。

（5）覆盖抑尘（图 4-57）

覆盖抑尘指的是使用抑尘网对施工现场放置的建筑渣土进行覆盖。前文分析土方施工扬尘与风速相关性提到，无论风速多大，由于风力作用尘土颗粒物起扬，均会产生不同程度的扬尘扩散。原本静止的土方填料堆场、砂石、水泥等颗粒物受到风蚀作用或人为扰动的影响，会产生扬尘污染。抑尘网是具有细小空隙的网状覆盖物，其原理在于将建筑材料与大气环境进行有效隔离。根据使用场合的不同，可采取不同孔隙大小的抑尘网，一般来说，孔隙率越小抑尘效果也越好。

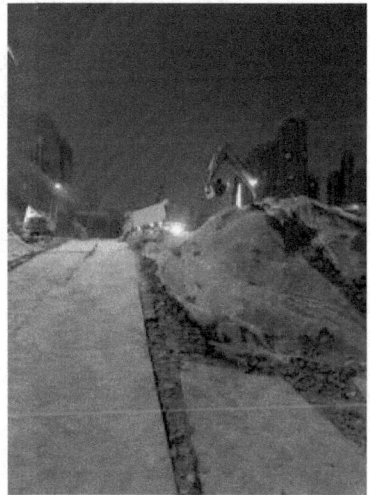

图 4-56 喷雾降尘	图 4-57 采用抑尘网覆盖抑尘

此措施的优势在于通过抑尘网对建筑材料进行覆盖，防止由外界环境造成的被动扬尘产生，在一定程度上从源头进行抑尘。此外，抑尘网具有很好的经济性，且适用范围广，可大面积进行铺盖。但其弊端在于施工场地复杂，抑尘网易受外力作用而破损。综上所述，覆盖抑尘措施具有一定的防治效果。

（6）车辆清洗（图 4-58）

相关规定要求在施工工地车辆出入口必须对车辆进行检查，严禁车辆带渣土、带泥

图 4-58 车辆清洗系统

上路或行驶途中有抛洒滴漏现象。为此，在车辆出场前必须设置车辆清洗系统，该系统一般由自动洗车台或普通洗车池、沉淀池和排水沟组成。若不对车辆进行清洗，在行驶过程中难免会有附着在车身、轮胎上的渣土散落，其他车辆经过又会引起起扬，形成恶性循环，从而对城市环境造成严重污染。

此措施的目的与洒水抑尘措施较为相似，均是在运方阶段抑制扬尘的产生，其优势在于能直接有效地减少车辆行驶过程中的被动扬尘，防止车辆在城市道路的渣土散落。综上所述，车辆清洗措施效果良好，建议强制要求采取此措施。

上述六种降尘抑尘措施从原理上定性分析了各自的优缺点，但是不能精确了解措施的防治效果，因此需要对喷雾除尘和覆盖抑尘进行试验分析，计算出各自的防治效率，以做出定量评价。

2. 喷雾降尘措施定量评价

本测试是对前文土方施工扬尘与相对湿度的相关性研究的进一步延伸。上述对喷雾降尘的原理已经作了定性分析，在此结合施工现场实际测试结果进行定量分析。

施工现场使用的是环保除尘雾炮机，其设计压力为 3MPa，喷射距离为 60m，如图 4-56 所示，雾炮机距施工作业面中心点约 20m。测试时选择接近静风状态下，监测点位于施工作业处，分别记录 5 组未开启环保除尘雾炮机时 $PM_{2.5}$、PM_{10} 以及 TSP 颗粒物浓度，然后开启环保除尘雾炮机，10min 后再记录此时的 $PM_{2.5}$、PM_{10} 以及 TSP 颗粒物浓度，计算其前后浓度差值，以此来获得对喷雾降尘效果的评价。

喷雾降尘前后 $PM_{2.5}$ 防治效率 表 4-28

$PM_{2.5}$ 浓度值 ($\mu g/m^3$)	测试编号					平均值
	1	2	3	4	5	
喷雾前浓度	116.2	105.8	110.7	96.3	102.6	106.3
喷雾时浓度	31.1	28.5	35.5	21.3	27.1	28.7
浓度差值	85.1	77.3	75.2	75	75.5	77.6
防治效率	73.2%	73.1%	67.9%	77.9%	73.6%	73.0%

注：防治效率＝浓度差值/喷雾前浓度

从表 4-28 中可以看到使用环保除尘雾炮机进行喷雾降尘时测试到的 $PM_{2.5}$ 浓度值有明显降低，降低率也可以认为是此措施的防治效率，5 组测试中，防治效率最高为 77.9%，其中最低也有 67.9%，平均防治效率为 73.0%，对于 $PM_{2.5}$ 这种粒径已经很小的可吸入颗粒物而言，防治效率已经十分可观。

喷雾降尘前后 PM_{10} 防治效率 表 4-29

PM_{10} 浓度值	测试编号					平均值
（$\mu g/m^3$）	1	2	3	4	5	
喷雾前浓度	461.7	425.6	448.9	397.4	403.8	427.5
喷雾时浓度	58	51.7	60.4	42.2	46.2	51.7
浓度差值	403.7	373.9	388.5	355.2	357.6	375.8
防治效率	87.4%	87.9%	86.5%	89.4%	88.6%	87.9%

注：防治效率＝浓度差值/喷雾前浓度

从表 4-29 可以看出，使用环保除尘雾炮机时测试到 PM_{10} 浓度值相比较未开启时有显著的降低，防治效率最大值为 89.4%，最小值为 86.5%，可见其防治效率比较稳定，平均值在 87.9%。对比 $PM_{2.5}$ 的防治效率，出现了将近 15% 的增长，原因在于 PM_{10} 颗粒物的粒径大于 $PM_{2.5}$，更容易与水雾分子碰撞聚合形成大体积、大质量微团，更有利于沉降，因此防治效率也更高。

喷雾降尘前后 TSP 防治效率 表 4-30

TSP 浓度值	测试编号					平均值
（$\mu g/m^3$）	1	2	3	4	5	
喷雾前浓度	778.6	716.3	753.6	665.2	703.4	723.4
喷雾时浓度	75.3	60.2	84.4	53.7	55.3	65.8
浓度差值	703.3	656.1	669.2	611.5	648.1	657.4
防治效率	90.3%	91.6%	88.8%	91.9%	92.1%	90.9%

注：防治效率＝浓度差值/喷雾前浓度

由表 4-30 可知，使用环保除尘雾炮机时测试到 TSP 浓度值有明显降低，其中最大的浓度差值达到 703.3$\mu g/m^3$，防治效率范围在 88.8%～92.1%，平均值为 90.9%，相比较 PM_{10} 的防治效率也有一定程度的升高，但不明显。

综上所述，喷雾降尘对施工扬尘污染有明显改善，尤其是对粒径相对较大的颗粒物作用更加显著，可总结为：扬尘颗粒物粒径越大，喷雾降尘效率越高。若要进一步提升防治效率，需要在一定范围内加大喷雾压力，随着压力的增大，喷嘴雾化粒径越小，越容易与扬尘颗粒物发生碰撞，从而提升防治效率，此方法对 $PM_{2.5}$ 粒径相对较小的颗粒物效果更加明显，但是对水质要求更高。需要注意的是，相关研究表明，当喷雾压力过大形成的喷嘴雾化粒径过小时，其与扬尘颗粒物结合后，在沉降过程中容易蒸发而再次起扬，最终无法达到防治的效果[91]。

3. 覆盖抑尘措施定量评价

上述提到覆盖抑尘的目的是阻止风蚀作用或人为扰动而使原本静止的尘土颗粒物发生起扬造成环境污染，这与前文分析的土方施工扬尘与风速的相关性存在密切关系，因此，本小节的试验模型是对风速相关性研究的进一步探索。

试验模型搭建在施工现场，选择一块相对空旷、平整、硬化后的地面作为试验台，采集大约 $1m^3$ 的建筑渣土将其自然堆放至地面形成锥状作为扬尘对象，再使用抑尘网对建筑渣土进行覆盖，抑尘网四周使用硬物压实，当风速分别为 0.6m/s、1.2m/s 和 2.0m/s 时，在下风向的位置监测扬尘中 $PM_{2.5}$、PM_{10} 以及 TSP 浓度值，试验结果见表 4-31～表 4-33。

覆盖抑尘前后 $PM_{2.5}$ 防治效率 表 4-31

$PM_{2.5}$浓度值 ($\mu g/m^3$)	风速（m/s）		
	0.6	1.2	2.0
覆盖后浓度	53.1	55.5	63.1
未覆盖浓度	85.1	93.2	112.7
浓度差值	32.0	37.7	49.6
防治效率	37.6%	40.5%	44.0%

注：防治效率＝浓度差值/未覆盖浓度

由表 4-31 可知，当风速为 0.6m/s 时，建筑施工扬尘中 $PM_{2.5}$ 的防治效率达到 37.6%；当风速为 1.2m/s 时，防治效率达到 40.5%；当风速为 2.0m/s 时，防治效率达到 44.0%。可见随着风速增大，使用抑尘网覆盖的防治效果越明显，但是整体的防治效率偏低。

覆盖抑尘前后 PM_{10} 防治效率 表 4-32

PM_{10}浓度值 ($\mu g/m^3$)	风速（m/s）		
	0.6	1.2	2.0
覆盖后浓度	223.9	263.0	292.5
未覆盖浓度	388.4	479.7	568.7
浓度差值	164.5	216.7	276.2
防治效率	42.4%	45.2%	48.6%

注：防治效率＝浓度差值/未覆盖浓度

由表 4-32 可知，当风速为 0.6m/s 时，建筑施工扬尘中 PM_{10} 的防治效率为 42.4%；当风速为 1.2m/s 时，防治效率达到 45.2%；当风速为 2.0m/s 时，防治效率为 48.6%。可见相较于 $PM_{2.5}$，使用抑尘网覆盖对 PM_{10} 的防治效果更好，防治效率也随着风速的增大而升高。

覆盖抑尘前后 TSP 防治效率　　　　　　　　表 4-33

TSP 浓度值 (μg/m³)	风速 (m/s)		
	0.6	1.2	2.0
覆盖后浓度	306.6	327.7	350.7
未覆盖浓度	596.1	704.8	839.3
浓度差值	289.5	377.1	488.6
防治效率	48.6%	53.5%	58.2%

注：防治效率＝浓度差值/未覆盖浓度

由表 4-33 可知，当风速为 0.6m/s 时，建筑施工扬尘中 TSP 的防治效率为 48.6%；当风速为 1.2m/s 时，防治效率达到 53.5%；当风速为 2.0m/s 时，防治效率可达到 58.2%。从试验结果来看，使用抑尘网覆盖对 TSP 的防治效果最明显，防治效率随着风速的增大而有明显升高。

综上所述，覆盖抑尘措施对土方施工扬尘的防治均能起到一定效果。就总体而言，风速增大，防治效果也随之提升。这主要是因为扬尘浓度与风速有显著的正相关性，风速增大时，扬尘浓度也会随之增大，所以使用抑尘网的效果也更加明显。因此，在有风天气更需要注意抑尘网的使用。在相同风速条件下，随着扬尘颗粒物粒径的增大，抑尘效果也越来越明显。这主要是因为粒径越大的颗粒物越不容易从抑尘网孔隙中逃出，因此若想要对 $PM_{2.5}$ 等粒径小的扬尘颗粒物起到更好的防治效果，则需要选择孔隙率更小的抑尘网。

4.5.3 土方施工扬尘防治措施的优化

1. 生物纳膜与覆盖抑尘的结合

通过上述覆盖抑尘防治效率的试验结果可以发现，使用抑尘网进行覆盖对 $PM_{2.5}$ 的治理效率不足 50%，效果并不佳。原因在于 $PM_{2.5}$ 粒径较小，抑尘网不能很好地吸附物料表面的 $PM_{2.5}$，因此，对于扬尘中 $PM_{2.5}$ 的治理，即使使用孔隙率再小的抑尘网，最终改良后的效率也不明显。覆盖抑尘从本质上属于物理抑尘的措施之一，本章节将引进一种化学抑制措施——生物纳膜抑尘技术，并提出一种物理和化学相结合的防治措施来抑制扬尘。

生物纳膜抑尘技术[92]基于粉尘聚合理论，使用纳米级的生物材料，将纳膜抑制剂喷附在物料表面形成一层由纳米级细微泡沫组成的保护膜，此泡沫薄膜具有双电子层结构，层间距可控制在几纳米，根据粉尘间的电离性和纳米级膜结构的吸附性，细颗粒物（$PM_{2.5}$）形成颗粒微团，体积和质量均明显增大。

生物纳膜抑尘系统操作简单，主要用一台生物纳膜抑尘机将生物药剂与水进行混合即可进行喷洒。该技术相比喷雾降尘和洒水抑尘，需要水资源极少，耗电和耗水量均明显较低，有效地节约资源；该生物药剂无毒、无刺激性、可降解，保护施工工人健康的同时不会造成二次污染。

若单一使用生物纳膜抑尘技术直接对土方堆料进行喷洒，而不使用抑尘网进行覆盖，可能会存在以下问题：由于施工现场相对空旷，风速较大，并且场地内施工情况复杂，难免会出现破坏物料表面保护膜的情况，此时，使用抑尘网能有效保护此保护膜；此技术在于吸附作用使细颗粒物形成大体积的颗粒微团，并非直接抑制扬尘，而是有助于在重力作用下扬尘的沉降。因此，在风蚀作用下必然还是会产生扬尘，抑尘网依然必不可少；一般而言，此技术的生物药剂在 3h 内会自行降解 70% 左右，物料含水量越高，药剂的抑尘效果保持时间越长，并且吸附作用也会越好。白天温度较高，尤其是夏季太阳直射会导致土方堆料水分蒸发变快，含水量极低，造成表面保护膜失效过快。若使用抑尘网可降低太阳直射导致的水分蒸发，从而起到更好的防治效果。

综上所述，抑尘网结合生物纳膜抑尘技术在土方施工扬尘的防治可谓是"如虎添翼"，效果显著。本研究由于试验条件的限制，并不能确定是先喷洒药剂再覆盖抑尘网还是先覆盖抑尘网再喷洒药剂两种顺序的防治效率，因此，本章节这里只是提出方案，后来研究学者可以进行深入探讨。

2. 可在线监控自动喷雾的工地围挡

喷雾降尘试验得出的结论可看出，喷雾对降尘有很显著的效果，但是，此措施的缺陷在于需要专门人员手动控制，只能针对施工现场内的局部区域，降尘效果容易受人为因素的干扰，存在时效性和范围局限性的缺陷。此外，此措施针对工地内有明显效果，若扬尘已扩散至场外就没有任何效果，因此，本章节针对以上两点问题，提出一种可以实时监测，将数据上传至云平台，并且通过喷雾降尘防止扬尘扩散至场外，避免进一步污染城市环境的工地围挡。

此措施主要由三个系统组成，即监控系统、自动控制系统、喷雾系统。

监控系统包括大气颗粒物浓度监测设备、报警设备和上传数据设备。大气颗粒物浓度监测设备安装在工地围挡上，根据实际施工场地范围以及工地所处地段确定安装个数，一般相隔 20m、30m 或 50m 安装一个。报警设备由相关部门设置大气颗粒物浓度限值，若监测设备的实际监测值超过所设置的限值，将触发报警装置，通知施工管埋人员对正在施工的区域采用环保除尘雾炮机等防治措施，从根源上解决扬尘超标问题。上传数据设备是与报警设备同步进行的，将扬尘数据上传至云平台，通知执法监督部门，检查施工现场措施是否到位，是否需要加大防治力度等，并且在一个周期内统计结果，对相关施工单位做出奖惩措施。

自动控制系统由控制器、被控对象、执行机构和变送器组成，控制器可采用 PLC 主控制系统，现场所有设备的执行和反馈、所有参数的采集和下达全部依赖于控制器的指令。被控对象指的是喷雾系统的电机开关。执行机构收到控制器的输出信号而进行操作，即打开或关闭电机开关，执行机构完成指定动作后反馈控制器，即一次控制完成。变送器是将现场设备传感器（即大气颗粒物浓度监测设备）的非电量信号（污染物浓度值）转换成能被控制器识别的标准电信号。具体流程为监测设备的监测值超出限制，转成为电信号传到控制器，控制器下达指令，由执行机构打开喷雾系统电机开关，开启喷雾除尘，开启后再监测一定时间（10min 或自己设定）内没有超标，则关闭电机开关。

　　喷雾系统由电机、水泵、高压管路和雾化喷嘴组成，高压管路可在两块工地围挡拼接的空隙处布置，雾化喷嘴安装在工地围挡上方，喷嘴方向以 45°朝上最佳，安装个数根据喷雾扇形半径确定（一般相隔 10m）。系统流程为：电机经自动控制系统打开后，水泵从水箱抽出水送入高压管路加压，再经过雾化喷嘴喷出实现降尘。此措施的原理和安装位置示意图如图 4-59所示。

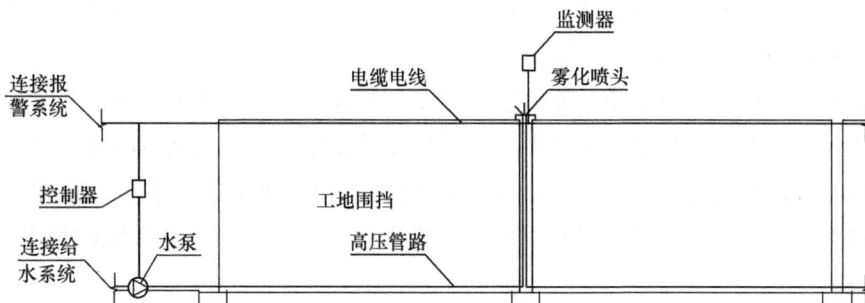

图 4-59　可在线监控自动喷雾的工地围挡

　　本章节提出的可在线监控自动喷雾的工地围挡这一新措施具有以下优势：

　　（1）能明显减轻扬尘对城市环境的危害，从扬尘扩散的途径进行治理，当扬尘颗粒物要溢出工地围挡时，通过细小水雾颗粒的吸附作用聚合成颗粒微团而沉降，防治效果明显，根据上述试验可初步估计防治效率在 90%以上；

　　（2）具有很强的时效性，通过大气颗粒物浓度监测仪实时监测污染物浓度，出现超标情况第一时间进行喷雾降尘处理，可以最快速最高效地保护城市环境和周围居民身体健康。此外，报警装置可以迅速提醒施工管理人员采取防治措施，从扬尘源头进行处理；

　　（3）给相关环保部门提供了一种可以实时监测的监管措施。此措施比现场抽样调查结果更准确，监管力度也更大，上传至云平台可以作为一个周期结束各施工单位奖罚情况的依据，做到公正公开；

　　（4）根据施工工地所处位置不同，相关环保部门可以调节监测仪颗粒物限值，例如：在市区或城市主干街道，可将限值降低，加大防治力度；若在城市郊区可适度提升限值，此措施可以灵活调节限值，做到扬尘防治、资源节约和经济性统筹兼顾；

　　（5）本措施充分运用了现场既有的设备。单纯的工地围挡对扬尘并没有很好的防治效果，结合可在线监控自动喷雾装置，可以在不引进大型设备的前提下提高工地围挡的利用率，工地围挡的高度又是良好的监测点位和喷雾位置，不占用更多施工场地。

　　综上所述，本章节所提出的可在线监控自动喷雾的工地围挡对扬尘防治、监督管理、资源节约等均有很显著的效果，具有推广使用的价值。

4.5.4 工程土方施工扬尘控制方案

前文对常用的降尘抑尘措施作了详细的介绍，也量化了喷雾降尘和覆盖抑尘两种措施具体的防治效率。本节将从宏观的角度对工程土方施工扬尘提出相应的控制策略。

（1）提高政府部门对建筑行业重视程度是基础

随着社会的发展，城镇化的不断加快，建筑行业已经是国民经济的重中之重。建筑行业所带来的施工扬尘污染早已不能忽略。

政府相关管理部门对建筑行业的重视程度是基础，尤其是政府有关部门的态度往往决定了施工单位的重视程度。施工单位在环境效益和经济利益之间有时会选择后者，因此政府有关部门必须进行正确引导，可编制严格的规范标准以此来提高施工单位的重视程度，培养企业的自觉意识。只有把重视程度的基础都打扎实，才能真正落实防治措施保护环境。

（2）建立并完善建筑施工扬尘管理系统是核心

建筑施工扬尘治理能否井然有序地进行，取决于一套科学、合理、完善的管理系统，管理系统是整体的核心内容，其中包括：制定各部门管理职能明细表，明确每个部门各自的工作内容，保证工作的流畅性和高效性，不浪费社会资源；制定信息公开、资源共享的联合机制，确保各部门可以及时沟通，第一时间对不合格的施工单位作出相应整顿；制定完善的监管机制以及详细的相关法律法规，赋予相关管理部门实权，确保其能对不合格的施工单位作出惩罚；制定严格的审查手续，逐一核查施工单位是否能达到扬尘管理的要求，对不达标的企业绝不给予施工许可，提高行业门槛标准。

（3）落实扬尘防治措施是关键

相关管理部门和施工单位有了足够的重视程度，政府职能部门也建立了完善的管理系统，接下来关键就是施工单位的防治措施是否落实到位，这才是建筑施工扬尘防治效果的关键一环。上述提到的降尘抑尘措施，例如：设置封闭性的围挡、洒水喷雾设施、施工场地的道路硬化、建筑材料进行覆盖、车辆清洗系统，均有很好的防治效果。施工单位必须严格把控，真正意义上落实措施。除了施工单位，有关部门应该安排专人对施工区域周围街道进行清扫，以防止交通车辆造成二次污染，要做到场内场外都治理，不应只把责任推给施工单位。

（4）加强监管力度是保障

现阶段，由环保部门指派环境监理公司对施工现场污染情况进行评估，此方法存在不全面、时效性差的缺点。对此，政府部门可派专人进行抽查，增加检查频次，确保监理单位工作落实到位。

对于主城区等重点区域，可按照规范标准在工地四周围挡处设置扬尘在线监控系统，对施工单位进行全天候在线实时监控。当现场扬尘浓度值超过要求后，信息自动传输至监理单位和环保部门，由双方通知施工单位进行整改。

（5）施工单位信用评价奖惩机制是动力

建立一套完善的信用评价奖惩机制可以极大程度地激发企业积极性，这需要一个完善的、全面的施工单位信息平台系统，在线公布施工单位的奖罚措施，做到实时更新、公正公开。对不合格的施工单位减少其信用分，降到一定分数限制下次招标投标资格；对连续管理良好的企业进行奖励，例如：招标投标的加分、给予现金奖励、颁发奖项荣誉等。

在此基础上，将建设单位、监理单位都纳入信息平台，逐步形成一个健全的完整的建筑行业环保管理体系，最大程度地提高监管效率。

（6）加强宣传工作鼓励公众监督举报是后盾

建筑扬尘的防治工作单纯靠环保部门的检查措施是远远不够的，保护环境人人有责，这需要建设单位、施工人员、普通市民等多方共同参与，提高防治意识。政府可以定期对施工人员开展环保工作的培训，培养其意识的同时，更重要的是教会具体防治措施操作；定期对建设单位和施工单位的管理人员进行考核，做到持证上岗；使用电视、广播、网络等媒体渠道对普通市民进行知识科普，让市民认识到建筑扬尘对日常生活的危害性，提高市民的环保意识。

公众的监督举报也是环保部门进行监管的重要渠道之一，政府必须有一个完善的、便捷的、高效的举报系统，确保人民群众举报路线畅通，有关部门第一时间做出积极响应，对违规行为进行整顿。同时，对举报查实的人员给予奖励，鼓励市民积极参与其中，形成一个全社会共同参与、共同治理的良好氛围。

综上所述，从六个方面提出一套相对完整的控制策略，坚持做到有法可依、依法管理、标本兼治、全民参与，采取多种防治措施，才能更加有效解决建筑扬尘污染问题，改善城市环境。

4.6 本章小结

本章以西安市一典型建筑工程的土方施工阶段为研究对象，将土方施工阶段划分为基坑开挖（挖方）阶段、建筑垃圾清运（运方）阶段以及土方回填和均匀压实（填方）阶段。首先，现场监测各阶段的扬尘浓度与气象因子数据，研究了土方施工各阶段扬尘排放特征；然后将土方施工各阶段扬尘浓度与气象因子进行线性拟合，分析其相关性；在此基础上，建立了基于气象因子的土方施工各阶段扬尘排放浓度预测模型；最后，分析土方施工扬尘对城市环境的影响。总结研究成果，得出的主要结论如下：

（1）为保证建筑工程的典型性和监测数据的准确性，本章制定出一套建筑工程选择标准：建筑工程的独一性、施工阶段的单一性、建筑工地布局的规整性、监测点的可布置性、现场监测的可操作性及安全性。此标准可为后续学者选择研究对象提供一定的参考依据。

（2）本章整理了土方施工挖方、运方以及填方三个阶段的 $PM_{2.5}$、PM_{10}、TSP 浓度值。$PM_{2.5}$ 的上风向、下风向浓度值大小为：填方＞挖方＞运方，净浓度值大小为：

挖方＞运方＞填方；PM$_{10}$与TSP的上风向、下风向浓度值和净浓度值大小均为：挖方＞运方＞填方。研究得出土方施工各阶段扬尘浓度值不同的原因是施工强度的差异，即外力性质的不同，挖方阶段扬尘主要由设备的挖掘、倾倒造成，属于主动扬尘；运方阶段扬尘主要由车轮摩擦、车身振动造成，属于被动扬尘；填方阶段扬尘主要由打桩设备振动造成，也属于被动扬尘。研究结果表明：土方施工挖方阶段扬尘污染最为严重。

（3）本章对土方施工各阶段扬尘浓度与气象因子进行线性拟合发现：土方施工挖方与运方阶段均出现PM$_{2.5}$、PM$_{10}$以及TSP浓度与温度间无显著相关性，与相对湿度间在0.01水平呈显著正相关性，与风速间在0.01水平呈显著正相关性。土方施工填方阶段，PM$_{2.5}$和TSP浓度与温度间无显著相关性，PM$_{10}$与温度间在0.01水平呈显著正相关性；PM$_{2.5}$浓度与相对湿度间无显著相关性，PM$_{10}$和TSP与相对湿度间在0.01水平呈显著正相关性；PM$_{2.5}$与风速间在0.05水平呈显著正相关性，PM$_{10}$和TSP与风速间在0.01水平呈显著正相关性。综上所述，土方施工扬尘与气象因子中的温度间几乎无显著相关性，与相对湿度和风速间均有显著正相关性。

（4）本章就土方施工扬尘平均值对城市环境的影响进行量化分析。当污染最严重时，土方施工填方阶段PM$_{2.5}$实测平均值是国家标准二级年平均浓度限值的4.1倍，是西安市第三季度平均浓度值的5.7倍；土方施工挖方阶段PM$_{10}$实测平均值是国家标准二级年平均浓度限值的6.9倍，是西安市第三季度平均浓度值的9.1倍；土方施工挖方阶段TSP实测平均值是国家标准二级年平均浓度限值的3.9倍。总体来看，土方施工挖方阶段扬尘对城市环境影响最为严重。在此研究的基础上，结合气象因子研究发现，在较高的相对湿度和风速下，PM$_{2.5}$、PM$_{10}$和TSP浓度值与国家标准二级年平均浓度限值最大比值分别为4.24、8.70和4.44。结果显示，气象因子明显影响土方施工扬尘对城市环境的污染情况，随着相对湿度和风速的增大，土方施工扬尘对下风向区域的污染更严重。

（5）本章总结了建筑施工常见的六种扬尘防治措施的原理、方式方法和注意事项，并且进行了定性的效果评价。针对其中的喷雾降尘和覆盖抑尘措施进行了定量的效果评价，试验结果显示两种措施均有良好的防治效果，喷雾降尘措施对PM$_{2.5}$防治效率可达到73.0％，对PM$_{10}$防治效率可达到87.9％，对TSP防治效率可达到90.9％；覆盖抑尘措施对PM$_{2.5}$防治效率可达到44.0％，对PM$_{10}$防治效率可达到48.6％，对TSP防治效率可达到58.2％。根据试验结果，本研究对覆盖抑尘进行优化，提出了一种结合生物纳膜抑尘技术的防治措施；结合喷雾降尘的特点，设计出了一种可在线监控自动喷雾的工地围挡措施。结合现场调研情况，本研究从宏观角度提出一套相对完善的施工扬尘控制方案，具体内容包括：防治意识的培养、管理系统的建立、防治措施的落实、监管系统的优化、奖罚机制的完善、公众举报的鼓励。

第五章　工程土方施工扬尘控制方法研究

本章节是建立在前述明挖工程、暗挖工程扬尘产尘机理的理论基础上，围绕黄土土质特征展开，对于西安市夜间明挖土方施工扬尘、黄土隧道施工扬尘的产尘特征，有针对性地探究该部分扬尘的降尘抑尘策略。本研究致力于从源头上解决由于土方施工扬尘所引起的大气环境污染问题，为今后环境保护部门制定土方施工扬尘排放条例或拟定相关管理办法提供有力的数据支持和参考依据。

本章将从以下几个部分展开细致的研究，拟理清现有扬尘防治的常用措施及方法、适用范围及条件，致力于明确哪些降尘抑尘对策适用于工程土方施工扬尘，哪些方式和方法能有效从源头解决或最大限度地抑制工程土方扬尘起扬量或发尘量。再针对上述提及的降尘抑尘对策或措施进行对照分析，并与实际项目相结合，对现有降尘抑尘措施进行优化，使得降尘抑尘对策更具有实用性和适用性，更科学合理，降尘效果更优。

5.1　明挖工程土方施工扬尘控制方法研究

5.1.1　明挖工程土方施工扬尘防治常用措施

本节将梳理现有若干种常用的扬尘防治措施，并对这些常用措施进行简要介绍说明，意在了解扬尘防治措施的主要特点和简要原理。

1. 建立围挡（表 5-1）

土建施工项目不允许敞开式施工，必须沿施工区域边缘建立硬质围挡，目前硬质围挡多为砖混结构。若施工区域邻近城市主干道，则硬质围挡结构高度不应低于 2.5m，若施工区域邻近城市一般道路，则硬质围挡结构高度不应低于 1.8m。

硬质围挡参数情况　　　　　　　　　　　　　　表 5-1

硬质围挡高度（m）	适用条件
2.5	施工区域邻近城市主干道
1.8	施工区域邻近城市一般道路

通常砖混的硬质围挡降尘原理可以概述为：土方扬尘颗粒随风卷扬起尘后是逐步加速的过程，也是逐渐缓慢上升进入高空，在初期起扬阶段，含有扬尘颗粒的二相流气流遇到围挡后，扬尘颗粒粒子由于惯性作用，大颗粒粒子与围挡壁面发生碰撞，扬尘颗粒动能被围挡吸收后，大粒径的扬尘颗粒就会由于重力作用而沉降。部分含尘气流则会在

围挡底部形成回流气流，而高出围挡的含尘气流则会进入城市大气环境形成污染。

2. 道路硬化（表 5-2）

依据施工要求，施工现场内的出入口道路、施工区域内的主要道路、办公区、生活区、材料仓库及加工区内的道路需硬化处理，并严禁使用软质材料铺设，保持路面无积土。

土方施工阶段重型设备及车辆经常出入施工场地，如混凝土罐车、渣土车、挖掘设备等。若这些设备及车辆行驶在未硬化的道路上时，原本静止于地表的土质颗粒会在设备的机械外力作用下发生卷扬，扬尘颗粒会借助车辆轮胎的摩擦力和剪切力实现起扬，进入城市大气，影响城市微气候，故道路硬化有助于减少土方施工一次扬尘的产生与扩散。

施工区域道路硬化范围 表 5-2

措施	硬化范围
道路硬化	施工现场出入口道路、施工区域主要道路、办公区、生活区、材料仓库、加工区附近道路

3. 车辆清洗（表 5-3）

土方施工场地出口处应设置车辆清洗装置或建设车辆清洗系统，严禁各类运输车辆带土带泥上路。常见车辆清洗装置包含车辆喷枪冲洗设备、洗车平台、平台下设置的沉淀池或排污池、排水沟、平台前后设置的减速带。

车辆清洗的目的在于将施工车辆和运输车辆设备上附着的土方填料冲洗掉。车辆在行进、装卸作业及挖掘作业时，土方填料易附着于车辆的车身及轮胎上。借助车辆清洗，避免土方填料散落在城市道路上，从源头解决土方填料因散落被车辆不断碾压细化或风蚀卷扬后进入大气环境，造成城市大气污染的问题。后续会结合本次研究具体项目的施工特点，对该种抑尘措施进行细致优化。

所需清洗车辆种类 表 5-3

措施	车辆种类
车辆清洗	渣土车、水泥罐车、挖掘机械、铲车、货运车辆、洒水车、加油车辆

4. 抑尘网遮盖（表 5-4）

土方施工现场内的裸露地表、土方填料堆场、基坑及易产尘的建筑材料必须进行覆盖，使用抑尘网遮盖其表面，依据不同的遮盖目标，选取不同孔隙率的抑尘网进行遮盖。

抑尘网的抑尘原理在于其细而密的网状结构，即抑尘网的孔隙特征，孔隙越小抑尘效果通常越好。未铺设抑尘网的裸露土质地表或是土方填料堆场，易在环境风场的风蚀作用下产生扬尘。原有固结的土方填料块由于风场风蚀作用逐渐失去水分，然后细化破碎成细小颗粒，在风场的风力卷扬作用下，颗粒从静止状态到振动状态再到水平蠕动状态直到卷扬起尘，最后随风进入环境扩散至城市大气中。在风场的风速超过起尘风速阈值时，没有抑尘网遮盖的土方填料堆场卷扬起尘情况将会加剧，形成持续性的土方扬尘污染。为避免土方填料因风力的风蚀作用而产生一次扬尘污染，使用抑尘网遮盖尘源表面显得极为重要。

抑尘网覆盖区域种类 表 5-4

措施	覆盖区域
抑尘网覆盖	土方填料堆场、基坑、裸露地表、易产生扬尘的建筑材料等

5. 洒水降尘（表 5-5）

西安市土方施工多集中于夏季进行。在夏季风场风蚀作用及蒸腾作用下，土方填料及基坑裸露地表的含水量将逐步降低，失去水分的土料将逐步龟裂，结块土料将会破损，在进一步的风蚀作用下，细化后的土方颗粒就会随风起扬，形成土方施工扬尘。

因此，施工人员常使用洒水降尘的方式对土方填料堆场或基坑裸露地表进行洒水湿润，以保持土质的适宜含水率，并配合抑尘网的覆盖。在夏末秋初时期，如果降水丰富则无需人工洒水；否则，则需要人工洒水。主要依靠洒水车在施工区域内的主要道路、基坑裸露地表、土方填料堆场进行人工洒水降尘抑尘。

土方施工洒水覆盖区域 表 5-5

措施	洒水区域
洒水降尘	硬化道路、未硬化道路、基坑区域、土方填料周边裸露地表

6. 化学抑尘（表 5-6）

简洁地讲，化学抑尘剂的作用在于将原本离散的扬尘颗粒固结、吸附、聚集并固定在地表，原本是点状扬尘颗粒在抑尘剂的黏结作用下形成面状结构并形成一层防护膜，一定程度上能起到土质保湿、抗风蚀、抗碾压冲刷的作用。常见抑尘剂的组成成分多为高分子聚合物，这些高分子的分子间作用力和离子间作用力能牢固锁住土方扬尘颗粒。

值得注意的是，化学抑尘剂的成分已由原有的重油型、无机盐型的试剂逐步过渡至高分子化学抑尘剂，同时推出了生物纳膜抑尘剂。需要注意的是，使用化学抑尘剂的试剂是否会对环境及土质产生不利影响，既需要凝聚、固结、湿润效果好，又需要可自行降解、对环境友好。

抑尘剂特性参数汇总表 表 5-6

分类		特征
化学抑尘剂	重油型	固结、凝聚、吸附、捕捉土方扬尘颗粒；一定程度上能起到土质保湿、抗风蚀、抗碾压冲刷的作用
	无机盐型	
	高分子型	
生物纳膜抑尘剂	有机高分子型	固结、凝聚、吸附、捕捉土方扬尘颗粒；能自行降解，对环境友好

7. 绿植降尘（表 5-7）

土方工程施工过程中需对裸露地表及土方填料进行遮盖，未覆盖抑尘网的裸露地表需进行绿化处理。常用绿化措施为种植草坪并搭配树木种植。借助草坪根须固结土壤颗粒，使土壤牢牢被固定，可避免风蚀作用带起土方颗粒形成扬尘。西安市常见的树木类型多为落叶阔叶类和少量常绿阔叶类，其叶片表面在显微镜下被观察到被细而密的植物绒毛覆盖。土方扬尘颗粒与风形成的二相流掠过树木叶片时，部分扬尘颗粒则会由于树木和叶片的阻挡作用而发生沉降，也会因叶片表面的细微绒毛作用而被叶片捕获，从而实现绿植降尘的目标。

绿植降尘归纳表 表 5-7

措施	可用于降尘的绿植种类
绿植降尘	落叶阔叶类、常绿阔叶类、针叶林类、低矮灌木类、草本植物等

8. 喷雾降尘（表 5-8）

喷雾降尘的主要原理在于借助高压喷雾喷头将液态水雾化。高压喷雾喷头与消防用的消防喷淋喷头是截然不同的两种产品，其最大的区别在于喷头喷出的水滴粒径不同，高压喷雾喷头能产生细致水雾。

从微观角度分析，细小粒径的水雾颗粒与土方扬尘颗粒发生碰撞后，水雾颗粒便会附着在颗粒表面，由于布朗运动，即分子间的无规律运动，使得颗粒间不断地发生碰撞，土方扬尘颗粒和水雾颗粒不断地碰触并结合，逐步形成颗粒微团，颗粒微团的体积和质量都在增加，当重力在自身属性力和外界作用力中起决定性作用时，土方扬尘颗粒微团会沉降回到地表。

喷雾降尘常用设备 表 5-8

措施	喷雾降尘设备
喷雾降尘	射流喷雾机、雾炮机、喷雾除尘系统（围绕硬质围挡而建；主要包含高压喷雾喷头、送水干管、水力模块等）、除尘喷雾机等

5.1.2 西安市明挖工程土方施工扬尘降尘抑尘对策

西安市土方工程施工扬尘问题对应的降尘抑尘策略的制定，必须紧密结合西安市土质结构和实际土方工程施工特点。如前所述，西安市土质结构为黄土，从区域上划分西安属于黄土地区。根据黄土性质，黄土的土质结构较为松散，极易产尘。再者，针对西安市土方工程的施工特点，可以简要概述为如下内容：土方工程多集中于夏秋两季进行，施工区域内多有土方填料堆场，且多在夜间进行土方施工清运土料和基坑挖掘工作，现场运输车辆及施工设备众多，这导致车辆及施工设备产尘量较大。

城市主导风向受周边建筑物遮挡，近地面风速较低，时常为静风状态，且风向时常在改变并偏离主导风向。由于土方施工集中于夜间进行，夏季夜间温度变化不明显，温差幅度小。土质含水率和环境相对湿度受降雨和人为干预（例如洒水）影响，变化幅度较为明显。本小节拟在梳理西安市土质结构和土方工程施工特点的基础上，结合实际工程项目，对土方施工扬尘的降尘抑尘策略提出针对性的建议。在优化降尘抑尘措施的同时，拟提出一种新的降尘工作系统，并与现有降尘抑尘措施相结合，共同应对土方施工扬尘污染。

1. 降尘抑尘措施对照分析（表 5-9）

针对前述的若干种降尘抑尘措施及方法进行对比分析，以明确各个降尘和抑尘措施的优势及短板，致力于探究得到最为适合西安市土方工程的降尘抑尘办法，最大限度地减少土方施工扬尘的排放。

常见降尘抑尘措施优势及短板分析汇总 表 5-9

降尘抑尘措施	措施优势	措施短板
道路硬化、车辆清洗	有效减少土方一次扬尘的起扬量	路面清理不及时或车辆清洗不完全，易造成土方二次扬尘污染
抑尘网遮盖抑尘	抑尘网具有良好经济性，细孔隙率的抑尘网抑尘效果较好，其适用范围广，风速阈值内可大幅降低土方扬尘的起尘量	抑尘网重复使用率较低，强度低易破损，超过风速阈值时土方扬尘起尘量会有所增加
化学抑尘剂抑尘	能起到保湿、固结、凝聚作用，高分子抑尘剂（高分子聚合物）形成的网状结构能够捕捉土方颗粒并在表面固化成保护膜	重油型和无机盐型抑尘剂不易自行降解，土方表面固结硬化时间短，易导致土体污染
绿植降尘	形成永久绿化，固结土壤防止水土流失，增加土质的抗风蚀能力	工程末期进行绿化，绿植的容尘量有限
洒水降尘	能直接增加土方填料的含水率，减少机械外力和风蚀作用的产尘量	洒水后容易形成短时间的表面泥泞
喷雾降尘	针对点源尘源降尘效果好，对于扬尘颗粒的二相流净化效果明显	喷雾降尘的覆盖和净化范围有限

搭建硬质围挡确实对阻挡土方施工扬尘的扩散起到一定的效果，但硬质围挡的高度也并非越高越好，硬质围挡设立的目的主要在于封闭施工区域，防止无关人员进入，从而避免安全事故的发生，故硬质围挡高度满足国家施工要求即可。

土方填料运输车辆或施工机械行驶在厂区内的硬化路面时，与非硬化路面相比其优势在于，硬化路面不产生一次扬尘，车辆及设备行驶在非硬化路面时会对地表的扬尘颗粒施加额外的机械外力，使之起扬造成严重扬尘污染。需要注意的是，散落在硬化路面上的土料需要及时清理，否则在不断地碾压作用下则会形成二次扬尘。此外，与车辆清洗降尘相比，路面硬化意在降低一次土方扬尘的起扬量；而清洗车辆的车身及轮胎旨在避免和减少道路扬尘，即降低施工的二次土方扬尘的起扬量。

此处将抑尘网遮盖抑尘、绿植降尘和化学抑尘剂抑尘放在一起进行比较。从归类上划分，抑尘网遮盖和绿植降尘属于物理方法，而化学抑尘剂则属于化学方法。抑尘网的优势在于其经济性好，孔隙率适中，在风速阈值内能大幅降低土方扬尘的起尘量。由于施工需求，绿植降尘在土方施工区域内的适用范围较小，多应用于施工末期。绿植降尘对环境友好，可防止水土流失，且能减少因风蚀作用产生的土方扬尘排放量，但绿植降尘的短板在于其容尘量有限。对于化学抑尘剂而言，其主要作用是固结土质表面，黏结、凝聚扬尘颗粒，使得土质表面形成一层具有抗风蚀、抗冲刷能力的保护层。化学抑尘剂的发展历程由最初的重油型到无机盐型抑尘剂，此类抑尘剂抑尘效果不理想，抑尘固结持续时间短，且会造成土质污染。高分子型抑尘剂抑尘时间有所延长，部分高分子抑尘剂能够自行降解，对环境友好。使用化学抑尘剂时需要重点考虑试剂的固结凝聚抑尘时长以及所用化学抑尘剂是否会影响土质微量元素结构和含水率，应尽力避免造成环境的二次污染。

洒水降尘和喷雾降尘基本原理大致相同，直接或间接地增加土方填料的含水率，以减少土方扬尘的产尘量。就洒水降尘而言，洒水对象主要是施工场地内的硬化道路、夏季高温下昼间的基坑裸露地表、土方填料堆场附近的未硬化路面及场区。施工人员借助洒水车等设备对上述区域进行洒水降尘，目的在于增大土质的含水率。而喷雾降尘常用设备多为射流喷雾机、雾炮机，且设备多放置于产尘点，如土方填料清运时的车辆设备旁、挖掘设备旁、基坑施工时的周边区域等。除此之外，还有沿硬质围挡布置的喷雾系统，高压雾化喷头与硬质围挡同高，借助喷头产生的细小水滴，使扬尘颗粒借助水滴的媒介作用产生凝聚效果，从而实现沉降。但射流喷雾机和雾炮机只针对产尘点源有较好效果，且喷雾覆盖范围有限；围绕围挡结构搭建的喷雾降尘系统覆盖范围实在有限，但针对含有土方扬尘颗粒的二相流的净化效果较为理想。

2. 降尘抑尘措施优化

通过对上述常用降尘抑尘措施的优势及存在的短板进行系统性分析后，结合本章节所研究的实际工程，在已明确本工程案例的产尘机理和施工特征的基础上，研究认为上述常用降尘抑尘措施中适用于本工程案例的方法有：①搭建硬质围挡和场区道路硬化为基本必要措施；②抑尘网遮盖抑尘和洒水降尘为常用降尘抑尘办法。

下述将对本工程案例现有降尘抑尘措施提出若干合理优化建议：

（1）措施优化

1）搭建喷雾（喷淋）降尘系统。围绕硬质围挡，在围挡顶端位置水平铺设供水管线并布置高压喷雾喷头，喷头水平朝向且不宜与地面形成夹角，于水源处设置管道泵以输送城市上水或是提前储存好的水源。搭建喷淋降尘系统的具体措施将在下一小节"措施创新"中具体展开叙述。

2）针对重点扬尘产尘点源进行降尘。借助射流喷雾机或是雾炮机进行降尘作业。以土方填料清运为例，在挖掘设备向运输渣土车装载土方填料时，由于风场风力作用和施工机械外力的影响，极易产生土方扬尘。因此，可借助上述设备进行重点降尘，从源头减少土方扬尘的排放。

3）施工区域外围绿化。可考虑在施工区域外围有限的绿化空间内种植落叶阔叶型树木或常绿阔叶型树木。当含有土方扬尘颗粒的气流横掠过绿植时，绿植将起到防尘降尘的作用。

4）常用降尘措施的复合应用（表 5-10）。以往降尘抑尘措施多为单独使用，例如，使用抑尘网遮盖抑尘时，通常不会再给抑尘网遮盖的基坑表面、裸露地表及填料洒水；使用射流喷雾机或是雾炮机时，亦不会再进行洒水降尘。较为单一的抑尘措施已无法满足当前的需求，故可考虑将前述措施复合应用。在未进行土方施工时，用抑尘网遮盖后可在其表面洒水湿润土质，保持土质含水率，以降低风蚀扬尘的起扬量。再者，使用雾炮机对土方填料清运降尘时，亦可搭配喷雾降尘系统，以此来降低气流中的土方扬尘含量，减少土方扬尘污染。

<table>
<tr><td colspan="2">常用降尘措施复合应用归纳　　　　　　　　　　　　　　表 5-10</td></tr>
<tr><td>施工特征归纳</td><td>降尘措施复合搭配形式</td></tr>
<tr><td>仅在夜间进行基坑土方作业</td><td>昼间使用抑尘网遮盖＋夜间洒水降尘</td></tr>
<tr><td>仅在夜间进行土方填料清运作业</td><td>喷雾降尘＋车辆清洗＋道路硬化</td></tr>
<tr><td>风力卷扬或风蚀形成二相流（气相＋固相，即含尘气流）</td><td>抑尘网遮盖＋喷雾降尘＋绿植降尘</td></tr>
<tr><td>施工区域面积广，喷雾降尘覆盖范围有限，产尘点源较多</td><td>提出"一种适用于施工工地的水资源再利用喷淋降尘系统"</td></tr>
</table>

（2）措施创新

通过整合既有喷淋技术以及水资源回收再利用技术，提出搭建一套能将车辆清洗废水和自然降雨等水资源再利用的喷淋降尘系统。简洁地讲，就是将车辆清洗的废水、硬化路面清洗的废水以及回收得到的雨水，经过系统处理后，借助管道泵将回收得到的水资源输送至施工塔式起重机吊臂处的水平喷淋管路中。塔式起重机吊臂处的水平喷淋管路上设有喷淋喷头，利用喷淋喷头产生的细小水滴实现均匀降尘。随着塔式起重机的匀速旋转，该系统能够实现空间上的广泛降尘，净化及降尘效果理想，且除尘净化覆盖区域也更加宽广。喷淋降尘系统原理示意如图 5-1 所示，图 5-1 中数值所表征的设备及含义见表 5-11。

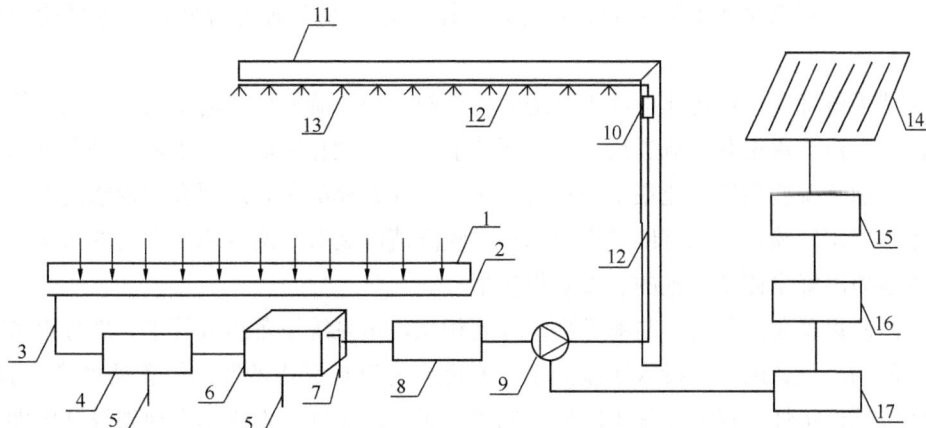

图 5-1　水资源再利用喷淋降尘系统

编号表征含义表

表 5-11

项目	编号表征含义
数字编号-设备名称	1—硬化路面、2—引流集水渠、3—汇流管、4—截污弃流装置、5—排污通道、6—沉淀池、7—沉淀池溢流管、8—除污过滤器、9—提升水泵、10—塔式起重机立管旋转万向节、11—旋转塔式起重机、12—供水立管、13—喷淋喷头、14—太阳能光伏板、15—电控器、16—铅蓄电池、17—电逆变器

上述喷淋降尘系统可细化分为四大组成部分，分别是供电系统、给水系统、水资源收集再利用系统和硬件设施。

供电系统组成及工作原理如下：喷淋降尘系统的供电主要依靠太阳能光伏板、电控器、铅蓄电池及电逆变器；夏季昼间阳光充裕时，借助太阳能光伏板进行发电，将太阳能转换为不稳定的直流电，借助电控器处理后，利用稳定后的直流电对蓄电池进行充电蓄能。在需要启用喷淋降尘时，逆变器将直流电转换为工频交流电，从而为提升水泵供电。在电力无法满足水泵工况时，也可以使用市政电网的电能驱动水泵正常工作。

给水系统组成及工作原理如下：喷淋降尘系统的给水主要依靠管道泵（即提升水泵），由垂直供水管、水平供水管、管道泵、喷淋喷头等组成。电能驱动水泵运行后，经回收处理的水资源经水泵吸入口进入，在水泵提升加压后，由垂直供水立管输送至塔式起重机水平供水干管上各个喷淋喷头处，借助水压和喷头实现喷洒。依靠喷淋喷洒实现空间上的降尘并净化含尘空气。

水资源收集再利用系统组成及工作流程如下：喷淋降尘系统的水资源收集再利用是依靠截污弃流装置、沉淀池、除污过滤器实现废水资源化；各类可再利用的水资源，如雨水、车辆和道路清洗废水，在汇流管的汇集作用下先经过截污弃流装置，优先将前期污浊水经排污通道排出，以回收后期水资源；借助沉淀池的静置沉淀将水体所含泥沙去除，提升水泵工作时，水资源再流经除污过滤器被输送至末端喷淋喷头。水资源收集系统的主要工作重点是水资源的收集，并最大限度地对水资源进行处理，尽可能地保证水质。

支持喷淋降尘系统运作的施工场地硬件设施应包含旋转塔式起重机、供水立管、硬化道路、引流集水渠和汇流通道。其主要功能在于：硬化路面是提供清洗平台和雨水接收平台，水资源要借助引流集水渠汇流收集。需要补充的是，地面和车辆清洗方式可以是人工手持水管喷洒，也可以是搭建的自动喷淋清洗装置，两者均是常用的清洗方式。

本项喷淋降尘创新措施的有益效果包括：

（1）从设备角度分析，与喷雾降尘措施相比，本系统设备组成简单，部分设备可重复循环使用，设备的资金投入明显低于雾炮机或射流喷雾机的购买及租赁的资金投入，具有较好的经济性；仅需在施工区域前期规划时，将其硬件设施纳入规划设计中即可。

（2）从降尘效果角度分析，喷淋降尘效果明显优于雾炮机降尘和围绕围挡搭建的喷雾降尘效果；土方工程施工现场雾炮机数量有限，但土方扬尘点源数量较多，且雾炮机和围挡喷雾降尘的覆盖范围有限；而此种塔式起重机式喷淋降尘能够实现空间上的整体降尘，覆盖范围多以塔式起重机臂长为半径的土方施工区域，不仅针对点源，还对面源及体源有较好的降尘效果；可以大幅增加土质含水率及土方施工区域的环境空气相对湿度，从而有效抑制一次和二次土方扬尘，技术可靠。

（3）从环境效益角度分析，喷淋降尘系统的水源主要来自水资源回收再利用，而传统喷洒、清洗则均使用市政供水；回收的水资源必须经过处理以保证水质，若水质不达标时，可采用市政供水代替回收的水资源，但此时应对系统过滤设备进行更换；最大限度地将降水资源和回收后清洗废水资源化利用。

5.2　暗挖工程土方施工扬尘控制方法研究

本节在对现有的隧道粉尘防治措施进行梳理的基础上，进一步调研了施工现场工人作业时的热舒适度，结合实测工地的实际情况，提出了适用于本隧道的针对性粉尘污染防治措施以及施工过程中工人的防护措施，旨在为施工现场环境治理以及工人职业健康奠定坚实基础。

5.2.1　暗挖工程土方施工扬尘防治常用措施

1. 隧道施工作业人员的热舒适性分析

热舒适是隧道工人对周围环境所做的主观满意度评价，主要涵盖了物理、生理及心理三个方面。物理方面是指在施工过程中施工作业人员产生的热量与外界环境作用下穿衣人体的失热量之间的热平衡关系，分析环境对人体热舒适的影响及如何达到满足人体热舒适的条件；生理方面是指人体对冷热应力的生理反应，并利用这种反应来区分环境的舒适程度；心理方面是指人在热环境中的主观感觉。研究表明，温度以及空气品质都对工人工作效率有着很大影响。在隧道开挖过程中，隧道洞内的温度和湿度会随之发生变化，施工作业人员在施工过程中的舒适度会随之下降。在对隧道施工人员的职业健康问题进行梳理时，首先应对隧道施工工人的热舒适性进行初步的分析，以便更好地了解施工工人的身体状况，为进一步保障施工人员的身体健康提供了基础。在隧道开挖的过程中，共有15位工人负责这条隧道的施工。施工时，工人的着装统一为上半身黄色马甲、下半身长裤、着运动鞋。在施工间隙，对这15名施工工人在三个施工阶段进行热舒适调查，此次调查内容包括了施工中工人心情、对环境温度及空气品质的感受以及施工时的热感觉。由于下雨天暂停施工，调研均在晴天进行，结果如图 5-2 所示和表 5-12。

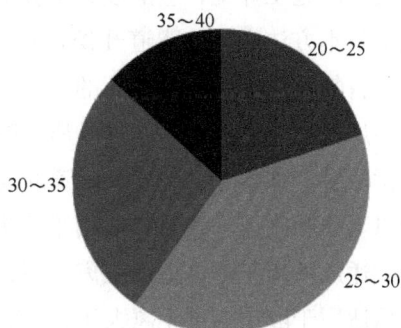

图 5-2　现场施工人员的年龄分布图

不同施工工序下工人的热感觉调查表 表 5-12

序号	掌子面开挖 温度 38.7℃ 湿度 32.2%		初期支护 温度 32.6℃ 湿度 82.2%		二次衬砌 温度 29.7℃ 湿度 54.6%	
	热感觉	热舒适	热感觉	热舒适	热感觉	热舒适
1	热	不舒适	热	不舒适	暖	稍不舒适
2	热	不舒适	暖	不舒适	暖	不舒适
3	热	不舒适	热	不舒适	暖	不舒适
4	热	不舒适	热	不舒适	暖	不舒适
5	热	不舒适	暖	不舒适	稍暖	不舒适
6	热	不舒适	暖	不舒适	暖	稍不舒适
7	热	不舒适	暖	不舒适	稍暖	不舒适
8	热	不舒适	热	不舒适	暖	不舒适
9	热	不舒适	热	不舒适	暖	不舒适
10	热	不舒适	暖	中性	暖	不舒适
11	热	不舒适	暖	不舒适	稍暖	不舒适
12	热	不舒适	暖	不舒适	暖	不舒适
13	热	不舒适	热	不舒适	暖	不舒适
14	热	不舒适	热	不舒适	暖	不舒适
15	热	不舒适	热	不舒适	暖	不舒适

由上可知，现场施工人员的年龄分布主要集中在 25～30 岁，在施工的各个阶段，施工人员的热舒适感较低，一是由于室外环境炎热，温度较高、湿度较低；二是由于隧道施工环境恶劣，环境污染严重。调查显示大多数工人施工时心情并不是很愉悦，希望施工环境能够得到改善，进而提升施工时的舒适感，有利于施工效率的提升以及良好施工氛围的营造。

2. 隧道通风除尘

为了更好地给施工人员提供足够的新鲜空气，降低施工过程中的粉尘浓度，提供一个良好的施工环境，应加强施工隧道内的空气流通。通风除尘是隧道施工中控制粉尘浓度的根本方法之一。隧道开挖过程中，通常采用的通风方法有自然通风与机械通风两类，自然通风主要借助气流的自然流通，一般适用于隧道建设初期；机械通风主要是借助通风机改善隧道内的空气品质。隧道通风方式的选择至关重要，在选择时需要考虑的因素较多，如隧道的长度、隧道断面面积、掘进距离等，应根据具体情况决定，一般遵循以下原则：压入式通风适用于隧道断面面积较小、掘进距离小于 2500m 的隧道；吸出式通风适用于隧道掘进距离较短、开挖断面面积较小、有害气体较多的隧道；混合式通风适用于隧道掘进距离大于 2500m、隧道开挖断面面积较大的隧道，一般为几种通风方式相结合；巷道通风主要应用在长大隧道中，适用于掘进距离较长的隧道。

结合本章节中测试的暗挖隧道特点进行通风量计算并提出相应的通风措施，对于改善施工环境，提高施工人员的工作效率有着十分重要的意义。根据《公路隧道施工技术规范》JTG/T 3660—2020，隧道通风量主要考虑以下几个方面：①洞内人员所需要的风量；②洞内所允许的最低风速；③按照稀释内燃机废气计算风量；④按照全断面开挖，30min 内稀释一次性爆破使用最多炸药量所产生的有害气体到允许的浓度计算风量。

由于此隧道采用暗挖方式施工，不涉及爆破方式，所以主要考虑前三种因素对隧道风量的影响。

（1）按照洞内最多工作人员所需要的新鲜空气：

$$Q_1 = 3 \times K \times m = 3 \times 1.25 \times 5 = 18.75 \text{m}^3/\text{min} \qquad (5\text{-}1)$$

式中：3——每人每分钟需要供应的新鲜空气标准 3m³/min；

K——风量备用系数，一般取 1.15～1.25；

m——同一时间内洞内工作的最多人数，按 5 人计。

（2）按照洞内所允许的最低风速计算：

$$Q_2 = 60 \times V \times S = 60 \times 0.15 \times 30.8 = 277.2 \text{m}^3/\text{min} \qquad (5\text{-}2)$$

式中：V——洞内允许最小风速，规范规定全面开挖时取 0.15m/s；

S——开挖断面面积，取 30.8m²；

60——min 和 s 的换算常数。

（3）按照稀释内燃机废气稀释风量：

$$Q_3 = 3K_1 K_2 \sum N = 3 \times 0.6 \times 0.8 \times 213.86 = 308 \text{m}^3/\text{min} \qquad (5\text{-}3)$$

式中：K_1——内燃机功率使用有效系数，取 0.6；

K_2——内燃机功率工作系数，取 0.8。

本项目所用 JEH-18 农用三轮车 2 台（一台 13.23kW），ZL50C 装载机一台（145kW），日立 60 挖掘机一台（42.4kW），内燃机功率之和 $\sum N = 213.86$kW。内燃机每千瓦需要风量：3m³/min；

故此隧道所需风量 $Q = Q_{\max}(Q_1, Q_2, Q_3) = 308$m³/min；作业人员呼吸所需风量为每人 3m³/min，外加人员呼吸风量 15m³/min，总风量 Q 为 323（m³/min），可以根据隧道内最大需风量、通风长度以及百米漏风量配备相应的轴流风机，向隧道内输送新鲜的空气。

3. 隧道喷雾除尘

喷雾除尘主要是将高压水进行雾化，形成液滴后通过喷嘴喷到空气中，并利用液滴对尘粒进行捕捉。影响喷雾除尘的主要因素有液滴的速度、粒度以及喷雾的密度。粒度越小的液滴，在空气中分布的密度越大，越容易与空气中的粉尘接触，除尘效果越好；液滴的速度越大，与粉尘碰撞时的冲击力越大，越易克服液滴的表面张力，对粉尘进行捕捉；喷雾密度指的是单位时间水流截面的耗水量，密度越大，降尘效果越好；喷雾的覆盖半径也影响降尘效果，半径越大，可捕捉的尘粒越多，除尘效果越好。目前喷雾除尘的机理主要为拦截、扩散、惯性碰撞与重力沉降[93]。

惯性碰撞是指液滴与含尘气流相遇后，液滴附近的气流方向发生改变，使得含尘气流中粒径较小的粉尘颗粒在液滴附近做绕流运动而不与液滴相碰撞，粒径较大的粉尘由于其惯性较大，保持原有的方向与液滴相撞，从而被捕获。

重力沉降是指喷雾喷出的液体雾粒与固态尘粒因惯性凝结使尘粒湿润，自重增加进而沉降的过程。

拦截捕尘是指在不考虑粉尘质量的情况下，粉尘粒子将与气流同步运动，因尘粒有体积，当粉尘粒质心所在流线与水雾粒的距离小于尘粒半径时，尘粒便会与水雾滴接触被拦截下来，使尘粒附着于水雾上。

扩散捕尘是指对于粒径极小的粉尘，由于布朗运动在扩散的过程中与液滴碰撞被液滴捕集。

上述综合作用，构成了喷雾除尘的作用机理。常见的喷雾除尘设备有雾炮机、喷雾除尘系统（主要由高压水泵、管路、水箱、过滤器、喷雾支架和喷嘴组成）等，高压喷雾是目前最普遍、效果最好的降尘方法之一，可以有效地对施工过程中的粉尘进行抑制。夏季施工时，使用喷雾式蒸发冷却设备进行除尘，不仅能够有效地减少粉尘的产生，还可以提高经济效益，改善工人的施工环境，提高工人施工过程中的热舒适性。

4. 隧道静电除尘

隧道的静电除尘技术是通过在隧道内安装静电除尘器来改善隧道的空气品质，其原理主要是通过电场产生的电场力将气流与粉尘进行分离。静电除尘技术的使用场所有两种类型：一种是设置在隧道内部，主要目的是改善隧道内的视距，主要采用旁路及顶部两种类型的安装方式；另一种主要是为了改变隧道的周边环境而设置的，主要的安装方式为风塔型，通常布置在隧道的换气处。该系统具有除尘效率高、阻力损失低的特点，静电除尘技术对隧道内 PM_{10} 的治理效率可以达到 90％，对 $PM_{2.5}$ 的治理效率也可达到 85％以上。目前该技术在国外使用较多，国内应用较少，建议大力推广使用。静电除尘器的类型较多，有板式、蜂窝式和圆筒式等，目前该技术应用较广的是双区板式。静电除尘的流程如图 5-3 所示。

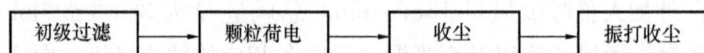

初级过滤 → 颗粒荷电 → 收尘 → 振打收尘

图 5-3　静电除尘流程图

从图 5-3 中可知，含有粉尘的气流在经过静电除尘器时，先经过过滤网进行初级过滤以去除大颗粒物，经过过滤的含尘气流进入电离区并与负离子结合，使颗粒物带负电。带负电的颗粒物在电场力的作用下向集尘板运动并被收集粉尘。当粉尘累积到一定数量后，要对其进行振打收尘。在实际应用时，应当根据隧道的所需风量、隧道长度进行布置。

5. 隧道洒水降尘

洒水降尘主要是通过向隧道内壁洒水，使得粉尘黏附在隧道内壁上，从而达到降尘目的。在隧道施工前或装载车辆进出隧道前，用洒水车润湿路面以及隧道内壁，可以减少粉尘的产生。在隧道施工时，应当对施工隧道进行及时清扫，在炎热干燥天气，应当增加对隧道洒水的次数，进而增强隧道内环境湿度。同样，将洒水降尘应用于掌子面开挖时，通过在掌子面周围布置高压喷头，与隧道内高压水管连接，对掌子面喷水以降低粉尘浓度。

6. 湿式作业法降尘

在黄土隧道施工的过程中，采用湿式作业法可以有效地减少粉尘产生。在钻孔时，主要采用的方式为超前管棚钻孔。钻孔时将钢管随钻头一起钻入地层内，当达到设计深度后停机。在钻孔的过程中，岩石在钻头的高速运转下被磨碎，大颗粒的岩渣喷出孔口后会由于风压的作用降落在孔口附近，而细小的岩渣会弥漫在空气中，对环境造成污染。

湿式凿岩除尘是指在钻孔的过程中，通过凿岩机向孔底部连续送水，进而抑制岩尘的产生，也可对已经产生的岩尘起到湿润、冲洗的作用来减少岩尘的产生。湿式凿岩给水有中心给水和旁侧给水两种方式。中心给水是将水针装在钻机中心，水针与供水管道相连接进行工作；旁侧给水中水针是通过钎子的侧孔进入岩土，冲洗钻孔过程中产生的粉尘进而达到降尘目的。湿喷混凝土施工前须对水泥进行速凝剂和减水剂的适应性试验，严格控制施工配合比，混凝土到达施工现场的坍落度宜控制在 $140\sim160mm$，以满足湿喷混凝土的施工要求。研究表明，采用湿式凿岩技术可以大幅度地降低粉尘的浓度。

在初期支护以及二次衬砌的喷浆的过程中应当采用湿喷混凝土的方法，研究表明，采用该方法作业面粉尘浓度可保持在 $2mg/m^3$ 以下，混凝土回弹率也大大降低[94]。此外，在对管线的砖墙沟槽进行切割时，也应当采取湿式作业的方法，这可以减少粉尘的产生。在隧道初期支护以及二次衬砌时，一方面通过湿式作业降低粉尘浓度；另一方面可以采用喷淋的方式降尘。研究表明，喷射压力会影响粉尘的回弹率，因此，在进行混凝土喷射时，要将喷射压力控制在一定的范围内，喷嘴的距离也会对降尘效果产生影响，最佳距离为离受喷面 1m 处[95]。

7. 绿植降尘

绿色植物的枝叶对粉尘有一定的吸附作用，在隧道施工时，可以将绿色植物放置于施工隧道周围或者施工人员附近，这可以在一定程度上对施工人员起到防护作用，减少施工场地粉尘的产生。图 5-4 列举了单位面积几种植物的滞尘量，在实际应用时可作为参考。

8. 隧道除尘车

通过对现有隧道除尘方式的分析，将静电除尘与喷雾除尘原理相结合，提出一种可移动的隧道除尘车。其基本工作原理为：当需要对隧道进行除尘时，一方面需将移动车及风机开启，隧道内的粉尘将会在风机的作用下进入 T 形管道中；另一方面，太阳能板受到太阳照射，将太阳能转化为电能，电能经过控制器储存在蓄电池内部，而电离喷嘴、水泵与控制器相连，因此蓄电池能为电离喷嘴、水泵提供动力，以达到供电目的。同时蓄电池的存在可以起到稳压作用，保证系统的正常运行。在风机的作用下，大量空

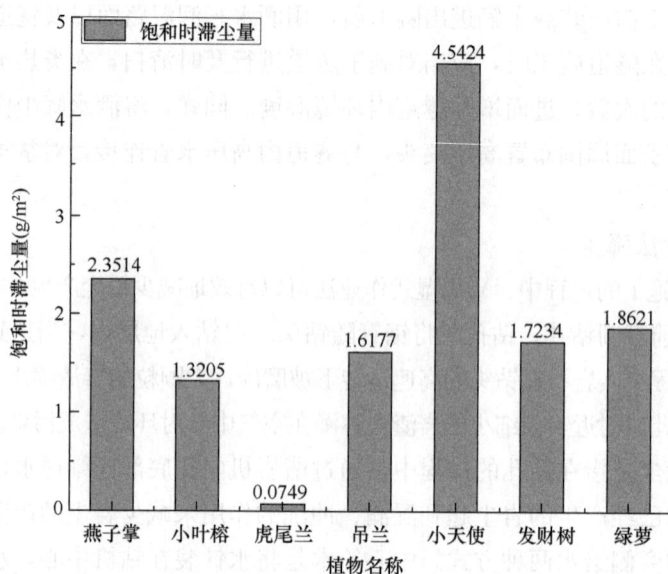

图 5-4　植物叶面饱和时滞尘量

气粉尘进入管道中，在电离喷嘴的作用下，空气中的粉尘被电离，在电场力的作用下向两极移动，移动过程中碰到气流中的粉尘颗粒和细菌并使其荷电。荷电颗粒在电场力作用下向与气流方向相反的极板运动，杀灭细菌，达到分离除尘的效果。被分离的粉尘在重力作用下被粉尘收集箱收集。与此同时，打开调节阀，经电离后的空气在风机的作用下会经过喷淋装置，水箱通过水泵给喷淋装置供水，水由雾化喷头喷出，提高了空气的净化效果。经过净化的空气通过风机再排出到空气中。其结构示意如图 5-5 所示，图中数字的具体含义见表 5-13。

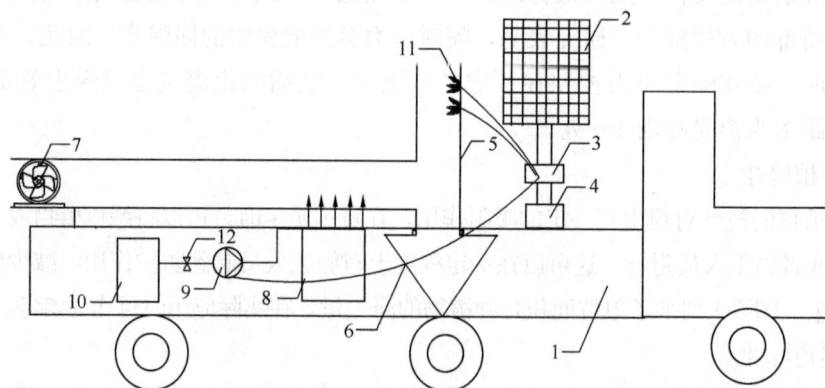

图 5-5　隧道除尘车的结构示意图

数字编号具体含义表　　　　　　　　　　表 5-13

项目	编号的具体含义
编号—代表内容	1—车厢、2—太阳能板、3—控制器、4—蓄电池、5—T 形管道、6—粉尘收集箱、7—风机、8—喷淋装置、9—水泵、10—水箱、11—电离喷嘴、12—调节阀

本装置的构造较为简单,使用起来较为便捷,其将静电除尘与喷雾除尘的原理相结合,可以有效地去除隧道内的粉尘,净化隧道内空气,具有良好的降尘效果以及环境保护效果,能够节约能耗,清洗维护简便,投资较低,具有良好的节能效果。

5.2.2 暗挖工程土方施工工人防护措施

尘肺病发病造成的死亡人数较多,因此尘肺病也被称为"隐形矿难"。引起尘肺病的发病原因主要是:一是隧道施工的恶劣环境,二是施工工人在作业过程中防护措施不到位。因此,除了改善隧道施工环境外,也应提高工人自身的防护意识,采取相应的防护措施至关重要。

1. 防尘口罩

为了减少粉尘对施工人员造成的身体伤害,佩戴防尘口罩成为施工人员自我保护的方式之一。目前,我国也根据不同的防护需求制定了相应的防尘口罩标准,主要有《呼吸防护 自吸过滤式防颗粒物呼吸器》GB 2626—2019以及《日常防护型口罩技术规范》GB/T 32610—2016这两种。对于隧道施工人员来说,在口罩的选择上主要参考前者。自吸过滤式防颗粒物呼吸器主要用于防止粉尘、烟雾等颗粒物的侵入,通过人体自身的呼吸来进行自我保护。在防尘口罩的选择上要注意以下几点:一是要有较高的阻尘效率,阻尘效率的高低主要体现在其对微细粉尘,尤其是对于粒径 $5\mu m$ 以下呼吸性粉尘的阻尘效果。一般的口罩,其阻尘的原理是当粉尘与纱布撞击时,将一些大粒径的粉尘过滤至纱布中,但对于粒径较小的颗粒物,就会通过纱布进入呼吸系统进而危害人体健康;二是口罩要与人的脸部形态较好地贴合,这样可以防止粉尘从口罩的四周进入呼吸系统中;三是口罩要便于佩戴,尤其要考虑口罩的舒适性及透气性。防尘口罩的类型大致可分为三种:一是一次性防尘口罩,主要适合在短期污染的环境下使用;二是半面罩式,这种口罩设计带有呼吸阀,适合在高温、高湿度的环境下长时间使用;三是防尘全面罩,适合在特殊环境下使用。表5-14～表5-16为不同标准下防尘口罩的分类及分级。

中国标准《呼吸防护 自吸过滤式防颗粒物呼吸器》GB 2626—2019

防尘口罩的分类及分级含义 表5-14

滤料分类	过滤效率90%	过滤效率95%	过滤效率99.97%
KN 类	KN90	KN95	KN100
KP 类	KP90	KP95	KP100

注:KN:适合非油性颗粒物的防护,例如各类粉尘、烟酸雾等;

　　KP:适合非油性和油性颗粒物的防护,油性颗粒物有油烟、油雾等。

美国标准(NIOSH 42CFR—84)防尘口罩的分类及分级含义 表5-15

滤料分类	过滤效率90%	过滤效率95%	过滤效率99.97%
N 类	N 类	N95	N99
R 类	R95	R99	R100
P 类	P95	P99	P100

欧洲标准（CEEN 149—2001）防尘口罩的分类及分级含义　　　表 5-16

滤料分级	FFP1*	FFP2*	FFP3*
过滤效率	80%	94%	99%

注：同时适合防护非油性和油性的颗粒物。

美国 3M 公司是颗粒物防护口罩的发明者，在施工中可使用不同类别的口罩以降低施工人员在空气污染中的暴露水平。根据不同的场景及需求进行选择，常用的场景口罩选择见表 5-17。

不同场景 3M 口罩选择参照表　　　表 5-17

颗粒物类型	过滤效率级别选择	适用产品	产品舒适特性	防护特性
各类粉尘、不含剧毒以及致癌物质的，不挥发的雾，如酸雾、碱雾	满足国家标准最低过滤效率（KN90）	3M 9001 防颗粒物口罩	呼吸阻力比较低，佩戴较为方便	可作为基本防护，适用于粉尘以及雾霾
粉尘，含剧毒以及致癌物	满足国家标准中等过滤效率（KN95）	3M 8210CN 防尘口罩	结构较轻便，能提供可靠的呼吸防护	适用于不散发油性气溶胶以及蒸气的液态或非油性的颗粒物
焊接烟或铸造烟，不含油的	满足国家标准中等过滤效率（KN95）	3M 9502 防颗粒物口罩	佩戴时稳定性较高，适合长时间佩戴	防护 10 倍的职业暴露限值浓度以下的粉尘、烟雾，并降低对空气中某些微生物颗粒物的呼吸暴露
含放射性物质的颗粒物	满足国家标准最高过滤效率（KN100 或 KP100）	3M 8233 防颗粒物口罩	过滤面积较大，并增设了口罩内热量和湿气不容易积聚的设计；亲肤感较高，头带上增加了调节扣，进一步改善了不同脸型人的佩戴舒适感	可用于防护在矿石、煤、铁矿、面粉和某些其他物质的加工过程中产生的颗粒物；放射性颗粒物等
沥青烟、油烟、焦炉烟、柴油机排放物	满足国家标准中等过滤效率（KP95）	3M 8577 防颗粒物口罩	减少眼镜烟雾	防护颗粒物的同时也可防护有机异味气体的进入
PM$_{2.5}$、雾霾、沙尘防护	满足国家标准最低过滤效率（KN90）	3M 9002 防颗粒物口罩	佩戴舒适度较高	防护由机械力产生的各类粉尘
汽车尾气颗粒物和异味	KN90 及以上级别＋活性炭减除有机物异味	3M 9041 防颗粒物口罩	佩戴密合性较高，增设了特效活性炭层，可减除某些有机蒸气异味，让呼吸更清新	具有减除有机蒸气异味功能，可用于防护石化等制造行业产生的某些有机蒸气异味
酸性气体异味防护	专用活性炭减除酸性气体异味	3M 8246CN 防颗粒物口罩	增设了特效活性炭层，可减除某些酸性气体异味	适用于油性和非油性颗粒物的防护

在隧道施工中，工人佩戴的口罩大多为一次性口罩以及半面罩式这两种形式。一次性口罩的防尘效果较差，且吸气阻力会随着滤尘量的增加而增加，难以有效地对工人进行防护，半面罩式口罩尽管防护效果优于一次性口罩，但由于其密闭性较强，工人长时间佩戴会导致脸部受压迫，从而影响工人的舒适度，进而长时间佩戴会增加工人施工的劳累感，导致施工效率下降。因此，在防尘口罩的设计上应当综合考虑口罩佩戴时的舒适度、口罩重量以及工人在施工中的耗氧量及能量代谢等多方面因素。很多专家学者针对目前存在的问题进行了深入研究，研究成果可以应用于隧道除尘中。

关崇山等人研究了一种新型的保湿滤芯型防尘口罩，主要特点在于能够根据施工工人的不同面部特征，定制个性化的防尘口罩，既保证了口罩相对于面部的贴合度，又减轻了工人在呼吸时的憋闷感。同时相比于普通的干燥材质，将液体附着于滤芯中，不仅能提高吸附效果，还具有消毒的功效，从而提高了口罩使用时的舒适度[96]。

魏佳男等人设计了一种动力送风的湿式防尘口罩，有效地解决了现有的防尘口罩存在的问题，如呼吸时阻力较大、需定期更换口罩滤网等问题。该口罩通过电机带动风机产生的压力风，经过溶液的水洗，对空气中的粉尘进行高效捕捉，除尘效率较高，为个体的防护措施提供了一条很好的思路，值得借鉴学习[97]。

梁海英等人研制出了一种新型的口罩滤芯-重离子微孔膜，可以对粒子进行精密的过滤及筛分，化学稳定性较好，过滤效率可以达到99.7%，呼吸阻力远远低于国家标准，能够有效地阻挡外部粉尘侵入肺部，为减少尘肺病的发病率奠定了基础[98]。

此外，中国科学院长春化学研究所研究了一种新型口罩，该口罩采用纳米防毒填充剂对口罩进行填充，从而很大程度上实现了对空气中的粉尘及颗粒的高效过滤，防护效果好，可以广泛应用于施工场所。

2. 防护服

防护服可以全方位地实现对人体的保护作用，防护服对于改善隧道施工人员作业过程中的舒适度也起到重要作用。防护服的种类较多，在施工中应选用防尘服，防尘服是指用于防护施工人员不受粉尘侵害的服装，防尘服有A类和B类防尘服，主要区别在于是否对静电有防护作用，款式有分体及连体两种，在对防尘服进行选择时应参照表5-18。

防尘服的选择参照表 表5-18

服装类别	防尘效率% 洗涤前后	沾尘量 洗涤前后	带电荷量 μc/件
A类	≥90	≤250	—
B类	≥95	≤2150	≤0.6

服装作为人体的"第二皮肤"，对于改善人体在工作中的热舒适性有着重要作用。目前，工人在作业时大多穿着一般棉纺织或化纤材质的工作服，不能起到防护作用，所以应当加强对工人施工时服装的管理控制。为了能最大限度地实现防护服的防护效果，

首先要对防护服进行合理的选择，主要考虑以下几点：首先要根据工种来确定，比如工种具有易燃易爆的特点，不应选择化纤材质面料，以免增加危险发生的可能性；其次，要根据工作环境来决定；最后要根据相关的安全要求来选择，可以更有效地对工人进行保护。此外，服装本身应具有良好的透气能力、防尘效果，且不得损害工人自身的健康，服装结构不能太过复杂，便于穿戴。

在隧道施工的过程中，粉尘的大量产生，也会对人体的皮肤产生危害，目前市面上防护服的主要面料有 PP、SMS、SF 三种。PP 面料具有透气防尘的特点，主要用于环卫保洁、普通防尘中；SMS 面料具有防尘隔离、结实耐磨的特点，主要用于养殖隔离、防疫防污；SF 面料具有防水防油、防酸碱性强的特点，主要用于工地装修或工业防污中。在隧道工人施工时，可根据实际情况选择不同材质的防护服。由于施工工作的不同要求，不同工人的体态特征不同，有蹲位、站位等，施工工人常见的服装为背心和长裤。由于施工强度较大，施工环境恶劣，工人在施工过程中的安全性需要进一步保证。王艺等人设计了一种特殊的防护服，这种防护服的面料能够有效地防止粉尘侵入，且具有防静电、防水等功能，面料的耐磨性较好，适用于大幅度运动的要求，其最大的特点是将防护服的领口部位与防尘口罩相结合，可以大大降低施工作业人员对粉尘的吸入，减少呼吸疾病的发病率[99]。

可以通过降温、降噪来实现施工人员对舒适度的要求。国内很多学者对此展开研究，袁玮等人研发了一种适用于隧道作业人员的人体防护设备，结合了降温、抗噪以及定位功能，不仅提高了施工人员的舒适度，还提高了施工人员的施工效率；通过实时通信功能，具备了定位、显示行走轨迹等信息集成功能，不仅便于施工人员与外界的沟通交流，保证施工人员的安全，更有益于施工现场管理工作的开展[100]。

张秋勇等人对防尘服的面料进行研制，将导电纤维与全拉伸丝进行交织。研究表明，该产品的舒适性较高，具有耐洗、抗静电以及免烫性[101]。

陈旸等人研究了高温环境中施工作业人员服装的隔热问题，并对防护服的四层结构进行研究，最终从服装的材质性能等方面提出了优化措施[102]。

赵蒙蒙等人通过实验测试的方法对通风服装进行研究。人体与服装的传热过程如图 5-6 所示，研究表明通风服装可以弥补人体在热环境中生理调节的不足，提高工作中的热舒适度。在进行测试时应考虑到服装的整体通风、局部通风，以及对其引起的热舒适不均匀问题进行研究[103]。

张英等人对热防护服进行研究，从生理、心理等方面对热防护服的降温效果进行评价。研究表明，在选择热防护服时应采用多指标评价法，考虑多种因素对防护服性能的影响，如服装本身的性能、个人身体条件等[104]。

3. 其他防护措施

个体防护设备主要为了防护工人免受工伤或者疾病，除上述的防尘口罩及防护服外，安全鞋、安全帽、护目镜以及耳罩、防护手套等对于施工人员的保护也起着至关重要的作用。

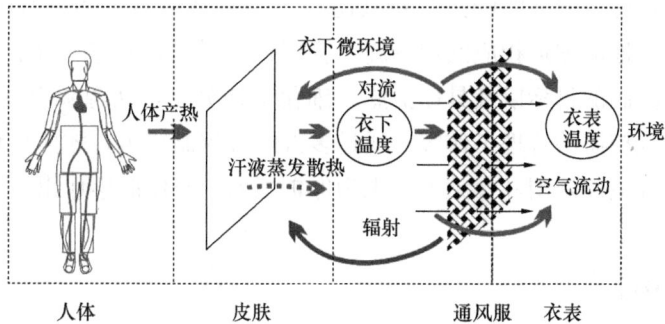

图 5-6 通风服装传热系统

安全鞋是指适用于不同场合，具有保护工人的腿脚不受伤害的功能，是安全和防护鞋类的总称。研究表明，在超过 10 万起工伤事故中，38.6% 的工伤事故都是由于劳动者没有对腿脚进行较好的防护所致，可见安全鞋在施工中的重要性。我国目前制定安全鞋的标准是《足部防护 安全鞋》GB 21148—2020，安全鞋主要的性能参数有包头的抗冲击性能，即用一定重量的冲击锤进行试验时，包头下的间隙高度应当小于规定值，且不应出现穿透性裂纹；抗刺穿性能，主要用具有一定硬度要求的试验钉对鞋底进行刺穿，记录所需最大力；另外对防静电性能、隔热性能、防滑性能、鞋跟、酸碱度功能都有相应的要求，在设计时应符合相关标准。在对安全鞋进行选择时，不仅要考虑安全鞋的质量，还需要考虑鞋的结构、功能等多个因素，结合隧道施工人员的特点，选择最适合的安全鞋。

安全帽对人的头部起保护作用，防止头部因物体坠落或者其余特定因素受到伤害，主要分为一般安全帽及特殊作业安全帽。特殊作业安全帽分为五种类型：T1 主要适用于有火源的工作场所；T2 适用于隧道、地下工程或者矿井；T3 适用于易燃易爆的场所；T4 适用于带电场所；T5 适用于低温场所。安全帽主要的作用有缓冲减震以及分散应力，应当根据使用规范及性能要求合理使用。根据工人施工的特殊要求，研究人员研发了 AFM-1 型防尘安全帽，将安全帽与净化通风系统相结合，但在实际应用时有一定的局限性。对此，孙振豪等人研发了一种基于 Arduino 的智能安全帽，使安全帽具有照明、摔倒检测、通信定位多个功能，很大程度上减少了施工人员的安全隐患[105]。

工人在施工过程中，会因为焊接产生的有害光线、粉尘的飞溅等因素而伤害眼睛，所以应正确地选择和佩戴护目镜。目前，普通的护目镜已经无法满足工人施工的防护要求，不仅导致眼部炎症发生，还降低了焊接效率。为了解决这一问题，国外研发了一种变光式护目镜，通过在焊接时控制光线的变化对工人实施保护，国内很多针对建筑施工工人的护目镜也相继得到研发。刘进生发明了一种适合建筑工地用的护目镜，不仅能减缓眼部损伤，增加眼部透气性，且能对整个面部进行防护，提高工人的舒适性。

工人施工时，还可佩戴防噪声耳罩及防护手套来减轻施工环境对听力及手部的伤害。此外，建筑工地应加强相应的现场施工管理，如制定隧道施工粉尘控制的专项控制方案，明确粉尘控制的目标以及具体措施，细化责任分工，从源头上减轻粉尘的产生，落实施工现场粉尘控制的管理工作等。通过多方配合控制粉尘，才能将粉尘污染降到最低，不仅为建设环境友好型社会献力，也为保护工人的身体健康作出贡献。

5.3 本章小结

本章主要针对工程土方工程扬尘控制方法，提出明挖工程和暗挖工程土方施工扬尘控制措施，提出针对西安市黄土地区的明挖工程土方施工扬尘的降尘抑尘对策，对黄土隧道施工粉尘污染造成的施工人员身体伤害问题提出暗挖工程工人防护措施。得到的主要结论有：

（1）梳理常用及常见的明挖工程土方施工降尘抑尘措施，理清了各措施在降尘抑尘中的特性，明确了其降尘抑尘的优势及短板；道路硬化、抑尘网遮盖、洒水降尘可以从源头减少土方扬尘的排放；喷雾降尘可有效减少土方一次扬尘的排放；车辆清洗及路面清洗、绿植降尘可有效减少土方二次扬尘的排放。

（2）围绕典型明挖土方施工工程的实际施工特征，得到单一降尘抑尘措施无法有效实现明挖工程土方扬尘减排，降尘抑尘措施需复合使用的结论。仅在夜间进行基坑土方作业时，可在昼间使用抑尘网遮盖＋洒水降尘，可使土质固结、完整及增加土质含水率；仅在夜间进行土方填料清运作业时，可使用喷雾降尘＋车辆清洗＋道路硬化，减少土方一次和二次扬尘的产生与排放；当风力卷扬或风蚀形成二相流（气相＋固相，即含尘气流）时，可借助抑尘网洒水遮盖＋喷雾降尘＋绿植降尘，以抑制土方扬尘的扩散，减小污染影响范围。

（3）针对明挖工程土方施工扬尘控制，提出"一种适用于施工工地的水资源再利用喷淋降尘系统"；通过整合既有喷淋技术以及水资源回收再利用技术，提出搭建一套能将车辆清洗废水和雨水等施工水资源回收再利用的喷淋降尘系统。简而言之，就是将车辆清洗的废水、硬化路面清洗的废水以及回收得到的雨水，经过系统处理后，借助管道泵将回收得到的水资源输送至施工塔式起重机吊臂处的水平喷淋管路中。塔式起重机吊臂处的喷淋管路上设有喷淋喷头，使用喷淋喷头产生的细小水滴实现均匀降尘。随着塔式起重机的匀速旋转，能够实现空间上的降尘，净化降尘效果理想，且除尘净化覆盖区域也更加宽广。

（4）经研究论证后认为，"施工工地的水资源再利用喷淋降尘系统"具有良好的经济性；系统结构完善、设备搭配合理、技术可靠。

（5）针对暗挖工程土方施工，梳理研究了适用于隧道的除尘措施，明确了各措施减尘降尘的原理及特性，并总结了黄土隧道施工各个阶段所应采取的除尘降尘措施。最后将静电除尘与高压喷雾除尘相结合，提出了一种新型除尘装置—隧道除尘车，该装置可以有效地对粉尘进行治理，具有提高空气品质、初投资较小、节能的特点。

（6）总结归纳了现有的暗挖工程施工防护措施，如防尘口罩、防护服、安全鞋、安全帽、护目镜等，阐述了这些防护措施的防护原理，并结合防护新技术，分析了隧道中采用这些措施的可行性，为施工工人的身体健康、职业安全提供了参考意见。

第六章　结　论　及　展　望

本书通过对黄土地区土方工程施工扬尘产尘规律及控制方法研究，采用理论分析、实地探测、试验研究结合数学模型、数值模拟等技术手段，分别针对明挖工程、暗挖工程、工程土方施工扬尘产尘规律、影响因素及相应控制方法得到以下结论：

（1）明挖工程土方施工中，现场粉尘浓度与具体现场施工活动及其剧烈程度有关，同时又受到气象因子的影响。工地内土方清运车辆及土方施工活动均为重要扬尘源，未进行土方施工时，施工现场环境大气颗粒物粒径与背景参考点颗粒物粒径分布基本一致；土方施工状态下，粒径较大的颗粒物所占比例高于前两者，粒径大于 $10\mu m$ 的颗粒物占比高达 61.24%，可吸入颗粒物占比达 33.52%；施工现场从事土方作业时 $PM_{2.5}$：PM_{10}：$TSP=0.01:0.55:1$，排放至环境大气中的土方扬尘在大粒径的颗粒占绝对优势的情况下，其造成的扬尘环境污染范围有限，在一定距离范围内会逐步沉降回归地表，土方施工扬尘随城市大气环境进行远距离输送的可行性有限。

（2）明挖土方工程施工扬尘 $PM_{2.5}$ 浓度值与气象因子中的风速和相对湿度在 0.05 水平双侧显著相关，与温度呈正相关，与风向呈负相关，风速和相对湿度的相关显著性强度高于温度和风向。PM_{10} 浓度值与气象因子中的温度在 0.01 水平双侧显著正相关，与相对湿度在 0.05 水平双侧显著正相关，而与风速和风向参数在 0.05 水平双侧显著负相关。TSP 扬尘浓度值与气象因子中的风速和风向在 0.05 水平双侧显著负相关，与温度参数在 0.01 水平双侧显著正相关，与相对湿度参数呈正相关。

（3）仅对于土方颗粒研究而不考虑其他外界影响因素，土方颗粒密度大于环境流体密度，故其自身属性力影响中重力＞浮升力；诱导气流和振动效应是导致静止土方颗粒力系平衡破坏的必要因素；机械附加外力的影响是诱导气流＞振动效应＞压力梯度力＞黏附力。不论是理论分析还是数值分析或模型模拟中，气动阻力均不可被忽略。各产尘作用力的影响关系可归纳为：气动阻力＞附加质量力＞巴塞特力＞萨夫曼升力＞玛格努斯效应。研究认为，在产尘作用力对土方施工扬尘浓度的影响中，仅需考虑重力、诱导气流、振动效应以及气动阻力的影响。

（4）建立了明挖工程土方施工扬尘排放量预测模型，经过计算得到土方 $PM_{2.5}$、PM_{10}、TSP 分别在土方堆场、裸露地表、未硬化道路、硬化道路、土方装卸、风蚀扬尘情况下的排放因子及排放量。研究总结得出：土方装卸操作扬尘排放量＞场区未硬化道路扬尘排放量＞裸露地表土方扬尘排放量＞场区内硬化道路土方扬尘排放量＞土方风蚀扬尘排放量＞土方堆场扬尘排放量。土方装卸操作扬尘、场区内未硬化道路土方扬尘、裸露地表土方扬尘是土方工程中土方施工扬尘的主要尘源，亦是土方扬尘排放的主导因素。

（5）对暗挖工程在不同施工工序下粉尘的产生来源、形成因素、排放特征、主要危害进行了理论分析，介绍了粉尘颗粒在流场中可能受到的外力，明确了施工中粉尘的受力情况。

（6）测试分析了暗挖隧道施工中主要工序下不同工序的施工时间粉尘浓度变化、不同施工阶段不同进深条件下的粉尘浓度占比，以及不同进深条件下各粉尘的浓度值。对 $PM_{2.5}$、PM_{10}、PM_1、PM_4、TSP 五种粉尘分别在掌子面开挖阶段、初期支护阶段、二次衬砌阶段的粉尘浓度特点进行了分析。得到结论：初期支护阶段粉尘浓度最大，污染最为严重，且粉尘浓度随着隧道进深的增加呈现递增趋势；掌子面开挖以及二次衬砌阶段，粉尘浓度随着隧道进深的增加呈现先减小后增加的规律；各阶段粉尘浓度均随着施工时间的增加呈现递增趋势。同时，分析了不同施工工序下各粉尘浓度所占的百分比值及不同施工工序下各颗粒物的贡献值；进一步通过数值模拟和指数拟合、线性拟合、多项式拟合三种数学模型对粉尘浓度与隧道进深、施工时间的关系进行了研究，得到了最佳的拟合函数。

（7）将土方施工扬尘对城市环境影响从基坑开挖（挖方）阶段、建筑垃圾清运（运方）阶段以及土方回填和均匀压实（填方）阶段三个阶段进行了分析。选择典型工程，结合现场监测，整理了土方施工挖方、运方以及填方三个阶段的 $PM_{2.5}$、PM_{10}、TSP 浓度值，并将扬尘浓度与气象因子进行线性拟合，得到了 $PM_{2.5}$、PM_{10} 以及 TSP 浓度与温度、相对湿度、风速间的相关性关系；采用多元线性逐步回归分析方法得到了相应阶段的颗粒排放浓度预测模型，得出了土方施工挖方阶段扬尘污染最为严重的结论。

（8）量化分析了土方施工扬尘平均值对城市环境的影响，指出土方施工挖方阶段扬尘对城市环境影响最为严重。在此基础上，结合气象因子研究得到，气象因子明显影响土方施工扬尘对城市环境的污染情况，随着相对湿度和风速的增大，土方施工扬尘对下风向区域的污染更严重。在研究基础上，针对效果定性评价了建筑施工常见的六种扬尘防治措施的原理、方式方法和注意事项，并对效果良好的喷雾降尘和覆盖抑尘措施中的覆盖抑尘进行了优化，提出了一种结合生物纳膜抑尘技术的防治措施，设计出了一种可在线监控自动喷雾的工地围挡措施。

（9）基于得到的明挖工程、暗挖工程和工程土方施工扬尘规律，梳理研究了常用及常见的明挖工程土方施工降尘抑尘措施，得到道路硬化、抑尘网遮盖、洒水降尘可以从源头减少土方扬尘的排放；喷雾降尘可有效减少土方一次扬尘排放；车辆清洗及路面清洗、绿植降尘可有效减少土方二次扬尘排放的结论；提出"一种适用于施工工地的水资源再利用喷淋降尘系统"，且经研究论证其具有良好的经济性，系统结构完善、设备搭配合理、技术可靠；针对暗挖工程隧道除尘措施进行了梳理研究，总结了在黄土隧道施工各个阶段所应采取的除尘降尘措施，将静电除尘与高压喷雾除尘相结合，提出了一种新型除尘装置—隧道除尘车；总结归纳了现有暗挖工程施工防护措施，如防尘口罩、防护服、安全鞋、安全帽、护目镜等，阐述了这些防护措施的防护原理并结合防护新技术，分析了隧道中采用这些措施的可行性，为施工工人的身体健康、职业安全提供了参考意见。

研究展望：

（1）针对明挖工程土方施工扬尘规律的研究，除粒径分布特征外，拟以降尘为指标，分析西安市典型土方施工现场周边的降尘样本，对土方施工扬尘的特征元素进行深入研究，旨在探究并明确土方工程施工扬尘占降尘的比例，以及确定土方施工扬尘的特征元素。借助特征元素法找到特定尘源，并据此对西安市降尘抑尘措施提出合理化建议。

（2）在研究土方工程施工扬尘规律与气象因子之间相关特性时，已对温度、相对湿度、风速、风向等气象因子进行了考虑。然而，实际工程中还存在其他种类的气象因子，如混合层高度等，尚未被纳入考虑范围。同时，各个气象因子间的相互影响和耦合作用也是亟待深入探讨和解决的问题，因此在今后的研究中应进一步开展相关研究。

（3）在研究暗挖工程及土方工程施工扬尘过程中，已根据土方施工阶段进行了划分研究。下一步的相关研究可以对施工阶段进行更加细致的划分，深入探讨其他更为细致的土方工程施工扬尘与施工阶段之间的关系，以期得出更具代表性的结论。

参 考 文 献

[1] HU M，JIA L，WANG J，et. al. Spatial and temporal characteristics of particulate matter in Beijing，China using the Empirical Mode Decomposition method[J]. Science of The Total Environment，2013，458-460：70-80.

[2] 田刚，李钢，闫宝林，等. 施工扬尘空间扩散规律研究[J]. 环境科学，2008(1)：259-262.

[3] AZARMI F，KUMAR P，MULHERON M. The exposure to coarse，fine and ultrafine particle emissions from concrete mixing，drilling and cutting activities[J]. Journal of Hazardous Materials，2014，279：268-279.

[4] KETCHMAN K，BILEC M. Quantification of Particulate Matter from Commercial Building Excavation Activities Using Life-Cycle Approach[J]. Journal of Construction Engineering and Management，2013，139(12)：A4013007.

[5] FABER P，DREWNICK F，BORRMANN S. Aerosol particle and trace gas emissions from earthworks，road construction，and asphalt paving in Germany：Emission factors and influence on local air quality[J]. Atmospheric Environment，2015，122：662-671.

[6] XIAO-DONG LI，SHU SU，HUANG T J，et al. Monitoring and Comparative Analysis of Construction Dust at Earthwork and Main Structure Construction Stages[J]. China Safety Science Journal，2014，24(5)：126-131.

[7] 黄天健，李小冬，苏舒，等. 建筑工程土方施工阶段扬尘污染监测与分析[J]. 安全与环境学报，2014，14(3)：317-320.

[8] 孙猛，高翔，刘茂辉，等. 扬尘在线监测在施工工地扬尘污染监管中的应用研究[J]. 环境科学与管理，2016，41(11)：142-145.

[9] 蒋楠，吕柏霖. 西安扬尘污染的控制与治理研究[C]//2014 中国环境科学学会学术年会(第六章). 四川成都，2014：7.

[10] VAN PELT R S. Zobeck T M. Chemical Constituents of Fugitive Dust[J]. Environmental Monitoring & Assessment，2007，130(1-3)：3-16.

[11] 曾庆存，胡非，程雪玲. 大气边界层阵风扬尘机理[J]. 气候与环境研究，2007(3)：251-255.

[12] 马小铎. 影响 $PM_{2.5}$ 的理化因素及相关问题的模型研究[D]. 北京：北京交通大学，2015.

[13] 黄玉虎，田刚，秦建平，等. 不同施工阶段扬尘污染特征研究[J]. 环境科学，2007(12)：2885-2888.

[14] 赵普生. 城市建筑施工及铺装道路扬尘污染评估与防治技术研究[D]. 天津：南开大学，2008.

[15] 赵普生，冯银厂，金晶，等. 建筑施工扬尘特征与监控指标[J]. 环境科学学报，2009，29(8)：1618-1623.

[16] 樊守彬，杨力鹏，程水源. 道路环境颗粒物浓度空间分布研究[J]. 环境科学与技术，2011，34

(7)：56-58，101.

[17] 杨松，叶芝祥，杨怀金，等．建筑施工降尘的污染特征及来源分析[J]. 环境工程，2015，33 (S1)：324-329，404.

[18] 黄玉虎，李钢，杨涛，等．道路扬尘评估方法的建立和比较[J]. 环境科学研究，2011，24(1)：27-32.

[19] 黄玉虎，蔡煜，毛华云，等．呼和浩特市施工扬尘排放因子和粒径分布[J]. 内蒙古大学学报(自然科学版)，2011，42(2)：230-235.

[20] 田刚，樊守彬，黄玉虎，等．风速对人为扬尘源 PM_{10} 排放浓度和强度的影响[J]. 环境科学，2008(10)：2983-2986.

[21] ZHANG G Q, LIU Z C, WANG L. Emission Characteristics Of Fugitive Dust Generation Of Falling Material And Its Model[J]. Journal of Shandong Agricultural University, 2008，39(1).

[22] 樊守彬，李钢，田刚．施工现场扬尘排放特征分析[J]. 环境科学与技术，2011，34(S2)：209-211，266.

[23] 郭翔翔，甘麟雄，丁一，等．南宁市工地基础施工扬尘分布量化分析[J]. 广西大学学报(自然科学版)，2016，41(4)：1285-1290.

[24] 夏菲．西安市郭杜镇 10 月份 PM_{10} 浓度时空变化与防治措施研究[D]. 西安：陕西师范大学，2016.

[25] 周莉薇．西安工程大学金花校区 $PM_{2.5}$ 浓度分布研究[D]. 西安：西安工程大学，2016.

[26] 童志权．大气污染控制工程[M]. 北京：机械工业出版社，2007.

[27] BHASKAR R, RAMANI. Behavior of Dust Clouds in Mine Airways[J]. SME Transactions, 1986 (280)：31-40.

[28] WALTON A, CHENG A Y S. Large-eddy simulation of pollution dispersion in an urban street canyon—PartII：idealised canyon simulation[J]. Atmospheric Environment, 2002，36(22)：3615-3627.

[29] EDVARDSSON K, MAGNUSSON R. Monitoring of dust emission on gravel roads：Development of a mobile methodology and examination of horizontal diffusion[J]. Atmospheric Environment, 2009，43(4)：889-896.

[30] XU Z, TRAVIS J R, BREITUNG W，et al. Verification of a dust transport model against theoretical solutions in multidimensional advection diffusion problems[J]. Fusion Engineering and Design, 2010，85(10-12)：1935-1940.

[31] COURTNEY, WELLY G, CHENG LUNG. Deposition of Respirable Dust In An Airway[J]. RI, 1986.

[32] HODKINSON, J. R. The mixing of Respirable Dust With the Mine Ventilation Studied By A Radio-active Tracer Technique[J]. Trans. Inst. Of Mi n. Eng, 1957(115)：20-28.

[33] DIRK G, ZVI Y O. Wind tunnel and field calibration of sixaeolian dust samplers[J]. Atmospheric Environment, 2000，34(7)：1043-1057.

[34] OWEN P R. Saltation of uniform grains in air[J]. Journal of Fluid Mechanics, 1964.

[35] WANG J, E K L. Particle motions and distributions in turbulent boundary layer of air-particle

flow past a vertical flat plate[J]. Experimental Thermal & Fluid Science, 2003, 27(8): 845-853.

[36] 邓济通，黄远东，张强. 围栏高度对施工扬尘迁移扩散影响的数值模拟研究[J]. 环境工程，2014，32(4)：83-86.

[37] 曹正卯，刘晓，牛柏川. 高海拔公路隧道施工期粉尘运移特性研究[J]. 地下空间与工程学报，2019，15(3)：927-935.

[38] 董芹. 公路建设项目施工过程粉尘的测定研究[D]. 西安：长安大学，2006.

[39] 高慧. 道路路基工程施工扬尘污染排放分析[D]. 济南：山东大学，2010.

[40] 郭默. 基于 BP 神经网络的施工扬尘量化建模研究[D]. 兰州：兰州大学，2010.

[41] 田刚，李钢，闫宝林，等. 施工扬尘空间扩散规律研究[C]//中国机械工程学会环境保护分会第四届委员会第一次会议论文集. 北京市环境保护科学研究院，2008：8.

[42] 王来福. 天津市城市建筑工地与工业堆料场扬尘污染研究[D]. 天津：天津理工大学，2017.

[43] 段振亚，刘永阵，王凯，等. 大型露天堆料场的扬尘扩散规律研究进展[J]. 地球环境学报，2017，8(4)：307-319.

[44] 丁翠. 掘进巷道粉尘运移扩散规律研究进展[J]. 煤矿安全，2018，49(9)：219-222，232.

[45] ALAM M M. An integrated approach to dust control in coal mining face areas of a continuous miner and its computational fluid dynamics modeling. [D]. Southern Illinois University at Carbondale, 2006.

[46] WESTPHAL D L, TOON O B, CARLSON T N. A two - dimensional numerical investigation of the dynamics and microphysics of Saharan dust storms[J]. Journal of Geophysical Research Atmospheres, 1987, 92(D3): 3027-3049.

[47] PATANKAR N A, JOSEPH D D. Modeling and numerical simulation of particulate flows by the Eulerian-Lagrangian approach[J]. International Journal of Multiphase Flow, 2001, 27(10): 1659-1684.

[48] S. L S. Multiphase Fluid Dynamics[M]. Beijing: Science Press, 1990.

[49] 谢卓霖. 施工扬尘的形成、扩散规律及控制研究[D]. 重庆：重庆大学，2019.

[50] 刘振江. 深井巷道粉尘浓度分布规律数值模拟研究[J]. 轻工科技，2019，35(9)：98-99.

[51] 郭帅伟. 防辐射挖掘机作业扬尘扩散运移规律的数值模拟[D]. 衡阳：南华大学，2016.

[52] 王波，杨建林. 洞室群施工通风规律及粉尘浓度分布规律研究[J]. 水利水电技术，2019，50(3)：85-89.

[53] 晏云飞. 烧结砖隧道窑内粉尘及氮氧化物控制的数值模拟研究[D]. 株洲：湖南工业大学，2016.

[54] 孙忠强. 公路隧道钻爆法施工粉尘运移规律及控制技术研究[D]. 北京：北京科技大学，2015.

[55] 张雯婷，王雪松，刘兆荣，等. 贵阳建筑扬尘 PM_{10} 排放及环境影响的模拟研究[J]. 北京大学学报(自然科学版)，2009，(03)：114-120.

[56] SU K T, CHANG Y M, HU W H. Comparison of Reduction Efficiency of Woven Straw for Entrained Emissions of Particulate Matter with Diameters Less Than $10\mu m$ (PM_{10}) and Less Than $2.5 \mu m$ ($PM_{2.5}$) from Exposed Areas at Construction Sites[J]. Canadian Journal of Civil Engineering, 2010, 37(5): 787-795.

［57］ GILLIES J A，WATSON J G，ROGERS C F. Long-Term Efficiencies of Dust Suppressants to Reduce PM_{10} Emissions from Unpaved Roads［J］. J Air Waste Manag Assoc，1999，49(1)：3-16.

［58］ 郑云海，田森林，李林，等. 基于表面活性剂的施工扬尘抑尘剂及其性能［J］. 环境工程学报，2017，11(4)：2391-2396.

［59］ 谭卓英，赵星光，刘文静，等. 露天矿公路扬尘机理及抑尘［J］. 北京科技大学学报，2005(4)：403-407.

［60］ CHANG Y M, HU W H, SU K T，et al. PM_{10} Emissions Reduction from Exposed Areas Using Grass-Planted Covering：Field Study of a Construction Site［J］. Journal of Environmental Engineering，2014，140(12)：06014006.

［61］ 潘德成，孟宪华，吴祥云，等. 不同气象因子及植被类型对矿区排土场扬尘的影响［J］. 干旱区资源与环境，2014，28(1)：136-141.

［62］ LIU L，GUAN D，PEART M R. The morphological structure of leaves and the dust-retaining capability of afforested plants in urban Guangzhou，South China［J］. Environmental Science and Pollution Research，2012，19(8)：3440-3449. DOI：10.1007/s11356-012-0876-2.

［63］ SIVACOUMAR R，MOHAN R S，CHINNADURAI S J. Modeling of fugitive dust emission and control measures in stone crushing industry［J］. J Environ Monit，2009，11(5)：987-997.

［64］ 杨杨. 珠三角地区建筑施工扬尘排放特征及防治措施研究［D］. 广州：华南理工大学，2015.

［65］ 马静. 城市建设施工扬尘污染控制［J］. 工程设计与研究，2010(2)：40-42.

［66］ 卢滨，董军，相震. 杭州市扬尘污染控制对策探讨［J］. 环境科学与管理，2013，38(7)：83-86.

［67］ 程浩. 城市建筑扬尘与雾霾产生的关系及应对措施［J］. 建筑安全，2014，29(4)：50-52.

［68］ 李卫平. 建筑施工对城市环境影响分析及对策研究［J］. 科技资讯，2010，(19)：152.

［69］ 蔺浩然. 建筑施工对环境影响分析及防治措施［J］. 绿色环保建材，2017(7)：100.

［70］ 朱迪，颜敏，周咪，等. 建筑物拆除工程扬尘污染特征与防治措施［J］. 绿色科技，2017(14)：24-25，27.

［71］ 胡敏，赵云良，何凌燕，等. 北京冬、夏季颗粒物及其离子成分质量浓度谱分布［J］. 环境科学，2005(4)：1-6.

［72］ TAYLOR C. Section 7.7 Building Construction Dust［R］. 2002：1-2.

［73］ HO K F，LEE S C，CHOW J C，et al. Characterization of PM_{10} and $PM_{2.5}$ source profiles for fugitive dust in Hong Kong［J］. Atmospheric Environment，2003，37(8)：1023-1032. DOI：10.1016/S1352-2310(02)01028-2.

［74］ 刘洋. 西安城市公路隧道空气污染物浓度分布及通风方式研究［D］. 西安：西安工程大学，2019.

［75］ D SUGIRI，REGULATORY. Impact Analysis for the Mandatory Reporting of Greenhouse Gas Emissions Final Rule［S］. 2009.

［76］ U. S. EPA. Emssion factor documentation for AP-42［Z］. 1993.

［77］ 赫彦利. 沧州渤海新区黄骅港区域颗粒物污染现状及控制对策研究［D］. 石家庄：河北科技大学，2016.

［78］ 高慧. 道路路基工程施工扬尘污染排放分析［D］. 济南：山东大学，2010.

[79] 刘振刚. 对测尘技术中总粉尘和呼吸性粉尘定义的探讨[J]. 工业安全与防尘, 1991(1): 36-39.

[80] 柴仓宝. 某铁路隧道内空气污染物分析及治理[J]. 铁路节能环保与安全卫生, 2019, 9(1): 50-52.

[81] 樊守彬, 李钢, 田刚. 施工现场扬尘排放特征分析[J]. 环境科学与技术, 2011, 34(S2): 209-211, 266.

[82] 赵金镯, 宋伟民. 大气超细颗粒物的分布特征及其对健康的影响[J]. 环境与职业医学, 2007(1): 76-79.

[83] 罗丽. 建筑施工扬尘对城市环境的影响及对策分析[J]. 中国高新技术企业, 2016(23): 84-85.

[84] 张智慧, 吴凡. 建筑施工扬尘污染健康损害的评价[J]. 清华大学学报(自然科学版), 2008(6): 922-925.

[85] 刘洋. 西安城市公路隧道空气污染物浓度分布及通风方式研究[D]. 西安: 西安工程大学, 2019.

[86] 鲍贵, 席雁. 统计显著性检验: 问题与思考[J]. 南京工程学院学报(社会科学版), 2010, 10(4): 27-32.

[87] 王卫忠. 铁矿石中全铁含量的检测方法对比研究[D]. 南京: 南京理工大学, 2012.

[88] 朱能文. 颗粒物浓度的影响因素及变化规律[J]. 环境科学动态, 2005(2): 16-18.

[89] 王露云. 中国31个主要城市空气质量评价及主要污染物浓度预测[D]. 重庆: 重庆师范大学, 2015.

[90] 邹维. 洒水降尘措施对减少开发建设项目水土流失的作用[J]. 中国水土保持, 2012(7): 33-34.

[91] 郭明信. 综采工作面采场喷雾降尘系统优化与实践[J]. 资源节约与环保, 2019(5): 111-114.

[92] 生物纳膜抑尘技术[J]. 中国环保产业, 2015(6): 71.

[93] 王英, 李明彦, 安波, 等. 高压喷雾除尘系统在邢东矿综采工作面中的应用[J]. 中国矿业, 2014, 23(10): 138-143.

[94] 岳忠翔. 特长山岭隧道钻爆法施工中消烟降尘技术探索[J]. 天津建设科技, 2018, 28(2): 29-31.

[95] 李晋勇. 公路隧道初期支护施工研究[J]. 交通世界, 2019(19): 88-89.

[96] 关崇山, 盛建平. 快速定制保湿滤芯型防尘口罩研究[J]. 工业控制计算机, 2019, 32(2): 113-115.

[97] 魏佳男, 张鹏鹏, 张石伟. 矿用动力送风湿式防尘口罩的初步设计[J]. 煤炭技术, 2015, 34(11): 283-284.

[98] 梁海英, 吴振东, 刘永辉, 等. 重离子微米孔膜防尘口罩滤芯的研制[J]. 原子能科学技术, 2012, 46(S1): 745-748.

[99] 王艺, 王宏付. 基于井下动作分析的矿工防护服设计[J]. 服装学报, 2018, 3(2): 95-99.

[100] 袁玮, 高菊茹, 王耀. 盾构法施工隧道个体降温防噪设备设计研究[J]. 隧道建设(中英文), 2018, 38(S2): 358-363.

[101] 张秋勇, 余彩芬. 防尘服面料的研制[J]. 产业用纺织品, 1998(8): 13-15, 22.

[102] 陈旸, 陈玥, 翟羿猛. 高温作业专用服装的隔热优化设计[J]. 南通职业大学学报, 2019, 33(3): 63-66.

［103］ 赵蒙蒙，柯莹，王发明，等．通风服热舒适性研究现状与展望［J］.纺织学报，2019，40（3）：183-188.

［104］ 张英，胡琴，李紫含，等．热防护服降温效果评价指标与方法研究进展［J］.工业安全与环保，2018，44（3）：46-49.

［105］ 孙振豪，许一虎．一种基于 Arduino 的通用智能安全帽的研究［J］.中国新技术新产品，2019（13）：15-17.

.